Gensotan

Word Book of Periodic Table of Chemical Elements

First Edition

supervisor

Hiizu Iwamura

Author

Hiroshi Harashima

Published by
NTS Inc., 2019

監修のことば

　1661年ロバート・ボイルは「元素とは混合物や化合物とは異なり、実験によってそれ以上単純な物に分けられないもの」と定義している。アントワーヌ・ラボアジェも「元素とは化学分析の手法ではそれ以上分割できない到達点となる純物質である」と述べている。この考えにしたがって新しい元素は探し求められ、混合物の中から分け取られ、また化合物の中から取り出されてきた。

　原子番号が1番から92番の元素は、4つの元素（43-テクネチウム、61-プロメチウム、85-アスタチン、87-フランシウム）を除いて、自然界に大なり小なり存在する。しかし、原子番号93番以降の元素（超ウラン元素）は、全て放射性で、半減期は地球の年齢よりかなり短い。すなわち、これらの元素が地球誕生の頃に存在していたとしても、はるか以前に消滅してしまっている。したがって探し出すには加速器を使って原子を衝突させるか、原子に中性子やガンマ線を衝突させるなどの方法をとって、元素を全て人工的に造り出さねばならない。

　まず原子番号93番のネプツニウムと94番のプルトニウムが、カリフォルニア大学バークレー校のグレン・シーボーグらによって、92番のウランを中性子と衝突させることで合成された。中性子がウランの原子核に取り込まれた後、$\beta-$崩壊を繰り返し、順次 ^{93}Np と ^{94}Pu が生成する（シーボーグ博士より頂いたお写真、自筆の核反応式とサインを右に示した）。

　理化学研究所仁科加速器科学研究センター超重元素研究グループのニホニウムの発見については本文冒頭で述べるが、森田らは2004年に線形加速器を用い、約30,000 km/s にまで加速した ^{70}Zn（亜鉛）を ^{209}Bi（ビスマス）に衝突させることで「113番元素」の合成に成功した。さらに2005年に続き、2012年8月に3度目の合成とその新たな崩壊経路を確認することにも成功した。これは、新元素の発見の「確定」につながる成果であった。

　原島広至氏は、ご自分が元素のコレクション（p.57、p.130写真参照）を整備され、炎色反応のいくつかをご自分で納得するために大学の研究室を訪問された。著者としてのその真摯な姿に打たれ、喜んで監修をお引き受けした。元素の発見と命名には多くのロマンが秘められていることを楽しみながら、元素の周期表についての知の大集成ともいえる本書の様々な使い方を工夫していただければ有り難い。

2019年9月

岩村　秀

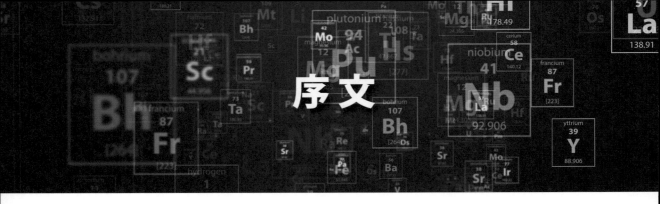

序文

　小学校高学年の頃は暗記好きだったため、とにかく何でも興味の赴くまま、ありとあらゆるジャンルの百個ものの暗記にチャレンジしていた。百人一首、円周率百桁、天皇124代、大脳の脳溝の名称、太陽系の惑星名とその衛星の名前、そして当時は103個ほど知られていた元素の名前などがターゲットとなった。「すいへーりーベーぼくのふね」といった暗記法を知らずに、ただひたすら「水素、ヘリウム、リチウム、ベリリウム……」と覚えたが不便はなかった（今、同じことをしようと思っても無理）。とはいえ、その当時は元素名の語源などは気にしていなかった。その後、高校生の頃に聖書を原文で読もうと思い立ち、古代ギリシャ語を独学で学んでいたのだが、そのおかげで、ギリシャ語が由来のものが多い元素名が、スペルを見るだけで語源を類推できることに気づいた。そして、まるで無味乾燥なモノクロ写真から色彩鮮やかなカラー写真に変わったかのように、単語一つ一つが味わい深いものへと変化した。ギリシャ語恐るべし。

　それから数十年の時を経て、歴史・サイエンスライターとなり、『百人一首今昔散歩』、『＋－×÷のはじまり』（KADOKAWA）、『脳単 〜語源から覚える解剖学英単語集〜』（エヌ・ティー・エス、丸善雄松堂）など、小学生の頃に興味を抱いたテーマに関する本を世に出すことができた。そして、いよいよ元素の番である。元素本の構想は十数年前に思いついていたのだが、アイデアを暖めすぎていたため、その間に元素に関する興味深い本がいくつも出てしまった……。とはいえ、元素の語源の面白さを分かりやすく伝え、なおかつカラフルでグラフィカルな本というのはなかなか少ない。本書は、語源に関して事細かに書いていたのではページが足りないので、身近なカタカナ語で元素名の由来にかかわるものを重点的に写真やイラスト付きで概説し、眺めるだけでいつの間にか元素記号に親しめる元素本を目指した。加えて、元素発見時の興味深いストーリーも一部紹介している。元素と天体の関係、元素と神話の関係、元素と色の関係などをイラストで表現した。また、後半の各国の言語周期表は、眺めているといろいろな発見ができるはずだ。本書によって、元素についてますます興味を深めていただければ嬉しい限りである。

　最後に、株式会社エヌ・ティー・エスの吉田隆社長、鈴木祐司氏には本書の企画にご賛同いただき、発刊に至ることができた。監修をご快諾頂いた岩村 秀先生には、元素に関するデータその他様々な点で貴重なご助言を頂き、また興味深いコラムをご執筆頂いた。また堀場正彦氏には、アシスタントとして制作全般に貢献して頂き、谷川宗寿氏には言語周期表の校正を、田中李奈氏にはイラスト制作や全体の校正をお願いした。この場をお借りして、協力者各位に心から感謝の意を表したい。

2019年9月

原島 広至

目次

監修のことば	3
序文	4
目次	5
言語の表記や語源に関する諸注意	7
元素の発見と周期表	8
メンデレーエフ時代の元素	12
周期表のグループ	14
発見者周期表	16
元素の語源周期表	18
元素の語源	20
※各元素に関しては次ページ参照	
主要同位体組成を示す原子量周期表	54

言語周期表説明

ラテン語 周期表	98
英語 周期表	100
ドイツ語 周期表	102
オランダ語 周期表	104
スウェーデン語 周期表	106
フランス語 周期表	108
イタリア語 周期表	110
ポルトガル語 周期表	112
スペイン語 周期表	114
現代ギリシャ語 周期表	116
ロシア語 周期表	118
中国語 周期表	120
ハングル 周期表	122

原子半径・共有結合半径・イオン半径	124
変わり種周期表	126
ブロック立体周期表 /	
パロディー周期表	128
索引	132
参考文献	135

コラム

英語の元素記号暗記法	23
電気陰性度 周期表	24
熱伝導率 周期表	27
絶滅危惧元素 / リン	29
英語語尾周期表	31
アルゴン	32
希ガス元素か 貴ガス元素か	33
貴ガスはなぜ不活性？	33
デービーと電池の発明	35
アルカリ土類金属の「土類」とは？	35
元素と曜日と北欧神話 / 周期表建築	37
磁性 周期表	40
覚えにくい元素記号（その 1）	41
電気伝導率 周期表	43
イッテルビー（Ytterby）村	48
ジルコニウム / 中性子吸収断面積	49
元素と月名・曜日とギリシャ・ローマ神話	51
なぜテクネチウムは自然界にほとんど存在しないのか？	53
元素コレクション（実物周期表編）	57
元素名の中の古代エジプト語	60
色や光が語源となっている元素	62
一家に一枚・・・	63
ランタノイド元素はなぜ性質が似ているのか？	65
ユーロ紙幣とユウロピウム	66
元素名の中のセム語（ヘブライ語・フェニキア語）	67
希土類元素発見の経緯	68
比重 周期表 / 恐竜と隕石とイリジウム	73
元素記号の組み合わせ	75
沸点 周期表	76
人体を構成する元素 / 融点 周期表	77
覚えにくい元素記号（その 2）	79
天体に関係のある元素	84
ウラン 238 とウラン 235 / 星の一生と元素	85
子供向けクイズ番組で元素発表!?	86
ラジオ番組で新元素の名前募集!?	87
ローレンスとサイクロトロン	90
イオン化エネルギー / 閉殻と半閉殻 /	
ローレンシウムのイオン化エネルギー	91
ジョリオ・キュリー再び？	93
Cold fusion「冷たい核融合」× Hot fusion「熱い核融合」	95
女性差別・人種差別を乗り越えて研究に励んだマイトナー	95
和光市のニホニウム通り	96
元素記号 言葉あそび	127
元素コレクション（コイン＆気体編）	130
元素コレクション（毒々しい色のウラン鉱石） /	
驚きの子供用実験セット	131

元素の語源解説

1 H 水素 ……………… 20	41 Nb ニオブ …………… 50	81 Pb タリウム ………… 78
2 He ヘリウム ………… 20	42 Mo モリブデン ……… 50	82 Pb 鉛 ……………… 78
3 Li リチウム ………… 21	43 Tc テクネチウム …… 52	83 Bi ビスマス ………… 80
4 Be ベリリウム ……… 21	44 Ru ルテニウム ……… 56	84 Po ポロニウム ……… 80
5 B ホウ素 …………… 21	45 Rh ロジウム ………… 56	85 At アスタチン ……… 80
6 C 炭素 ……………… 22	46 Pd パラジウム ……… 58	86 Rn ラドン …………… 81
7 N 窒素 ……………… 22	47 Ag 銀 ……………… 58	87 Fr フランシウム …… 81
8 O 酸素 ……………… 23	48 Cd カドミウム ……… 59	88 Ra ラジウム ………… 81
9 F フッ素 …………… 24	49 In インジウム ……… 59	89 Ac アクチニウム …… 82
10 Ne ネオン …………… 25	50 Sn スズ …………… 59	90 Th トリウム ………… 82
11 Na ナトリウム……… 25	51 Sb アンチモン ……… 60	91 Pa プロトアクチニウム… 83
12 Mg マグネシウム …… 26	52 Te テルル …………… 61	92 U ウラン …………… 84
13 Al アルミニウム …… 27	53 I ヨウ素 …………… 61	93 Np ネプツニウム …… 84
14 Si ケイ素 …………… 28	54 Xe キセノン ………… 62	94 Pu プルトニウム …… 84
15 P リン ……………… 28	55 Cs セシウム ………… 62	95 Am アメリシウム …… 86
16 S 硫黄 ……………… 30	56 Ba バリウム ………… 63	96 Cm キュリウム ……… 87
17 Cl 塩素 …………… 30	57 La ランタン ………… 64	97 Bk バークリウム …… 88
18 Ar アルゴン ………… 31	58 Ce セリウム ………… 64	98 Cf カリホルニウム …… 88
19 K カリウム ………… 34	59 Pr プラセオジム …… 64	99 Es アインスタイニウム… 88
20 Ca カルシウム ……… 35	60 Nd ネオジム ………… 64	100 Fm フェルミウム …… 88
21 Sc スカンジウム …… 36	61 Pm プロメチウム …… 65	101 Md メンデレビウム …… 89
22 Ti チタン …………… 36	62 Sm サマリウム ……… 66	102 No ノーベリウム …… 89
23 V バナジウム ……… 38	63 Eu ユウロピウム …… 66	103 Lr ローレンシウム … 90
24 Cr クロム …………… 39	64 Gd カドリニウム …… 67	104 Rf ラザホージウム … 92
25 Mn マンガン ………… 39	65 Tb テルビウム ……… 68	105 Db ドブニウム ……… 92
26 Fe 鉄 ……………… 40	66 Dy ジスプロシウム …… 69	106 Sg シーボーギウム … 92
27 Co コバルト ………… 42	67 Ho ホルミウム ……… 69	107 Bh ボーリウム ……… 93
28 Ni ニッケル ………… 42	68 Tm エルビウム ……… 69	108 Hs ハッシウム ……… 93
29 Cu 銅 ……………… 43	69 Tm ツリウム ………… 69	109 Mt マイトネリウム …… 94
30 Zn 亜鉛 …………… 44	70 Yb イッテルビウム …… 69	110 Ds ダームスタチウム …… 94
31 Ga ガリウム ………… 44	71 Lu ルテチウム ……… 70	111 Rg レントゲニウム …… 94
32 Ge ゲルマニウム …… 45	72 Hf ハフニウム ……… 70	112 Cn コペルニシウム … 94
33 As ヒ素 …………… 45	73 Ta タンタル ………… 70	113 Nh ニホニウム ……… 96
34 Se セレン …………… 45	74 W タングステン …… 71	114 Fl フレロビウム …… 97
35 Br 臭素 …………… 46	75 Re レニウム ………… 71	115 Mc モスコビウム …… 97
36 Kr クリプトン ……… 46	76 Os オスミウム ……… 72	116 Lv リバモリウム …… 97
37 Rb ルビジウム ……… 46	77 Ir イリジウム ……… 72	117 Ts テネシン ………… 97
38 Sr ストロンチウム …… 46	78 Pt 白金 …………… 74	118 Og オガネソン ……… 97
39 Y イットリウム …… 47	79 Au 金 ……………… 74	
40 Zr ジルコニウム …… 47	80 Hg 水銀…………… 76	

言語の表記や語源に関する諸注意

●**英語のカタカナ表記**　あえて発音記号だけで表記せず、カタカナで表記したのは、発音記号に不馴れな読者にもより簡便に利用してもらうため。英語に通じた読者であれば、カタカナ表記は気にせず読み飛ばしていただれば幸いである。

●**英語やドイツ語の大文字と小文字**　本文中では基本的に元素名の語頭は小文字で表記している（英語やラテン語、ギリシャ語も）。ただし、ドイツ語は名詞は必ず文のどこにあろうと大文字で始めるので、本書でもドイツ語の単語は大文字で始めている。

●**英単語の発音の表記**　本書の英語の発音の表記は、完全には IPA（国際発音記号）に準拠しておらず、むしろ Jones 式発音記号に近いが、初心者向けの英語辞書で使われているような、より簡略な発音表記を用いている。英語以外の言語においても、発音記号の表記には詳しいものから簡易なものまで様々な種類があるが、なるべく簡易な表記方法に依った。また、発音にバリエーションがある場合、主なものは並記したが、紙面的な関係ですべてを列挙したわけではない。

●**英語と米語**　基本的にはイギリス英語ではなく米語の発音で表記している。しかし、あいまい母音等において、なるべく無理のない程度に、許容と思われる範囲内で綴りが思い浮かびやすい発音を選んで表わしている。

●**ギリシャ語**　本書でギリシャ語と明記されている場合、現代ギリシャ語ではなく、古典期の発音を示している。現代ギリシャ語の場合にはあえて「現代ギリシャ語」と表記している。ギリシャ語の発音は、時代よって大きく変化しており、また地域差もあった。全般的に、発音は時代が下ると共に、収斂・単純化した。現代の i、u、h、ei、oi、ui が皆、「i」の発音になった（イ音化、itacism）のも一例。本書の発音表記は、便宜的にエラスムス式を用いており、時代的な一貫性よりも、綴りが思い浮かびやすいことを優先している。ギリシャ語の子音で、φ は古典期ならばパ行で表記した方が近いの

だが、π の発音と混同されてしまうため、便宜的に「ファ行」で音訳している。他にも χ の音（無声軟口蓋摩擦音）は、カ行・ハ行どちらで翻字されることがあるが、本書ではカ行で表記した。また、カタカナ表記では、元のギリシャ語が何だったのか分かりづらくなるので、なるべくギリシャ語の綴りも併記した。

●**ギリシャ語の二重母音**の長音化、さらには短音化は早い段階で生じたが（ai → [e]、ei → [i]）、本書では古典期の二重母音の発音のまま表記している。ただし、ou に関しては、エラスムス式発音に準じて [u:] にしている。

●**ラテン語**　解説文の中でラテン語として明記されている単語の場合、古典期のラテン語の発音で表示している（例：ラテン語 fundus フンドゥス）。

●**ラテン語の h**　ラテン語において h の子音は、初期に発音が失われてたことが知られている（それゆえ、ラテン語の子孫であるフランス語やスペイン語等では h は、発音しない）。とはいえ、本書では便宜上 h を発音している。

●**ラテン語の母音の長短**　ラテン語の母音の長短に関しては、同じ単語であっても辞書によって差異が見られるのでご了承願いたい。

●**人名の表記に関して**　人名の中には、その人物の生まれた国の言語で発音した場合、日本で知られている呼び方と異なるものがあるが（特にスウェーデン人の場合）、比較的日本で知られている発音に準じた。

●**語源の説明に関して**　語源の説明は、語源の説がいつもの存在する場合があるが、本書では代表的なもののみを扱った。語源はさかのぼればさかのぼるほど広がりがあり、解説も長くなるが、印欧祖語にまでさかのぼると興味深い関連が見えてくる場合のみ印欧祖語にも言及した。

元素の発見と周期表

岩村 秀

2016年6月8日、発見者である森田浩介（九州大学大学院教授・理化学研究所仁科加速器研究センター超重元素研究グループ森田浩介グループディレクター）らによって、113番元素にニホニウム（Nihonium、元素記号 Nh）の名前が与えられた。これは先に国際純正及び応用化学連合（略称 IUPAC）という世界の化学会の連合体によって、森田等の発見の優先権が認められ、命名権が承認されていたものである。IUPAC はまた、同日併せて下記の4元素の新しい命名の提案を受け付けたと発表した。

113 番元素	Nihonium	元素記号	Nh
115 番元素	Moscovium	元素記号	Mc
117 番元素	Tennessine	元素記号	Ts
118 番元素	Oganesson	元素記号	Og

2016年11月8日までパブリック・コメントが受け付けられ、その後 IUPAC の無機化学部会で審議され、11月28日付けで承認決定された。

　元素は物質を構成する基礎的な成分である。元素の最小単位である原子は、正の電荷を帯びた原子核と、負の電荷をもつ電子から構成される。周期表は、元素を原子核に含まれる陽子の数（原子番号）の順番に並べたものであり、周期律は原子価や電荷に密接に関係する電子の殻（層状）構造と外殻電子数から生まれる。例えば、リチウム、ナトリウム、カリウム原子はそれぞれ 3、11、19 個の電子を持ち、最も外側の殻に 1 個ずつしか電子を持たない。この電子を放出すると、内側の殻の電子（この例では、それぞれ 2、10、18 個）だけが対を作って残り、全体として安定化する。すなわち電子 1 個を放ちカチオンとなりやすい性質を共有し、これが 8 番目ごとに出現すると言う周期性が現れる。

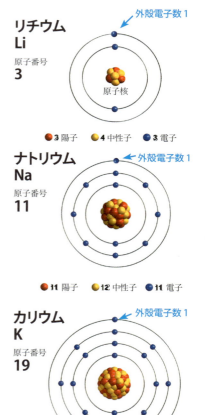

しかし原子が原子核と電子から成り、前者はさらに陽子と中性子（さらにその他の素粒子）から成るという原子構造の描像が 19 世紀から 20 世紀の初頭にかけて明らかとなる以前に、すなわち 19 世紀の初頭から化学者によって原子説と分子説が提唱され、程なくして周期律が発見されたのであった。

1803 年、*Manchester Literary and Philosophical Society* という学会誌に、ジョン・ドルトンの原子説が出された。ドルトンは、水は質量で 87％酸素、13％水素であり、2 原子分子 HO であると考えたので、水素の原子量を 1 とすると酸素のそれは 5.6 であると考えた。この原子量表が上記の学会誌に掲載されている。元素は 30 種ほど発見されていた。酸素の原子量は後に 7 と訂正されている。

ジョン・ドルトン
John Dalton（1766-1844）
イギリスの化学者、物理学者。
原子説の提唱者。

ドルトンが考案した元素表記法による
代表的な分子の表記

アメデオ・アボガドロ
Amedeo Avogadro
（1776-1856）
サルデーニャ王国
（現在のイタリアの一部）
の物理学者、化学者。

1811 年、アメデオ・アボガドロは、温度と圧力が一定ならば、一定容積に含まれる気体の分子数は、元素の種類によらず等しいという仮説に至った。2 容積の水素と 1 容積の酸素が反応して 2 容積の水蒸気を与える反応は、酸素や水素が 2 原子分子 O_2、H_2 であり、水は H_2O であると考えるのが妥当であることが明らかにされた。当時気体の化学反応に関しては、質量よりも体積の方が、精度が高い実験が行われた。

1858 年、スタニズラオ・カニッツァーロは、気体の密度（単位容積の気体の質量）を測定することによって、アヴォガドロの法則が妥当であることを証明し、原子量が未知の元素の原子量を求めるには、その元素を含む多くの化合物の分子量を調べ、その元素の量の最大公約数をその元素の原子量とすることを提唱した。アヴォガドロの業績の再評価につながるとともに、周期表の基礎となるデータを提供するという功績をあげた。

その結果、気体である元素の水素、窒素、酸素などは 2 原子分子であることが承認され、原子の重さをあらわす質量数は、水素を 1 とすると炭素が 12、酸素が 16 であるとされるに至った。

スタニズラオ・カニッツァーロ
Stanislao Cannizzaro
（1826-1910）
イタリアの化学者、政治家。

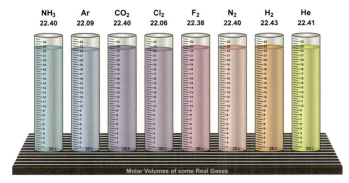
実際の気体のモル体積（理想気体の「0 ºC，1.013×10^5 Pa で 1 L の気体では 22.4 L/mol）
※気体にこのような色は付いていない。

9

1860年にカルルスルーエで開かれた初の化学の国際会議では、アヴォガドロの法則が紹介され、原子量決定法と新しい原子量体系が紹介された。当時ドイツに留学中の機会を使ってこの国際会議に出席していたロシアのドミートリー・イヴァノヴィッチ・メンデレーエフは、元素の特徴的な特性はその原子量から予言できるとの確信を強めた。帰国後教科書の執筆に当たって、この頃までには60種に増えていた元素の分類表を作成する作業を進めた。まず原子量の順番に並べると、化学的類似性（原子価（原子が反応する際の手の数）および物理的性質）が、8元素ごとに繰り返し現れることに注目して、1869年に最初の元素の周期表を発表した。原子量の順番で既知の元素を並べると、性質の周期性が崩れるところもあり、そのような場合には表の中に空白を残したり、原子量に疑問符をつけたりした。例えば、原子量が65から75の間であり、化学的特性がアルミニウムに類似する元素およびケイ素に類似する元素が存在するに違いないと予測した。メンデレーエフが周期表に空欄を作って予言したとおりの場所に、1875年に31番元素ガリウム、1886年に32番元素ゲルマニウムと次々に新元素が発見されたことから、メンデレーエフの周期表は信頼性を高めた。

　今年は1869年から150年目に当たり、元素はすべての物質の根源であり、これを研究対象とする化学および物理学をはじめとする基礎科学が、社会の持続可能な発展に不可欠であることを鑑み、UNESCOと国連が国際周期表年2019（International Year of the Periodic Table of Chemical Elements 2019; IYPT2019）を制定した。

ドミトリ・メンデレーエフ
Dmitrij Mendelejev
（1834-1907）
ロシアの化学者。周期表の提唱者。

```
メンデレーエフの周期表（1869）
現在の周期表と逆で、族が横に、周期が
縦に並べられていた。

                                    Ti = 50     Zr = 90      ? = 180
                                    V  = 51     Nb = 94      Ta = 182
                                    Cr = 52     Mo = 96      W  = 186
                                    Mn = 55     Rh = 104.4   Pt = 197.4
                                    Fe = 56     Ru = 104.4   Ir = 198
                               Ni = Co = 59     Pd = 106.6   Os = 199
        H = 1                       Cu = 63.4   Ag = 108     Hg = 200
             Be = 9.4   Mg = 24     Zn = 65.2   Cd = 112
             B  = 11    Al = 27.4    ? = 68     Ur = 116     Au = 197?
             C  = 12    Si = 28      ? = 70     Sn = 118
             N  = 14    P  = 31     As = 75     Sb = 122     Bi = 210?
             O  = 16    S  = 32     Se = 79.4   Te = 128?
             F  = 19    Cl = 35.5   Br = 80     J  = 127
        Li = 7   Na = 23   K  = 39     Rb = 85.4   Cs = 133    Tl = 204
                           Ca = 40     Sr = 87.6   Ba = 137    Pb = 207
                            ? = 45     Ce = 92
                           ?Er = 56    La = 94
                           ?Yt = 60    Di = 95
                           ?In = 75.6  Th = 118?
```

わが国では小川正孝が、セイロン島で採取した鉱物からX線発光スペクトルに例のない元素を発見した。小川は留学先のロンドン大学ウイリアム・ラムゼーと相談の上、1908年に英国の化学雑誌 Chemical News and Journal of Physical Sciences にマンガン族元素43番として、モリブデンとルテニウムの間の空席に当て、新元素ニッポニウム発見を報告した。原子量おおよそ100。それは、大きな反響を呼び起こし、ヨーロッパではラムジーの支持のもとに受け入れられた。1909年のローリングの周期表※には"ニッポニウム"が載っており、元素記号はNpとなっていた（添付表参照）。しかし、ニッポニウムの続報が出ないので、その発見は次第に疑問視されるに至り、ローリングの改訂周期表にもニッポニウムが載せられなくなった。1936年にサイクロトロンを使って、43番元素としてテクネチウム（Tc）が発見され、ニッポニウムは消滅した。

小川 正孝
(1865-1930)
日本の化学者。東北大学の総長。

1997年になって、東北大学の吉原賢二が小川らによって残された実験結果を精査し、東京大学の木村健二郎が依頼を受けて測定したX線分光装置の写真が残っているのを発見した。これを吉原が解析したところ、周期表で一つ下段の第75番元素Reであったことを突き止めた。ニッポニウムがここに提案されていたら、日本最初の元素発見となって今日の周期表に残っていたはずである。第75番元素は1925年イーダ・ノダックらにより発見され、レニウム（Re）と名付けられてしまった。

また元素記号Npは1940年に発見された最初の超ウラン元素93番ネプツニウムに使われてしまった。同年、理化学研究所（理研）ではウラン238から中性子を1個取り除いたウラン237の合成実験を独自に行っている。そのベータ崩壊が確認できたことからネプツニウム237が生じたことになり、仁科芳雄は93番元素の存在を発見した。しかし当時理研では単離まで行かなかったため発見とは認められず、第2のニッポニウム実現には至らなかった。113番元素が理化学研究所仁科加速器研究センター超重元素研究グループによって発見されたことは特に意義深い（ニホニウム発見の経緯に関してはhttp://www.nishina.riken.jp/113/history.html を参照）。

※ローリング（F. H. Loring）の周期表（1909）部分

族が横で、周期が縦に表記されている。
赤矢印がニッポニウム（Np）

メンデレーエフ時代の元素

メンデレーエフの周期表 （1871）

1869 年版の最初に発表された周期表は、族が横に、周期が縦に並べられていたが、その 2 年後に発表された周期表では現在と同じく族が縦、周期が横になった。

Reihen	Gruppe I. R^2O	Gruppe II. RO	Gruppe III. R^2O^3	Gruppe IV. RH^4 RO^2	Gruppe V. RH^3 R^2O^5	Gruppe VI. RH^2 RO^3	Gruppe VII. RH R^2O^7	Gruppe VIII RO^4
1	H=1							
2	Li=7	Be=9.4	B=11	C=12	N=14	O=16	F=19	
3	Na=23	Mg=24	Al=27.3	Si=28	P=31	S-32	Cl=35.5	
4	K=39	Ca=40	—=44	Ti=48	V=51	Cr=52	Mn=55	Fe=56, Co=59 Ni=59, Cu=6
5	(Cu=63)	Zn=65	—=68	—=72	As=75	Se=78	Br=80	
6	Rb=85	Sr=87	?Yt=88	Zr=90	Nb=94	Mo=96	—=100	Ru=104, Rh=1 Pd=106, Ag=
7	(Ag=108)	Cd=112	In=113	Sn=118	Sb=122	Te=125	J=127	
8	Cs=133	Ba=137	?Di=138	?Ce=140	—	—	—	— — — —
9	(—)							
10	—	—	?Er=178	?La=180	Ta=182	W=184		Os=195, Ir=19 Pt=198, Au=
11	(Au=199)	Hg=200	Tl=204	Pb=207	Bi=208			
12	—	—	—	Th=231		U=240		— — — —

元素カード

H 水素 原子量 1 ／ 1 1766年 ／ **H** 水素 原子量 1

Li リチウム 原子量 7 ／ 3 1817年 ／ **Li** リチウム 原子量 7
Be ベリリウム 原子量 9.4 ／ 4 1798年 ／ **Be** ベリリウム 原子量 9.0

Na ナトリウム 原子量 23 ／ 11 1807年 ／ **Na** ナトリウム 原子量 23
Mg マグネシウム 原子量 24 ／ 12 1808年 ／ **Mg** マグネシウム 原子量 24

K カリウム 原子量 39 ／ 19 1807年 ／ **K** カリウム 原子量 39
Ca カルシウム 原子量 55 ／ 20 1808年 ／ **Ca** カルシウム 原子量 40
????? 原子量 45 ／ 21 1879年 ／ **Sc** スカンジウム 原子量 45
Ti チタン 原子量 50 ／ 22 1795年 ／ **Ti** チタン 原子量 48
V バナジウム 原子量 51 ／ 23 1830年 ／ **V** バナジウム 原子量 51
Cr クロム 原子量 52 ／ 24 1797年 ／ **Cr** クロム 原子量 52
Mn マンガン 原子量 55 ／ 25 1774年 ／ **Mn** マンガン 原子量 55
Fe 鉄 原子量 56 ／ 26 古代から ／ **Fe** 鉄 原子量 56
Co コバルト 原子量 59 ／ 27 1735年 ／ **Co** コバルト 原子量 58.9

Rb ルビジウム 原子量 85.4 ／ 37 1861年 ／ **Rb** ルビジウム 原子量 85.5
Sr ストロンチウム 原子量 87.6 ／ 38 1808年 ／ **Sr** ストロンチウム 原子量 87.6
Yt? イットリウム 原子量 60 ／ 39 1794年 ／ **Y** イットリウム 原子量 89
Zr ジルコニウム 原子量 90 ／ 40 1789年 ／ **Zr** ジルコニウム 原子量 91
Nb ニオブ 原子量 94 ／ 41 1869年 ／ **Nb** ニオブ 原子量 93
Mo モリブデン 原子量 96 ／ 42 1781年 ／ **Mo** モリブデン 原子量 96
未発見 ／ 43 1937年 ／ **Tc** テクネチウム 原子量 98
Ru ルテニウム 原子量 104.4 ／ 44 1844年 ／ **Ru** ルテニウム 原子量 101.1
Rh ロジウム 原子量 104. ／ 45 1803年 ／ **Rh** ロジウム 原子量 103.

Cs セシウム 原子量 133 ／ 55 1860年 ／ **Cs** セシウム 原子量 133
Ba バリウム 原子量 137 ／ 56 1808年 ／ **Ba** バリウム 原子量 137
ランタノイド
????? 原子量 180 ／ 72 1922年 ／ **Hf** ハフニウム 原子量 178
Ta タンタル 原子量 182 ／ 73 1774年 ／ **Ta** タンタル 原子量 181
W タングステン 原子量 186 ／ 74 1869年 ／ **W** タングステン 原子量 184
未発見 ／ 75 1925年 ／ **Re** レニウム 原子量 186
Os オスミウム 原子量 199 ／ 76 1803年 ／ **Os** オスミウム 原子量 190
Ir イリジウム 原子量 198 ／ 77 1803年 ／ **Ir** イリジウム 原子量 192

未発見 ／ 87 1939年 ／ **Fr** フランシウム 原子量 223
未発見 ／ 88 1898年 ／ **Ra** ラジウム 原子量 226
アクチノイド

ランタノイド
La ランタン 原子量 94 ／ 57 1839年 ／ **La** ランタン 原子量 139
Ce セリウム 原子量 92 ／ 58 1803年 ／ **Ce** セリウム 原子量 140
未発見 ／ 59 1885年 ／ **Pr** プラセオジム 原子量 141
未発見 ／ 60 1885年 ／ **Nd** ネオジム 原子量 144
未発見 ／ 61 1945年 ／ **Pm** プロメチウム 原子量 145
未発見 ／ 62 1879年 ／ **Sm** サマリウム 原子量 150

アクチノイド
未発見 ／ 89 1899年 ／ **Ac** アクチニウム 原子量 227
Th トリウム 原子量 118? ／ 90 1828年 ／ **Th** トリウム 原子量 232
未発見 ／ 91 1917年 ／ **Pa** プロトアクチニウム 原子量 213
Ur ウラン 原子量 116 ／ 92 1789年 ／ **U** ウラン 原子量 238
未発見 ／ 93 1940年 ／ **Np** ネプツニウム 原子量 237
未発見 ／ 94 1941年 ／ **Pu** プルトニウム 原子量 244

くの元素は、ほぼ同時期に、別々の国の科学者が横のつながりなしに発見しているケースが多い。というのも、元素を分析する たな方法が開発されると、それを利用することを思いつく科学者が同時に色々な場所で現れるからである。そのため、誰が最初 の発見者というべきかに関しては、時として国によって見解が異なる場合がある。

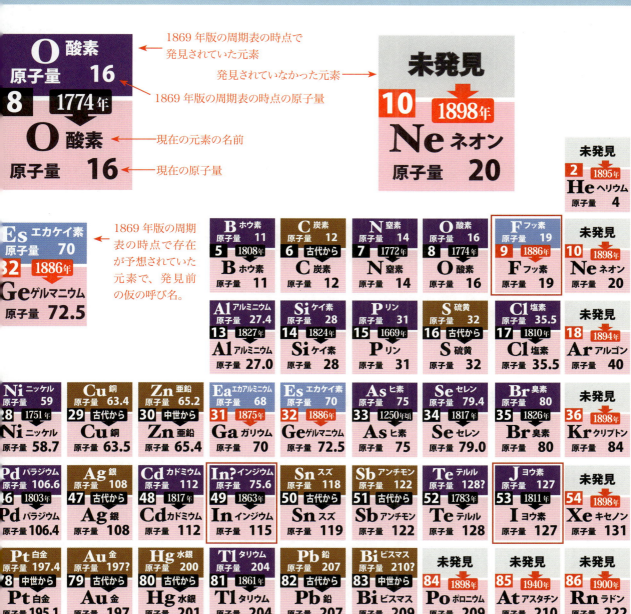

周期表のグループ

金属 Metal ・ 非金属 Nonmetal

金属元素は、単体に光沢があり、導電性・延性・展性に富む。非金属元素は金属以外の元素。

ランタノイド Lanthanoid
アクチノイド Actinoid

超アクチノイド元素 Transactinide elements
（超重元素 Superheavy elements）

超ウラン元素 Transuranium elements

遷移元素 transition elements ・ 典型元素 Typical elements

遷移元素は 3 〜 11 族元素の総称。
12 族元素は、遷移元素に含むこともある。

半金属 Metalloids

半金属元素は、金属と非金属の中間の性質を示す元素のこと。どの元素を含むかは明確でなく、At や Se、まれに C や Al を含めることもある。

希土類とは、3 族（ランタノイドを含む）元素のこと。英語 Rare Earth Element（略して REE）の英訳のレアアースともいう（緑色の枠）。
レアメタルは、希土類だけでなく、地殻中の存在量が比較的少なかったり、採掘・精錬にコストがかかるため流通量が少ない非鉄金属を指す。工業的には一般に、30 鉱種およびレアアースを指している（ベージュと緑色の部分）。

希土類 Rare Earth ・ レアメタル Rare metal

14

周期表の縦の並びを族、横の並びを周期という。同じ族の元素には共通の性質があり、その特徴から「貴ガス」や「アルカリ金属」といった固有の名前を付けられているものもある。他に、単純に数字で呼ぶ方法（「1族」「2族」、もしくは「第1族」「第2族」）や、周期表でその族の中の一番上に位置する元素で呼ぶ方法（「チタン族」、「酸素族」など）がある。

1族 アルカリ金属
Group 1 Alkali metal （alkaline metal）

K カリウム

カリウムの語源はアルカリと同じ。水溶液はアルカリ性を示す。
1価の陽イオンになりやすく、他の元素と反応しやすい。

2族 アルカリ土類金属
Group 2 alkaline earth metal

2価の陽イオンになりやすい。

11族 銅族・貨幣金属
Group 11 Coinage metal

鉄族 Iron group

17族 ハロゲン
Group 17 Halogen

Br 臭素

臭素の語源は「臭い」。ハロゲンは刺激臭をもつ。
1価の陰イオンになりやすく、他の元素と反応しやすい。

18族 貴ガス（希ガス）
Group 18 Noble gas

Ar アルゴン 貴ガスは「働かない」ため他の元素と反応しにくい。

Kr クリプトン 貴ガスは「隠れている」、空気中に微量しか存在しない。

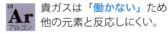

白金族 Platinum group

貴金属のうち、金と銀を除く元素。比重が重く、融点が高い。酸や塩基に強く、触媒に用いられる。

上述の他に
- 3族　希土類 スカンジウム族
- 4族　チタン族
- 5族　バナジウム族（土酸金属）
- 6族　クロム族
- 7族　マンガン族
- 12族　亜鉛族
- 13族　ホウ素族（土類金属）

がある。

放射性元素は原子核が不安定で、自発的に放射線を放出して崩壊する元素。この表では、安定同位体をもっていない元素の枠にピンク色を付けた。薄い色の元素は、同位体の中で半減期が4万年以上あるものを示す。

貴金属 Precious metal

希少で、高価な銀以外は銀よりも単極電位が大きい。

14族 炭素族
Group 14 Carbon group

N 窒素

ニクトゲンは「窒息する」という意味のギリシャ語プニゴーに由来。

15族 ニクトゲン・窒素族
Group 15 Pnictogen

16族 カルコゲン・酸素族
Group 16 Chalcogen

2価の陰イオンになりやすい。
酸素、硫黄、セレン、テルルは、金属元素と化合し種々の鉱石の成分となる。

放射性元素 Radioactive elements

多くの元素は、ほぼ同時期に、別々の国の科学者が横のつながりなしに発見しているケースが多い。というのも、元素を分析する新たな方法が開発されると、それを利用することを思いつく科学者が同時に色々な場所で現れるからである。そのため、誰が最初の発見者というべきかに関しては、時として国によって見解が異なる場合がある。

上述のように、別の国の科学者が独立して元素を発見し命名すると、それがその国に定着して違う名前で元素が呼ばれ続けるケースもある。また実質的には先に発見していたのに、論文や科学文献で発表するのが遅れたり、ひどい時にはその発見を紹介した本の印刷が遅くなったせいで第一発見者と呼ばれていない科学者がいて、同情に値する話が時々ある。

元素の語源周期表

元素名の由来となっている言葉は、ギリシャ語・ラテン語が圧倒的に多い。古くからの名前の中には、ゲルマン語や少数ながらセム語由来のものもある。

ここでは、英語の語源になっているものを図示しているが、一部ラテン語や日本語の源をイラストにしたものもある。

ラテン語名の由来となっている言語

超ウラン元素・超重元素にギリシャ語由来のものが少ないのは、由来となった地名や人名がゲルマン語やロシア語由来のため。

1 H 水素 — 水

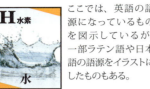

3 Li リチウム 石	4 Be ベリリウム 緑柱石

11 Na ナトリウム 鉱物 ナトロン	12 Mg マグネシウム ギリシャの地名 マグネーシア

19 K カリウム 草木灰	20 Ca カルシウム 石灰石	21 Sc スカンジウム スウェーデンの古名 スカンジア	22 Ti チタン ギリシャ神話の巨人 タイタン	23 V バナジウム 北欧神話の女神 ヴァナディース	24 Cr クロム 色	25 Mn マンガン ギリシャの地名 マグネーシア	26 Fe 鉄 血	27 Co コバルト ゴブリン

37 Rb ルビジウム 赤い	38 Sr ストロンチウム スコットランドの地名 ストロンチアン	39 Y イットリウム スウェーデンの地名 イッテルビー	40 Zr ジルコニウム 宝石 ジルコン	41 Nb ニオブ ギリシャ神話の巨人の娘 ニオベー	42 Mo モリブデン 鉛	43 Tc テクネチウム 人工の	44 Ru ルテニウム ロシア地域の地名 ルテニア	45 Rh ロジウム 薔薇

55 Cs セシウム 青色	56 Ba バリウム 重い	ランタノイド	72 Hf ハフニウム コペンハーゲンのラテン語名 ハフニア	73 Ta タンタル ギリシャ神話のリュディア王 タンタロス	74 W タングステン 灰重石	75 Re レニウム ライン川のラテン語名 レーヌス	76 Os オスミウム におい	77 Ir イリジウム 虹

87 Fr フランシウム フランス	88 Ra ラジウム 光線	アクチノイド	104 Rf ラザホージウム イギリスの物理学者 ラザフォード	105 Db ドブニウム ロシア・モスクワ州の地名 ドゥブナ	106 Sg シーボーギウム アメリカの化学者 シーボーグ	107 Bh ボーリウム デンマークの物理学者 ボーア	108 Hs ハッシウム ドイツの地名 ヘッセン	109 Mt マイトネリウム オーストリアの物理学者 マイトナー

語源の種類と枠の色

- 古代から
- 性質・経緯
- 鉱物・化合物
- 神話
- 星
- 都市名・国名
- 人名

ランタノイド・アクチノイド

57 La ランタン 気づかれない	58 Ce セリウム 小惑星 ケレス	59 Pr プラセオジム 緑色+双子	60 Nd ネオジム 新しい+双子	61 Pm プロメチウム ギリシャ神話の巨人 プロメテウス	62 Sm サマリウム 鉱石 サマルスキー石

89 Ac アクチニウム 光線	90 Th トリウム 北欧神話の雷神 トール	91 Pa プロトアクチニウム アクチニウムの元	92 U ウラン 天王星	93 Np ネプツニウム 海王星	94 Pu プルトニウム 冥王星

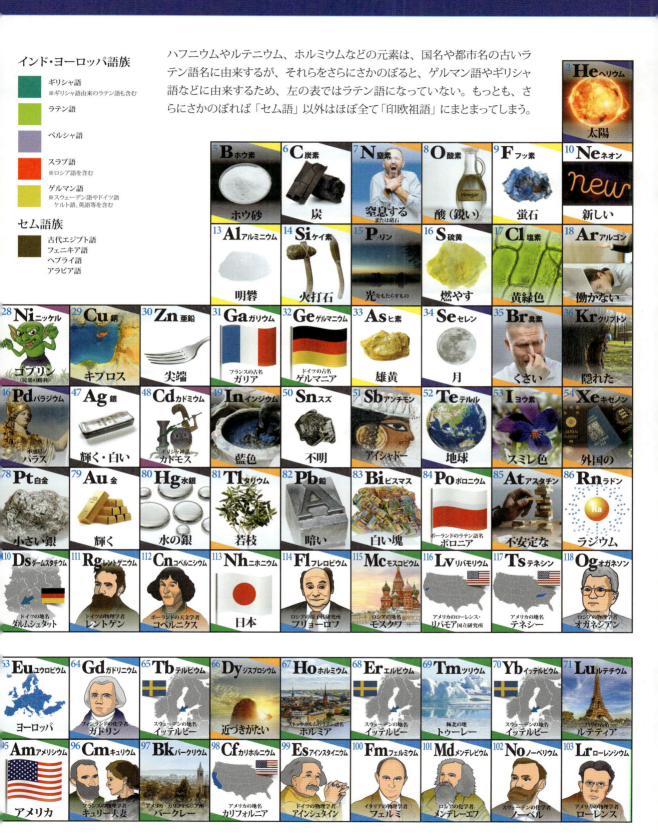

元素の語源

ここでは、個々の元素の語源に関して説明する。元素名の多くがギリシャ語やラテン語に由来している（ここでいうギリシャ語とは古代ギリシャ語のこと）。政治的に領土を広げたローマ人（公用語はラテン語）は、文化的に進んでいたギリシャ人からさまざまな分野の単語を多量に取り入れた。ラテン語はやがてヨーロッパの民衆に広がり、イタリア語・スペイン語・フランス語・ルーマニア語などに変化していった。しかし、ラテン語はローマ・カトリックの公用語として引き続き用いられた。中世の頃にはヨーロッパ人で教養のある学者といえば、キリスト教の僧職者であったり、そうした教育を受けた者で占められていた。そのため、ラテン語が学者たちの世界共通の言語として長く使用されてきた。生物の学名がラテン語なのも、解剖学用語がラテン語なのもこの名残である。もしある元素名の語源が、一部の文献で語源がラテン語と書いてあり、別の文献でギリシャ語と書いてあったとしても、どこまでさかのぼったかの違いで、どちらも正しいという可能性がある。

¹H 水素

語源 水

ギリシャ語 ὕδωρ (húdōr)「水」
+ギリシャ語 γεννάω (gennáō)「産む」
→ フランス語 hydrogène
→ 英語 hydrogen

発見者
イギリス：ヘンリー・キャヴェンディッシュ（1766）

名称の由来
命名者はフランスの**アントワーヌ・ラボアジェ**（1783）。ハイドロジェン「水素」は「**水**」を分解すると得られる気体であることから名付けられた。ギリシャ語の ὕδωρ **ヒュドール**「水」は、他に化学用語の**ヒドロキシル基**（-OH）「水酸基」（hydro-「水」+ oxy-「酸」）や、小型の淡水産生物の**ヒドラ**（英語は hydra **ハイドラ**）や、**ハイドロカルチャー**（Hydroculture）「水耕栽培」といった様々な用語の語源となっている。

ヒドラとは、刺胞動物の一種。刺胞動物には他にクラゲやサンゴ、イソギンチャクを含む。

太陽のプロミネンスやフレア、黒点が見える。

²He ヘリウム

語源 太陽

ギリシャ語 ἥλιος (hélios)「太陽」
+ -ium → ラテン語 helium
→ 英語 helium

発見者
イギリス：ウィリアム・ラムゼー（1895）

名称の由来
1868年イギリスの**ノーマン・ロッキャー、エドワード・フランクランド**が太陽光線の観測中に新しいスペクトルを発見し、「**太陽**」にちなんで命名。ロッキャーは金属元素のスペクトルであると誤解していたため、語尾を -ium とした。1895年に**ラムゼー**がある種の岩石を加熱すると発生する気体として、地球上でヘリウムを発見した。ちなみに、ギリシャ語の ἥλιος **ヘーリオス**「太陽」から、太陽に向かって咲く花に**ヘリオトロープ**（Heliotrope）「太陽のほうに向くもの」という名が付けられた。ヘーリオスはギリシャ神話の太陽神も指している。

ヘリオトロープ
（別名「香水草」）

ヘリオス神

> **-ium 補足** リチウム lithium、ベリリウム beryllium の語尾 -ium ～イウムというのは、ラテン語の中性名詞の語尾の一つであり、元々「金属名の語尾」という意味合いがあったわけではない。1807年のカリウム発見以来、金属やその他の元素の語尾に用いられるようになった。それ以前の元素名には、金属であっても -ium で終わらないものが多い（Iron 鉄、Copper 銅、Mercury 水銀 他）。

3 Li リチウム

語源 石
ギリシャ語 λίθος (lithos)「石」
+ -ium → ラテン語 lithium
→ 英語 lithium（リスィアム）

発見者
スウェーデン：ヨアン・アルフェドソン（1817）

名称の由来
命名は発見者アルフェドソンの師であるスウェーデンのイェンス・ベルセリウス。周期表で下に並ぶナトリウム Na とカリウム K が動植物界にも広く分布しているのに対し、リチウムが鉱物界にのみ存在する元素と考えられていたため、「石」にちなんで名付けられた。ギリシャ語の λίθος リトス「石」から、モノリス（monolith）「一枚岩、石柱」や、メガリス（megalith）「（先史時代の）巨石遺跡」、リトグラフ（lithograph リソグラフ）「石版画」という語も生じた。

4 Be ベリリウム

語源 緑柱石
ギリシャ語 βήρυλλος (bḗrullos)「緑柱石」（ベーリュッロス）
→ フランス語 beryl+ -ium
→ 英語 beryllium

緑柱石（ベリル）とは、ベリリウムとアルミニウムのケイ酸塩 $Be_3Al_2Si_6O_{18}$ のことで、本来は無色（ギリシャ語のベーリュッロスにも緑色の意味はない）。結晶は六角柱。不純物の金属元素の混入によって様々な呼び名をもつ。2価の鉄イオン Fe^{2+} が混じって水色になったものがアクアマリン、3価の鉄イオン Fe^{3+} によって黄色味を帯びたものをヘリオドール。クロム Cr またはバナジウム V により緑色になったものがエメラルド、マンガン Mn により赤くなったものをレッドベリルという。

アクアマリン

レッドベリル

ヘリオドール
ギリシャ語で「太陽からの贈り物」の意味。ヘリウム同様、ギリシャ語のヘーリオス「太陽」に由来。

発見者
フランス：ルイ＝ニコラ・ヴォークラン（1798）

名称の由来
フランスの化学者ヴォークランが緑柱石（実際には、エメラルド）の中から発見。ヴォークランはこの化合物が甘みを持つことから、ギリシャ語の γλυκύς グリュキュス「甘い」にちなみ、グルシニウム（glucinium）と命名（旧元素記号 Gl、グルシニウムは、グルシナム glucinum とも呼ばれた）。しかし、この元素以外にも甘い金属化合物が存在するため（そういうたぐいのツッコミを入れはじめたら、どんな名前だって付けられなくなるのだが……）、1802年、ドイツのマルティン・クラプロートが「緑柱石（ベリル）」にちなんで名付けた。ちなみに、英語の brilliant ブリリアント「光り輝く、きらめく」もギリシャ語ベーリュッロスに由来する。日本人がベリリウムを英語で書こうとすると、ベリリウムのリリが R なのか L なのか、LL なのか悩むかもしれない。しかし英語の brilliant のスペルさえ知っていれば、最初のリが R で、二番目のリが LL だということが思い出せるだろう。
また、ドイツ語でメガネのことを Brille ブリレというが、この言葉もやはりベーリュッロスから派生した言葉である。

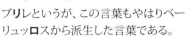

5 B ホウ素

語源 ホウ砂
中期ペルシャ語 bōrag「ホウ砂」
→ アラビア語 بورق (bawraq)「ホウ砂」
→ 中世ラテン語 baurach「ホウ砂」
→ 英語 borax「ホウ砂」+ -on
→ 英語 boron（ボーラックス）（ボーラン）

発見者
① イギリス：ハンフリー・デービー（1808）
② フランス：ジョセフ・ゲーリュサック、ルイ・テナール（1808）

名称の由来
1808年に2つのグループが独立してホウ素を単離。デービーにより、原料である borax「ホウ砂（しゃ）」にちなんで名付けられた。この borax は、中期ペルシア語（パフラヴィー語）の bōrag ボーラグ「ホウ砂」がアラビア語やラテン語を経由して生まれた。ホウ砂は昔はチベットの乾燥した塩湖の湖底から取られたものがヨーロッパに輸入され、特殊なガラスやエナメルの原料として活用されていた。ホウ砂（硼砂）もペルシャ語が中国語に音訳されたもの。

| -on 解説 | ホウ素は当初 boracium と名付けられたが、その性質が非金属元素の炭素にやや似ていることから、のちに carbon の語尾にならって boron と改称した。やがて貴ガスが発見されて -on という語尾が付けられていくと、-on が気体の元素というイメージが付いてきた。固体の炭素 carbon やホウ素 boron が -on で終わるのに違和感を感じるとしても、こちらの方が元祖 -on である。 |

6 C 炭素

| 発見者 |
古代から知られていた

| 語源 | 炭

ラテン語 carbo「炭」（カルボー）
→ フランス語 carbone（カルボン）
→ 英語 carbon（カーボン）

カルボナーラ

| 名称の由来 |

1787 年に出版されたフランスの**アントワーヌ・ラボアジェ**らによる『化学命名法』で、ラテン語の carbo「**木炭**」にちなみフランス語の charbone（carbone）という名称が登場した。英語の carbon カーボンやラテン語の carbo カルボーは最初の音節にアクセントがあるが、フランス語 carbone は、カルボンと後ろにアクセントがある。化学用語の**カーボハイドレイト**（carbohydrates）「炭水化物」（略して「カーボ」）や、**カーバイド**（carbide）「炭化ケイ素、炭化カルシウムなどの炭素と金属元素との化合物総称」といった用語が生まれた。英語も日本語も、carbon カーボンは炭素だけでなく複写用の**カーボン紙**も指す。ちなみに、**カルボナーラ**（carbonara）はイタリア語で「炭焼職人風」のパスタであり、関連語である。

7 N 窒素

| 発見者 |
イギリス：**ダニエル・ラザフォード**（1772）

| 語源 | 硝石

ギリシャ語 νίτρον（nítron）「ナトロン」
→ フランス語 nitre「硝石」（ニトル）
+ ギリシャ語 γεννάω（gennáō）「産む」（ゲンナオー）
→ フランス語 nitrogène（ニトロジェン）
→ 英語 nitrogen（ナイトロジェン）

ニクトゲンは「窒息する」という意味のギリシャ語プニゴーに由来。

誰が最初の発見者？

実は、シェーレやラザフォード以前に、水素の発見者であるイギリス人科学者**ヘンリー・キャヴェンディッシュ**が窒素の単離をしていたが、発表しなかったため知られることがなかった。巨万の富を持つ英国貴族で、人付き合いの嫌いなキャヴェンディッシュは、研究を発表して名誉を得たり、富を得たいという動機がなかったため発表を急いだりしなかった。彼は他にもオームよりも先にオームの法則を発見し、クーロンよりも先にクーロンの法則を発見していたが、その事実が明らかになったのは、彼の死後約100年経過してからのことである。

| 名称の由来 |

スコットランドの化学者**ラザフォード**は、1772 年に、空気中でろうそくやリンを燃焼させて酸素をなくし、アルカリ溶液に通して二酸化炭素を吸収させる実験を行い、残った気体の中ではハツカネズミが死んでしまうことから、noxious air「有毒な空気」、ないしは phlogisticated air「フロギストン空気」と呼んだ。一般には、これが窒素の発見といわれているが、実は、イギリスの化学者**キャヴェンディッシュ**や**プリーストリー**、またスウェーデンの**シェーレ**も、同時期ないしはそれ以前に発見していた。しかしプリーストリーは発表が 1775 年、シェーレは 1777 年と遅れてしまった。1775 年、フランスの**ラボアジェ**は窒素も元素の一つとして認め、ギリシャ語の ζωή ゾーエー「生命」の頭に ἀ-「否定の接頭辞」を足して「生命が存在できないもの」という意味の **azote** アゾットと名付けた（フランスでは現在も窒素のことを azote と呼ぶ）。azote は、**アゾ基**（－N=N－）や、**アゾ染料**（azo dyes）、**アジ化ナトリウム**（sodium azide）NaN₃ ような窒素の化合物に用いられている。

1790 年、フランスの化学者にして政治家の**ジャン＝アントワーヌ・シャプタル**が、硝石の成分に窒素が含まれることを明らかにし、窒素の名称を nitre「**硝石**」＋ -gène「生ずるもの」で、「硝石を生ずるもの」という意味の **nitrogène** と命名した。水素のことを hydrogène「水を生じるもの」、酸素のことを oxygène「酸を生じるもの」と命名したやり方にならったものである。ニトロは、**ニトログリセリン**（nitroglycerin）や**トリニトロトルエン**（trinitrotoluene、略称 TNT）などの化合物の名称に使われている。硝石の nitre は実はナトリウムの語源とも深く関わっている（p.25 参照）。

-gen 解説 水素 hydrogen「水を生じるもの」、酸素 oxygen「酸を生じるもの」、窒素 nitrogen「硝石を生ずるもの」の -gen は、ギリシャ語 γεννάω ゲンナオー「産む、生じる」に由来。この語から、英語の generation ジェネレーション「世代」や gene ジーン「遺伝子」、gentleman ジェントルマン「紳士」（生まれが良い）、genius ジーニアス「天才」（生まれながらの才能）が派生した。

8 O 酸素

語源 酸（鋭い）

ギリシャ語 ὀξύς (oxús)「酸っぱい、鋭い」
＋ギリシャ語 γεννάω (gennáō)「産む」
→フランス語 oxygène
→英語 oxygen

発見者
イギリス：ジョゼフ・プリーストリー（1774）

名称の由来

スウェーデンの化学者シェーレは1771年、軟マンガン鉱（二酸化マンガン）を硫酸に入れて発生する気体や、酸化銀や硝石、硝酸マグネシウムを強く加熱して生じる気体が同じもので、その気体の中で物が激しく燃えることから「火の空気」と呼んだ。この発見を全く知らずに、イギリスの化学者・牧師であるプリーストリーは、1774年、水銀を空気中で燃焼させたときに生じる赤色の「水銀灰」（実は、酸化第二水銀 HgO）を再び加熱した。そして水銀灰が水銀に戻ると同時に生じた気体を集めた。1775年、この気体の中でハツカネズミが生き続けるだけでなく、通常よりも長生きすることを発見。なんと自らも吸い込んで、世界初の酸素吸引者となり、「気分が爽快になる」と述べた。プリーストリーは当時主流だったフロギストン説を信じていたため、その空気を**脱フロギストン空気**（dephlogisticated air）と呼んだ。1777年、フランスのアントワーヌ・ラボアジェは、プリーストリーの発見を知り、その気体が脱フロギストン空気ではなく、燃焼に不可欠な元素であると説明した。ラボアジェは、非金属元素の燃焼により酸性の物質が生成するため、酸素が酸の元であると誤解したため「酸を生じるもの」という意味の oxygène という言葉を造った。現在、oxy- は「酸素」を意味する化学用語によく用いられている。例として、**オキシドール**（oxydol）「過酸化水素水」H_2O_2 や、**デオキシリボ核酸**（Deoxyribonucleic Acid、略すと DNA。構成成分のデオキシリボースという糖は、リボースという分子と比べて酸素が一つ少ない）がある。

イギリス
ジョゼフ・プリーストリー
Joseph Priestley
(1733-1804)
イギリスの化学者。周期表の提唱者。

スウェーデン
カール・ヴィルヘルム・シェーレ
Karl Wilhelm Scheele
(1742-1786)
スウェーデンの化学者、薬学者。

酸素・窒素・水素などの気体の研究・発見はほぼ同時期に、各地の化学者によってなされたため、誰が最初の発見者かは明言しづらい。

フランス
アントワーヌ＝ローラン・ド・ラボアジェ
Antoine-Laurent de Lavoisier
(1743-1794)
フランスの化学者。貴族、徴税請負人。「近代化学の父」。

英語の元素記号暗記法

元素の覚え方として、「**水兵リーベ僕の船　七曲がるシップスクラークか**」というのは有名。これは、「水 (H) 兵 (He) リー (Li) ベ (Be) 僕 (B, C) の (N, O) 船 (F, Ne) 七 (Na) 曲がる (Mg, Al) シッ (Si) プ (P) ス (S) クラー (Cl, Ar) ク (K) か (Ca)」を意味する。比較的ここまでは共通しているが、その先の覚え方になると色々なパターンが増えてくる。
英語ではどのように覚えているのだろうか？　英語にも元素を暗記するための覚え方があるが、

Harry **H**e **Li**kes **Be**er **B**ottled **C**old **N**ot **O**ver **F**rothy. **Ne**lly's **Na**nny **Mig**ht, **Al**though **Si**lly **P**erson, **S**he **Cl**imbs **Ar**ound **K**inky **Ca**ves.
（ハリー、彼は冷たいボトルビールが好きだが、あまり泡が多すぎないのがいい。ネリー乳母は力持ちだが、おバカさん。変な洞窟の周りをよじ登る）
実は、英語の暗記法のセリフは微妙に違うものが山ほど出回っていて、日本の「水兵リーベ」ほど一つの暗記法が定着していない。

Harry **H**e **Li**kes **Be**er **B**ut **Ca**n**N**ot **O**btain **F**ood.
（ハリー、彼はビールが好きだが、食べ物は手に入れられなかった）
Henry **H**e **Li**kes **Be**tty **B**ut **C**an **N**ot **O**ffer **F**lower **Ne**cklace.
（ヘンリー、彼はベティーが好きだが、花のネックレスをあげられなかった）
London **BBC NO F**u**N**.（ロンドンの BBC は面白くない）
正確に元素記号を表現できていないが、シンプルでよい。

| **F 補足** | フッ素は電気陰性度が元素中最も大きく、ヘリウム、ネオン以外のすべての元素と反応するほど反応性の高い元素。フッ素単体の気体は強い腐食性があり、極めて毒性が高く単離も困難。多くの科学者が挑戦したが失敗し、中には、中毒になったり死亡した科学者たちも出た。モアッサンも実験中、片目を失明し、発見の2年後に原因不明で死亡した。|

^{9}F フッ素

発見者
フランス：アンリ・モアッサン（1886）

語源　蛍石
ラテン語 fluor「蛍石」+ -ine
→英語 fluorine
（英語の発音はフルオリーンともフローリーンともいう）

名称の由来
フッ素の存在は18世紀頃から認識されており、イギリスの**ハンフリー・デービー**が**蛍石**に新たな元素が含まれていると予見したことから、ラテン語 fluor「**蛍石**」にちなんで命名された。蛍石 CaF_2（フッ化カルシウム）は、鉱石の精錬のときに **flux**「融剤（融点降下剤）」として用いられる。高温でも流動しにくい不要な岩石成分は、炉の中に「融剤」の蛍石を入れると融けて流れ出てくる。そのため蛍石は、「流れる」を意味するラテン語動詞 fluō フルオーから fluor と名付けられた。現在、英語で蛍石は **fluorite** という。英語の **flow** フロウ「流れる」も、ラテン語の fluo の遠い親戚の言葉である。英語の **fluorescent** フルオレセントは「蛍光の」という意味があり、fluorescent light「蛍光灯」や、fluorescent ink「蛍光インク」などに用いられている。

●蛍石は、紫外線を当てると蛍光を発する。

反応性が高いフッ素はひとたび他の元素と結合すると安定する。フッ素樹脂（デュポン社の「テフロン」はその商標名）も極めて安定した物質である。

英語 fluid「液体」

英語 influenza「インフルエンザ」

これらの語や flux「融剤」はラテン語 fluo フルオーに由来し、fluorine フッ素と同根語である。

●アクリル樹脂に封入されたフッ素ガス（反応が激しいためにヘリウムガスで50%に希釈されている）。色はわずかに黄色いと言われているが、この量ではほぼ無色である。

電気陰性度周期表

「電気陰性度」とは、原子核と電子の間で互いに引き付ける能力の指標。電気陰性度は、周期表において右上に行くほど大きくなるので、フッ素が最も値が大きい、つまり、反応性が高い。貴ガスは基本的にほぼ0である。

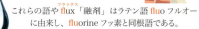

> **Ne 補足** ラムゼーの息子が提案した新元素の novum は、ラテン語で「新しい」を意味する形容詞の中性形で、古典期の発音はノウム [nówum] だが、後代の発音はノーヴム [nóːvum] となった。この時にはおそらくノーヴムと発音していたのであろう。3歳にしてラテン語の単語がすぐに出てくるというのは、さすがラムゼーの息子というべきか。

10 Ne ネオン

ネオンサインの放電管内部にはネオンガスが封入されている。ネオンは、オレンジ色の輝線スペクトルを発して輝くので、他の色のネオンサインは「ネオンサイン」という名前であっても、他のガスが封入されている。

語源 新しい

ギリシャ語形容詞「新しい」
νέος (néos) は男性形。
νέον (néon) は中性形。
→英語 neon

発見者
イギリス：ウィリアム・ラムゼー、モーリス・トラバース（1898）

名称の由来
発見当時、貴ガス元素は $_2$He ヘリウムと $_{18}$Ar アルゴンが知られ、ロシアの化学者メンデレーエフが発表した周期表により、その間に新元素が存在することが予見されていた。イギリスの化学者ラムゼーとトラヴァースは、液化空気の分留によって新しい元素を発見した。元素を発見したその日の夕食の場で、ラムゼーは家族に新しい元素を見つけたことを話した。すると、13歳の息子が「その元素は何ていう名前なの？」と尋ねた。ラムゼーはまだ考えていないと述べると、息子は「それなら **Novum** がいい！」と答えた。novum は、ラテン語で「新しい」を意味する。ラムゼーはその提案を受け入れたが、すでに発見していたヘリウム、アルゴンはギリシャ語由来にしていたので、この新しい元素もギリシャ語由来にしたいと考え、ギリシャ語で「新しい」を意味する **Neon** に決めた。

11 Na ナトリウム

ナトロンの柱

●ナトリウムの単体の金属は、ナイフで切れるほど柔らかい。ナイフで切ると、切り口は金属光沢があってきれいだが、たちまち酸化して白くなってしまう。

語源 鉱物 ナトロン

ギリシャ語 νίτρον (nítron)「ナトロン」
→ドイツ語 **Natron**「硝石」+ -ium
→ドイツ語 **Natrium**

ラテン語 soda「ソーダ灰」+ -ium
→英語 **sodium**

発見者
イギリス：ハンフリー・デービー（1807）

名称の由来
デービーが水酸化ナトリウム（NaOH）の溶融塩電解によって初めてナトリウムの単離に成功した。ナトリウムという名前の由来は「ナトロン」と呼ばれる鉱物に関係がある。ナトロンは炭酸ナトリウム Na_2CO_3 と炭酸水素ナトリウム $NaHCO_3$ を主成分とし、不純物として塩化ナトリウムや硫酸ナトリウムを含んでいた。古代エジプトではこれを石鹸作りや、布地の漂白、ミイラ作り、またガラスや釉薬の製造に使用した。古代エジプト語で、これを ntrj ネチェリと呼んでいた。この語がギリシャ語の νίτρον ニトロン、そしてラテン語 nitrum ニトルムになった。中世の時代、nitrum が何を指すのかに関して混乱が生じ、硝酸カリウム KNO_3 の鉱石「硝石」も指すようになる。ラテン語 nitrum がフランス語 nitre ニトル になった頃にはもっぱら「硝石」を指していたため、**硝酸カリウム KNO_3** の「硝酸」$-NO_3$ の成分から **nitrogen**「窒素」の名前が生まれた。一方、ラテン語 nitrum がドイツ語に入った時には Natron ナトロンは「**炭酸水素ナトリウム（重曹 $NaHCO_3$）**」を指すようになり、炭酸水素ナトリウムの金属成分から Natrium ナトリウムという語が生じた。英語でナトリウムのことを sodium というが、これは原料の soda「**ソーダ灰**」にちなんでデービーにより名付けられた。日本でも、ナトリウム化合物の中でも最も工業的に利用されている炭酸ナトリウムのことをソーダ（曹達）という。さらに、炭酸ナトリウムよりも激しい性質の水酸化ナトリウムを「**苛性ソーダ（苛性曹達）**」と呼び、炭酸ナトリウムよりも比重が重い**炭酸水素ナトリウム**（別名、重炭酸ナトリウム）を「**重曹**」（「重い曹達」）と呼んでいる。

ソーダといえば炭酸水のことが思い浮かぶが、昔の炭酸飲料は、レモンを絞ってつくったレモネードに重曹（炭酸水素ナトリウム）を加え、炭酸ガスを発生させて作っていた。重曹はベーキングソーダとも呼ばれ、お菓子作りに利用されていたため、ソーダ水は家庭で簡単に作ることができた。今日では、炭酸飲料は炭酸ガスを高圧で水に溶解させて作っているので、もはや炭酸飲料にソーダ（ナトリウム）は関係ないが、名前だけにソーダが残っている。
ちなみに、炭酸水の発明は、酸素の発見者であるプリーストリーによる。プリーストリーは醸造所のビールの大きな樽の上に水の入ったボウルを吊すと、気体が溶け込んでおいしい水ができることを見出した。しかし、彼は炭酸水の商標を取ったり一般に販売することまではしなかった。

| **Mg 補足** | 炭酸マグネシウムを「焼いて」できたマグネーシア・ウースタの「usta ウースタ」は、ラテン語動詞 uro ウーロー「焼く」の完了・受動分詞の女性形で「焼かれた」の意。「マグネシア」にならって金属の酸化物の名称は、シリカ（二酸化ケイ素 SiO_2）、ジルコニア（酸化ジルコニウム ZrO_2）、チタニア（酸化チタン TiO_2）のように語尾に -a を付けるようになった。 |

12 **Mg** マグネシウム

| 語源 | ギリシャの地名 **マグネーシア** |

ギリシャ語 μαγνησία（magnēsía）
「マグネーシア」
ラテン語 magnesia + -ium
→英語 magnesium

| 発見者 | イギリス：ハンフリー・デービー（1808） |

| 名称の由来 |

ギリシャの**マグネーシア**という場所で取られた鉱石をラテン語で magnesia マグネーシアと呼んだ。実は、このマグネシアで採れた鉱石には色々な種類があり、少なくとも以下の３つがあった。

magnesia alba「白いマグネーシア」
　→ 今日の「菱苦土石」magnesite（炭酸マグネシウム $MgCO_3$）
　　または「滑石」talc（含水ケイ酸マグネシウム $Mg_3Si_4O_{10}(OH)_2$）
magnesia nigra（または magnesia negra）「黒いマグネーシア」
　→ 今日の「軟マンガン鉱」pyrolusite（酸化マンガン MnO_2）
magnesia lithos（または magnesius lapis）「マグネーシアの石」
　→ 今日の「磁鉄鉱」magnetite（四酸化三鉄 Fe_3O_4）
※この対応関係は必ずしも明確ではなく、文献により異なる。

写真は小アジアのマグネーシア

マグネースという名の羊飼いは、その後マグネテス人の始祖となり、都市名がマグネーシアになったという伝説がある。

1775 年、スコットランドの科学者ジョゼフ・ブラックは、マグネーシア・アルバを高温で煆焼して精密に質量を測定する実験を行った（彼は定量実験のはしりとなった）。ブラックはできた物質を **magnesia usta マグネシア・ウースタ** と呼んだ。ラボアジェは、それが新しい元素だと考えたが、イギリスの科学者デービーは、このマグネシア・ウースタ（実は酸化マグネシウム MgO だった）を溶融塩電解することによって、1808 年、マグネシウムの単離に成功した。その実験に先立つ 1774 年、スウェーデンの科学者ガーンがマグネーシア・ニグラからマンガンを単離した（p.39）。ある人々は、このマンガンの金属を **magnesium マグネシウム**と呼んでいたため、デービーは自ら発見した金属を magnium マグニウムと命名した。混乱がしばらく続いた後に、デービーの金属が magnesium マグネシウムに、ガーンの金属が manganese マンガニーズ（ドイツ語で Mangan マンガン）に落ち着いた。

二つのマグネーシア

ギリシャのマグネーシアからは良質の磁鉄鉱が取れていたと言われている。現在、ギリシャのこの場所はマグニシア県と呼ばれている。マグネーシアがマグニシアになってしまったのは、マグネーシアのネーと伸ばす部分の母音ηエータが、古代ギリシャ語では「エー」と発音していたのに対し、現代ギリシャ語では「イ」の音に変化してしまったためである。

マグネーシア（マグネシア）という場所は、**ギリシャ本土**（現在のテッサリア地方マグニシア県）と、**小アジア**のイオニア地方のマニサの２カ所がある。小アジアの方は、ギリシャのマグネーシアの民が作った植民地で、出身地と同じ名前を付けていた。どちらがマグネーシア・アルバやマグネーシア・リトスの産地なのか文献によって説明が異なる。もしかするとどちらの地域でも産出していた可能性もある。マグネーシアという地名は、マグネースという名の羊飼いに由来し、彼は杖の先の鉄の部分や、サンダルの釘に石（磁鉄鉱）がくっつくのを偶然発見したという。マグネーシアという地名から **magnet マグネット「磁石」**が派生した（異説もある）。マグネーシアという地名は、マグネシウムと磁石のマグネット、そしてもしかするとマンガンの単語の語源ともなっている。

> **Al補足** 英語の alum 明礬（みょうばん）は、ラテン語 alumen アルーメン「明礬」に由来する。この語は古くは、印欧祖語の *helud-「苦い（塩）」に起源をもつ。ラテン語の alumen の -men は、中性名詞を作る接尾辞である。ちなみに、アルム「明礬」の同根語には、苦い飲み物である英語の ale「エール」がある。

13 Al アルミニウム

発見者
① デンマーク：**ハンス・エルステッド**（1824）
② ドイツ：**フリードリヒ・ヴェーラー**（1845）

語源 明礬（みょうばん）

印欧祖語 *helud-「苦い（塩）」
→ラテン語 alūmen アルーメン「明礬」
→英語 alum アラム「明礬」＋ -ium
→英語 alumium アルミアム
→英語 aluminum アルミナム

名称の由来

1761年、フランスの化学者ドモルボーは**明礬**のなかの酸化アルミニウム Al_2O_3 を alumine アリュミーヌと命名。1789年、同国のラボアジェはこの酸化物を単体とみなしてアリュミーヌの名で元素表に載せた（今日では、酸化アルミニウムは alumina アルミナと呼ばれている）。1808年頃、イギリスのハンフリー・デービーはアルミナを溶融塩電解してアルミニウムの単離を試みたが、アルミニウムと鉄の合金のレベルでとどまり、成功しなかった。1824年、デンマークの物理学者・化学者**エルステッド**が単離したと発表したが、不純物の多いものだった。ドイツの化学者**ヴェーラー**が、1845年に小さなアルミニウムの金属の塊を精製することに成功した。

アルミ鍋（上）とステンレス鍋（中）、銅鍋（下）

アルミ鍋は、重さが軽く、熱伝導率が高い。湯がすぐに沸くため、少量のソース作りや茹でもの、短時間で素早く作る料理に最適。一方、酸やアルカリに弱いため長時間の煮込みには不適。

ステンレスは、種類にもよるが熱伝導率が約 0.16 W／(cm・K) で、アルミニウムの 2.37 と比べるとかなり低い。ステンレス鍋は、熱が伝わりにくいが、逆に冷めにくいため、長時間の煮込み料理には最適。酸やアルカリにも強く、錆びにくく手入れが楽。熱伝導率が低いので、温度のムラができやすいので注意。

銅の鍋は、熱伝導率が高いため、温度にムラが生じにくく、水も早く沸騰する。見た目も美しい。しかし、値段が高く、酸やアルカリには弱く、錆びさせると緑青（ろくしょう）が出る。

アルミニウムの名称の変遷

alum**ium** 1808年、不完全ながらアルミニウムを精製しデービーは、アルミウムという名称を提案。
↓
alm**inum** 1812年、デービーはアルミナムという名称に変更。今もアメリカではこちらが使われる。
↓
alumi**nium** デービー以外の学者は -nium を好む。長年、この二つの語の間で混乱が続いた。結局、西欧では、-nium を採用。

熱伝導率周期表

単位：W/(cm・K)

熱伝導率は、物質の熱の伝わりやすさを表す量。金属は総じて熱伝導率が高く、触ったとき冷たいと感じる。アルミニウムは、銅・銀・金に次いで熱伝導率が高い。

1族	2族	3族	4族	5族	6族	7族	8族	9族	10族	11族	12族	13族	14族	15族	16族	17族	18族
1 H 水素 0.001815												ホウ素族	炭素族	窒素族	酸素族	ハロゲン	貴ガス He ヘリウム 0.00152
アルカリ金属	アルカリ土類金属											5 B ホウ素 0.274	6 C 炭素 1.29	7 N 窒素 0.0002598	8 O 酸素 0.0002674	9 F フッ素 0.000279	10 Ne ネオン 0.000493
3 Li リチウム 0.847	4 Be ベリリウム 2.01											13 Al アルミニウム 2.37	14 Si ケイ素 1.48	15 P リン 0.00235	16 S 硫黄 0.00269	17 Cl 塩素 0.000089	18 Ar アルゴン 0.0001772
11 Na ナトリウム 1.41	12 Mg マグネシウム 1.56	スカンジウム族	チタン族	バナジウム族	クロム族	マンガン族				銅族	亜鉛族						
19 K カリウム 1.024	20 Ca カルシウム 2.01	21 Sc スカンジウム 0.158	22 Ti チタン 0.219	23 V バナジウム 0.307	24 Cr クロム 0.937	25 Mn マンガン 0.0782	26 Fe 鉄 0.802	27 Co コバルト 1	28 Ni ニッケル 0.907	29 Cu 銅 4.01	30 Zn 亜鉛 1.16	31 Ga ガリウム 0.406	32 Ge ゲルマニウム 0.599	33 As ヒ素 0.502	34 Se セレン 0.0204	35 Br 臭素 0.00122	36 Kr クリプトン 0.0000949
37 Rb ルビジウム 0.582	38 Sr ストロンチウム 0.353	39 Y イットリウム 0.172	40 Zr ジルコニウム 0.227	41 Nb ニオブ 0.537	42 Mo モリブデン 1.38	43 Tc テクネチウム 0.506	44 Ru ルテニウム 1.17	45 Rh ロジウム 1.5	46 Pd パラジウム 0.718	47 Ag 銀 4.29	48 Cd カドミウム 0.968	49 In インジウム 0.816	50 Sn スズ 0.666	51 Sb アンチモン 0.243	52 Te テルル 0.0235	53 I ヨウ素 0.00449	54 Xe キセノン 0.0000569
55 Cs セシウム 0.359	56 Ba バリウム 0.184	ランタノイド	72 Hf ハフニウム 0.23	73 Ta タンタル 0.575	74 W タングステン 1.74	75 Re レニウム 0.479	76 Os オスミウム 0.876	77 Ir イリジウム 1.47	78 Pt 白金 0.716	79 Au 金 3.17	80 Hg 水銀 0.0834	81 Tl タリウム 0.461	82 Pb 鉛 0.353	83 Bi ビスマス 0.0787	84 Po ポロニウム 0.2	85 At アスタチン 0.017	86 Rn ラドン 0.0000361
87 Fr フランシウム 0.15	88 Ra ラジウム 0.186	アクチノイド	104 Rf ラザホージウム 0.23	105 Db ドブニウム 0.58	106 Sg シーボーギウム	107 Bh ボーリウム	108 Hs ハッシウム	109 Mt マイトネリウム	110 Ds ダームスタチウム	111 Rg レントゲニウム	112 Cn コペルニシウム	113 Nh ニホニウム	114 Fl フレロビウム	115 Mc モスコビウム	116 Lv リバモリウム	117 Ts テネシン	118 Og オガネソン

ランタノイド

57 La ランタン 0.135	58 Ce セリウム 0.114	59 Pr プラセオジム 0.125	60 Nd ネオジム 0.165	61 Pm プロメチウム 0.179	62 Sm サマリウム 0.133	63 Eu ユウロピウム 0.139	64 Gd ガドリニウム 0.106	65 Tb テルビウム 0.111	66 Dy ジスプロシウム 0.107	67 Ho ホルミウム 0.162	68 Er エルビウム 0.143	69 Tm ツリウム 0.168	70 Yb イッテルビウム 0.349	71 Lu ルテチウム 0.164

アクチノイド

89 Ac アクチニウム 0.12	90 Th トリウム 0.54	91 Pa プロトアクチニウム 0.47	92 U ウラン 0.276	93 Np ネプツニウム 0.063	94 Pu プルトニウム 0.0674	95 Am アメリシウム 0.1	96 Cm キュリウム 0.1	97 Bk バークリウム 0.1	98 Cf カリホルニウム 0.1	99 Es アインスタイニウム 0.1	100 Fm フェルミウム 0.1	101 Md メンデレビウム 0.1	102 No ノーベリウム 0.1	103 Lr ローレンシウム 0.1

Si 補足 元素のシリコンを「シリコーン」のように最後の音節を伸ばして発音してはいけない。元素のシリコン silicon とシリコーン silicone（英語の発音はシリコウン）は別の物質。シリコーン silicone は、ケイ素と酸素からなる鎖にメチル基 -CH₃ などの側鎖が結合したもので、シリコーンオイルやシリコーンゴム等の素材に使用されている。

14 Si ケイ素

発見者
スウェーデン：**イェンス・ベルセリウス**（1824）

語源 火打石

ラテン語 silex（スィレクス）「火打石」+ -on
→ silicon（スィリコン）「ケイ素」

名称の由来

1808 年イギリスの化学者**デービー**は「**火打石**」（燧石、フリント、ラテン語で silex スィレクス）の中に新しい元素の存在を予見。この silex から silicium スィリキウム（英語での発音はスィリスィアム）という名称を提案した。1823 年に、**ベルセリウス**が四フッ化ケイ素カリウムの混合物を加熱して単離に成功した。デービーは、この元素が金属であると考えていたが、後にケイ素が非金属元素であることが判明し、イギリスの化学者**トマス・トムソン**が silicon シリコンと改称した。ケイ素は、地球を構成する元素の中で 2 番目に多く（1 位は酸素）、石や砂に含まれる極めてありふれた元素だが、超高純度に精製したケイ素は、半導体材料として、IC（集積回路）作りには欠かせない物質。ケイ素なしには現代文明は存在しえない。

シリカゲル silica gel は、メタケイ酸ナトリウム Na_2SiO_3 の水溶液に酸を加えてできたゲルを乾燥させたもの。多孔性で、乾燥剤、脱水剤として用いられる。

シリコンウェーハ silicon wafer は、純度 99.999999999 %（9 が 11 個並ぶのでイレブンナイン）のシリコンを平坦に磨いた円形の薄い板。半導体の基板材料。

15 P リン

発見者
ドイツ：**ヘニッヒ・ブラント**（1669）

語源 光をもたらすもの

ギリシャ語 φῶς（phôs）フォース「光」+ φέρω（phérō）フェロー「運ぶ、もたらす」
→ ギリシャ語 φωσφόρος フォースフォロス「灯り、明けの明星」
→ ラテン語 phōsphorus フォースフォルス「リン」
→ 英語 phosphorus ファスフォラス「リン」

湖に映る明けの明星。古代ギリシャ人は、明けの明星と宵の明星が同じ星とは気付かずに、別の名前で呼んでいた。

名称の由来

ドイツの錬金術師**ブラント**は、銀を金に変える「賢者の石」を求めてありとあらゆる物質を実験し、ついに人間の尿を試みた。バケツ 60 杯分の尿を加熱し水分を蒸発させると有機物は炭化し、高温でさらにリン酸塩を還元すると考えられるすさまじい実験の結果、ついに空気中で光を発する物質を得た。これは白リン（P_4）で、暗所で発光することから、「**光をもたらすもの**」という意味の **phosphorus** という名称が付けられた。この言葉は元々ギリシャ語に由来し、光をもたらす「灯り、ランプ」や、「明けの明星」（金星）を指して用いられていた。

リン phosphorus の ph は英語では [f] の発音だが、ラテン語には元々この発音はなかった。ギリシャ語から外来語として単語を借用した際、ギリシャ語 φ の文字をラテン語では ph という表記にした。古典ギリシャ語 φ は p の有気音〔帯気音〕で、日本人には普通の [p] との区別がなかなかつかない（中国語・韓国語では p の有気音、無気音の区別をしている）。ギリシャ語での φ の発音は、やがて [f] の音に変化した。

英単語に ph というスペルがある時は、さかのぼれば大抵はギリシャ語由来である。例えば、photograph フォトグラフ「写真」や、photosynthesis フォトシンセシス「光合成」などはギリシャ語 φῶς フォース「光」に由来する言葉である。元素名で ph が使われている単語は、リン以外には硫黄のラテン語名 sulphur くらいだが、実はこの語はギリシャ語由来ではないのに、f の発音を ph で表記した「なんちゃってギリシャ語由来語」である（p.30 コラム参照）。

絶滅危惧元素

　元素は混合や化学反応によって姿を変えることはあっても生成も消滅もしない。しかし将来人が使おうと思ったときに入手できない・入手が困難となると危惧される元素がある。アメリカ化学会はそのような資源として存続が危ぶまれる44元素を集めて周期表を作っている。これらは①希土類元素、②金属、③ヘリウム、④リン・セレン・ホウ素などである。代替元素の探索、利用に当たっての節約、リサイクルなどを行ない、持続可能な供給を確立しなければならない。

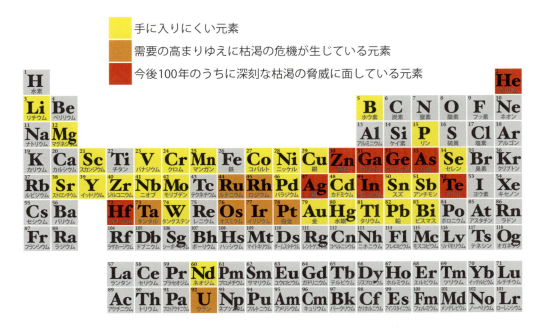

https://www.acs.org/content/acs/en/greenchemistry/research-innovation/endangered-elements.html を参照

リン

　リンは主としてリン酸塩鉱物として地殻中に0.099％存在する。これは全元素のうちで11番目に多いものであり、15族元素として最も多い。それなのに絶滅危惧元素にあげられているのはどうしてだろう。リン酸塩鉱物はリン酸肥料として重要で、大量に採掘されており、その生産量は2030年にはピークに達し、北米、アフリカ、ロシア、東南アジアの埋蔵量は今世紀末には枯渇すると予想されている。リン酸肥料の価格も高騰を続けている。2009年のWorld Food Summitによると、世界の人口増加に対応できるためには、2050年までに食料生産量は70％増えなければならない。リン酸肥料は水溶性であるため、植物に吸収されなかった分は雨水・灌漑用水によって流し出され、河川・湖沼・沿岸の水系を肥沃化しプランクトンや水草・海藻を繁茂させ、いずれは大量の海水に希釈されてしまう。消失することはないが、事実上回収不可能となる。

　リンはリン酸エステルとしてDNA、RNA、ATPリン脂質など生体に欠かせない元素である。骨や歯の主成分（70重量％）はヒドロキシアパタイトというリン酸カルシウム鉱物 $Ca_{10}(PO_4)_6(OH)_2$ である。これの存在が危惧されているのは由々しい問題である。

（岩村）

> **Cl 補足** 塩素の語源となったギリシャ語クローロスは、さかのぼれば印欧祖語の *ghel-「輝く」にたどり着くと考えられる。もしそうであれば、英語の gold「金」とも同一の起源を持つことになる。

16 S 硫黄

語源 燃やす

→印欧祖語 *swel-「燃やす」
→印欧祖語 *swelplos「硫黄」
→ラテン語 sulfur（スルフル）「硫黄」
→英語 sulfur（サルファ）「硫黄」

発見者
古代から知られていた

名称の由来

硫黄は火山地帯で多量に産出するため、古代から知られていた。名称の由来は定かではないが、印欧祖語の *swel-「**燃やす**」に由来すると考えられている。古英語では硫黄のことを **swefl**（スウェフル）と言ったが、同じ印欧祖語に由来しゲルマン語を経由した言葉である。英語の **sulfur** サルファから、「**スルホン基**」-SO₃H（sulfo group）という語や、「**サルファ剤**」（sulfonamides、硫黄を成分にもつ抗菌剤）という語が作られた。

アメリカ英語では、硫黄のスペルは **sulfur** だが、イギリス英語では多くの場合、**sulphur** である。英単語に ph というスペルがある時は、ちょうどリン phosphorus のようにほとんどはギリシャ語由来（正確にはギリシャ語がラテン語に取り入れられた借用語に由来）だが、そもそも、この言葉はギリシャ語に由来していない。イギリス人がギリシャ語由来と勘違いしたから ph にしたという訳ではなく（勘違いした人は一部いたかもしれないが……）、実は歴史的な経緯が関係している（左のコラム参照）。

ギリシャ語では硫黄を指すために別の語 θεῖον テイオンが用いられてきた。このギリシャ語から硫黄を含む成分を指す接頭辞 thio- チオ〜が生まれた。例えば、**sodium thiosulfate チオ硫酸ナトリウム**の thiosulfate チオ硫酸塩は、前半の thio- がギリシャ語由来の硫黄を指す接頭辞で、後半の sulf- がラテン語由来の硫黄を指す接頭辞という変わった組み合わせである。余談だが、大鵬薬品の栄養ドリンク「**チオビタ**」は成分に硫黄を含む α-リポ酸（別名チオクト酸）が入っていることから名付けられた。

Sulfur それとも Sulphur

硫黄の英語はラテン語に由来するが、古いラテン語では **sulpur**（スルプル）だった。やがて発音が変化し **sulfur**（スルフル）や **sulphur**（スルフル）というスペルが生じた。古フランス語を経由してこの語が英語に入った。18 〜 19 世紀のイギリスでは、sulfur、sulphur の両方が用いられていたが、やがて **sulphur** が優勢になる。アメリカでも 1920 年代以前ではもっぱら **sulphur** が用いられてきた。しかし、ウェブスター辞典で **sulfur** が採用されたことが要因の一つと言われているが、アメリカでは急速に **sulfur** が広がった。1990 年、IUPAC では **sulfur** を採用している。ちなみに、azufre（スペイン語）、soufre（フランス語）、zolfo（イタリア語）、Schwefel（ドイツ語）のようにヨーロッパの種々の言語では f が使われている。これらの言語では発音に合わせてスペルを合理的に変更しているが、イギリス英語は、古いスペルを多く残しているといえる。

17 Cl 塩素

語源 黄緑色

ギリシャ語 χλωρός (khlōrós)「黄緑色の」
+ -ine
→ 英語 chlorine（クロリーン）「塩素」

発見者
① スウェーデン：カール・シェーレ（1774）
② イギリス：ハンフリー・デービー（1810）

名称の由来

スウェーデンの化学者シェーレは、軟マンガン鉱（二酸化マンガンの鉱石。→ p.26）に塩酸を加えて、初めて塩素ガスを発生させた。しかし、シェーレはこれが元素だとは理解せず、脱フロギストン海塩酸気 dephlogisticated marine acid と呼んだ。後に、デービーは塩素がこれ以上分解できない元素であることを明らかにした。塩素の気体（Cl₂）が「**黄緑色**」であることから、ギリシャ語 χλωρός クローロスを元に chlorine と名付けられた。

クロロ〜 chlor- は、化学用語では「塩素」を意味する接頭辞となる。**クロロホルム** chloroform CHCl₃、**抱水クロラール** chloral hydrate C₂H₃Cl₃O₂、**クロロマイセチン** Chloromycetin といった塩素を含む物質の名称が造られた。

ギリシャ語クローロスはもともと「新芽、若芽、若葉」を指す語。その意味合いから、**クロロフィル** chlorophyll「葉緑素」（phyllon はギリシャ語で「葉」の意）や、**クロロプラスト** chloroplast「葉緑体」、**クロレラ** chlorella（淡水性の単細胞藻類の総称）といった言葉が作られたが、これらは塩素とは関係がない。

●アクリル樹脂に高圧で封入した液体塩素。鮮やかな黄色をしている。

Ar補足
アルゴンはギリシャ語の否定の接頭辞 a が ergon に付いたもの。しかしアエはアに縮約されるため、aergon アエルゴンにはならず、アルゴンになる。普通は、否定の接頭辞は母音で始まる単語に付くときは a ではなく、an- が付く(ギリシャ語由来の英語の例：an- + haima = anemia(アニーミア)「貧血」、an- + onoma = anonymous(アノニマス)「無名の」など)。

18 Ar アルゴン

発見者
イギリス：ジョン・ストラット、ウィリアム・ラムゼー（1894）

語源 働かない

ギリシャ語 ἀ- (a-)「否定の接頭辞」+
ἔργον (érgon)(エルゴン)「働き、仕事」
→ギリシャ語形容詞 ἀργόν (argón)(エルゴン)
「働かない、怠惰な」(中性形)
→ 英語 argon(アーゴン)「アルゴン」

名称の由来
アルゴンは化学的にきわめて不活性であることから**「働かない」**にちなんで名付けられた。ギリシャ語アルゴンは、**エルゴン** ἔργον「働き、仕事、行為」という言葉に否定の接頭辞 ἀ- アを付けたもの。このエルゴンから、**エネルギー energy**(エナジ)（en-「中に」+「働き」)や、**アレルギー allergy**(アレジ)（ἄλλος アッロス「他の」+「働き」)、**エルグ erg**(仕事・エネルギーの単位)といった言葉の語源となっている。
アルゴンの発見の経緯に関しては、p.32 参照。

英語語尾周期表

ラテン語では、-ium、イタリア語・スペイン語 -io 〜ヨ、ポルトガル語 -io 〜イウ、ロシア語は、-ий 〜イーが多いが、英語の元素名の語尾は、他の言語よりも変化に富んでいる。

1 H gen 水素																	2 He ium
3 Li ium リチウム	4 Be ium ベリリウム										5 B on ホウ素	6 C on 炭素	7 N gen 窒素	8 O gen 酸素	9 F ine フッ素	10 Ne on ネオン
11 Na ium ナトリウム	12 Mg ium マグネシウム										13 Al um アルミニウム	14 Si on ケイ素	15 P us リン	16 S ur 硫黄	17 Cl ine 塩素	18 Ar on アルゴン
19 K ium カリウム	20 Ca ium カルシウム	21 Sc ium スカンジウム	22 Ti ium チタン	23 V ium バナジウム	24 Cr ium クロム	25 Mn ese マンガン	26 Fe (iron) 鉄	27 Co (cobalt) コバルト	28 Ni el ニッケル	29 Cu er 銅	30 Zn (zinc) 亜鉛	31 Ga ium ガリウム	32 Ge ium ゲルマニウム	33 As ic ヒ素	34 Se ium セレン	35 Br ine 臭素	36 Kr on クリプトン
37 Rb ium ルビジウム	38 Sr ium ストロンチウム	39 Y ium イットリウム	40 Zr ium ジルコニウム	41 Nb ium ニオブ	42 Mo um モリブデン	43 Tc ium テクネチウム	44 Ru ium ルテニウム	45 Rh ium ロジウム	46 Pd ium パラジウム	47 Ag er 銀	48 Cd ium カドミウム	49 In ium インジウム	50 Sn (tin) スズ	51 Sb y アンチモン	52 Te ium テルル	53 I ine ヨウ素	54 Xe on キセノン
55 Cs ium セシウム	56 Ba ium バリウム	72 Hf ium ハフニウム	73 Ta um タンタル	74 W en タングステン	75 Re ium レニウム	76 Os ium オスミウム	77 Ir ium イリジウム	78 Pt um 白金	79 Au (gold) 金	80 Hg y 水銀	81 Tl ium タリウム	82 Pb (lead) 鉛	83 Bi ium ビスマス	84 Po ium ポロニウム	85 At ine アスタチン	86 Rn on ラドン
87 Fr ium フランシウム	88 Ra ium ラジウム	104 Rf ium ラザホージウム	105 Db ium ドブニウム	106 Sg ium シーボーギウム	107 Bh ium ボーリウム	108 Hs ium ハッシウム	109 Mt ium マイトネリウム	110 Ds ium ダームスタチウム	111 Rg ium レントゲニウム	112 Cn ium コペルニシウム	113 Nh ium ニホニウム	114 Fl ium フレロビウム	115 Mc ium モスコビウム	116 Lv ium リバモリウム	117 Ts ine テネシン	118 Og on オガネソン

57 La ium ランタン	58 Ce ium セリウム	59 Pr ium プラセオジム	60 Nd ium ネオジム	61 Pm ium プロメチウム	62 Sm ium サマリウム	63 Eu ium ユウロピウム	64 Gd ium ガドリニウム	65 Tb ium テルビウム	66 Dy ium ジスプロシウム	67 Ho ium ホルミウム	68 Er ium エルビウム	69 Tm ium ツリウム	70 Yb ium イッテルビウム	71 Lu ium ルテチウム
89 Ac ium アクチニウム	90 Th ium トリウム	91 Pa ium プロトアクチニウム	92 U ium ウラン	93 Np ium ネプツニウム	94 Pu ium プルトニウム	95 Am ium アメリシウム	96 Cm ium キュリウム	97 Bk ium バークリウム	98 Cf ium カリホルニウム	99 Es ium アインスタイニウム	100 Fm ium フェルミウム	101 Md ium メンデレビウム	102 No ium ノーベリウム	103 Lr ium ローレンシウム

炭素 carbon の語尾が -on だったため、それに似た性質のホウ素 (1808 年)、ケイ素 (1824 年) が同様に -on という形になった。貴ガスの語尾に -on がつけられたのはアルゴンが最初だが (1894 年)、続いてヘリウムが発見された時 (1895 年) は、まだ貴ガスの語尾が -on になるという慣習はなかった。1898 年に、ネオン、クリプトン、キセノンが発見された時に語尾に -on を付けていったため、貴ガス＝語尾 -on が定着し、ヘリウムさえ、ヘリオン helion に改名すべきという意見まで出るほどだった (ヘリウムがすでに広まっていたのでその提案は通らなかった)。
水素、酸素、そして窒素には「〜を生じさせるもの」を意味する語尾の -gen が付けられたがそれ以上は広まらなかった。

ハロゲンの語尾に -ine を付けるようになったのは、塩素 chlorine (1810年) が最初で、続くヨウ素 iodine (1811年)、臭素 bromine (1826 年) とそれにならっていった。元々 -ine は、ラテン語の -inus に由来。名詞から形容詞を作るための接尾辞である。
新しく命名された金属元素は圧倒的に語尾が -ium だが、古くから知られている元素は、語尾がバラバラ。昔は語尾を統一するという意識はなかった。日本名を赤字で書いている元素は、英語ではなくドイツ語から取り入れたため、語尾が英語と一致していない (日本語クロム≠英語クロミウム等)。英語では -um で終わるものも多い。アルミニウム -ium の場合、アルミナム -um と呼び方が並存している。

アルゴン

アルゴンは地球大気中に 0.93％しか含まれないので貴ガスと呼ばれる元素であるが、重量では 1.28％となる。二酸化炭素の 30 倍も空気中に多く存在するので、無視するわけにはいかない。その発見には、興味深い経緯がある。

水素を発見した**キャヴェンディッシュ**は、1785 年に空気中の窒素を除くことを目的として次のような実験を行なった。ガラス容器の中の空気にさらに酸素を十分に加えて封をし、長時間放電を行う。このガスを水酸化カリウムに吸わせ、残った酸素を加熱した還元銅の上を通して除くと、なお体積で 1/120 ほどのガスが残るのを見逃さなかった。

ヘンリー・キャヴェンディッシュ Henry Cavendish
(1731-1810)
イギリスの化学者・物理学者。

1 世紀以上経った 1892 年、**レイリー卿**は、キャヴェンディッシュの伝記の中に上記の記述があるのを見つけて興味を持ち、次のような実験を行なった。空気から酸素、二酸化炭素、水蒸気を除いた「窒素」が 1 リットル 1.2572 g あるのに、酸化窒素、一酸化二窒素、亜硝酸アンモニウム、尿素から化学的に作った窒素ガスは、1.2505 g しかないことを発見し、空気中から純粋にしたと思える窒素には、何か重い成分が残っているのかもしれないと考えた。

ジョン・ウィリアム・ストラット John William Strutt
レイリー卿として知られる。
(1842-1919)
イギリスの物理学者。

この講演を聴いた**ウィリアム・ラムゼー**は、これは新しい発見につながるのではないかと考え、1894 年に少し異なる実験を行った。空気中から採取した「窒素」を繰り返し赤熱した金属マグネシウムの上を通し、窒化マグネシウムを形成させることによって窒素を除いた。この間、気体の容積はぐんぐん減少し、それとともに密度が上昇した。はじめに 22 リットルの気体の密度が 14 であったのに、1.5 リットルとなると 16.1 となり、ついには 290 cm^3 で 19.95 となった。こうなるともはや金属マグネシウムと反応しなくなった。密度は 0 ℃、1013 hPa で 1 リットル 1.78 g、新しい元素で不活性を意味するギリシャ語にちなんで「アルゴン」と命名された。

ウィリアム・ラムゼー William Ramsay
(1852-1916)
スコットランドの化学者。

その後 5 年間で、クリプトン、ネオン、キセノン、ラドン、ヘリウムといった一連の貴ガスがこの順に続々と発見され、レイリー卿とラムゼーは 2004 年、それぞれノーベル物理学と化学賞を受賞した。

（岩村）

乾燥空気の組成

窒素 N$_2$ 78.08％
酸素 O$_2$ 20.95％
アルゴン Ar 0.93％

0.038％ CO$_2$ 二酸化炭素
0.0018％ Ne ネオン
0.0001％ Kr クリプトン
0.0005％ He ヘリウム
0.00005％ H 水素
0.000009％ Xe キセノン

希ガス元素か 貴ガス元素か

　第18族元素は、最外殻電子が全て埋まっているため、化学的に非常に不活性であり、しばしば単原子分子として存在する。長い間この第18族元素には化合物が知られていなかったために、不活性ガス（inert gas）類と呼ばれた。しかし、化学的な不活性さの度合いは、第1周期元素のヘリウムを筆頭として、周期が進むにつれて弱くなる。安定核種が存在する最後の周期である第5周期のキセノンに化合物が見つかったことを皮切りに、他の第18族元素にも化合物が見つかったため、今日不活性ガスという呼び名は、この族の性質を正しく言い表していない。かつて化学的分離や抽出が困難であったため、「稀（まれ）な」に由来する希ガス（rare gas）の名称もある。しかし空気中には0.9%のアルゴンが含まれている。これは二酸化炭素(0.03%)の30倍近くであり、それほど稀な元素というわけでもない。

　2005年 IUPAC（国際純正・応用化学連合）は、noble gas とすべきであるとの勧告を行った。日本化学会もこれに従い、「貴ガス」表記に変更するよう提案している。日本の高等学校化学の教科書では、全て「希ガス」の表記が残っている（一部で「貴ガス」と併記）。これについて2015年3月17日に、今後は日本国外の高校教科書が例外なく使用している「noble gas」に合わせて、貴ガスとすることを推奨している。

　貴ガス元素は、ヘリウムを除いて、常圧かつ凝固点以下で弱いファンデルワールス結合による結晶（単原子分子による分子性結晶）を形成する。

（岩村）

貴ガスはなぜ不活性？

「イオン化エネルギー」とは、原子から電子を取り除き陽イオンとするために必要なエネルギーのこと。周期表の右上に行くほど、イオン化エネルギーは大きい。貴ガスはより安定的、逆にイオン化エネルギーの小さい第1族の元素は、陽イオンになりやすく、様々な物質と激しく反応する。

一方、「電気陰性度」は原子核と電子の間で互いに引き付ける能力の指標。電気陰性度は、周期表において右上に行くほど大きくなるが、貴ガスは基本的にほぼ0である。このように、貴ガスは安定的だが、ヘリウムと比べるとキセノンの方がイオン化エネルギーが低いので、やや化合物を作りやすいといえる。

> **族名解説** 周期表の1族元素である**アルカリ金属**は、英語で **alkali metal** アルカリ メタルという。アルカリ金属は、水に溶けると強いアルカリ性を示す。ちなみに、英語で「アルカリ性の」という言葉は **alkaline** アルカラインという。2族元素のアルカリ土類金属は英語で、**alkaline earth metal** アルカライン アース メタルという（alkali earth metal ではない）。

19 K カリウム

発見者
イギリス：ハンフリー・デービー（1807）

語源　草木灰

- アラビア語 قلى カラー (qalā)「焼く、揚げる」
- → アラビア語 القلية アル・カルヤー (al-qalyah)「草木灰」
- → 中世ラテン語 alcali アルカリ「草木灰」
- → 英語 alkali アルカライ「草木灰」
- オランダ語 pot ポット「壺」＋ asch アッシュ「灰」
- → オランダ語 potasch ポタッシュ「草木灰」
- → 英語 potassa ポタッサ ＋ -ium
- → 英語 potassium ポタスィアム

名称の由来

カリウムの英語名は **potassium** ポタスィアム。デービーが、炭酸カリウム（K_2CO_3）を主成分とする**草木灰** potassa ポタッサに -ium を加えて名付けた。スペルが ss なのでポタズィアムのようには濁らない。この potassa は、英語の「草木灰、灰汁」potash ポタッシュと同根語だが、potassa は語尾がラテン語化されている。potash は、pot「壺、深鍋」＋ ash「灰」（オランダ語の古いスペルでは asch）、つまり「壺に植物を入れ蒸し焼きにしてできた灰」を意味した。

日本語のカリウムという名称は、ドイツ語の **Kalium** カリウムに由来。こちらも、さかのぼればアラビア語の「草木灰」という言葉にたどり着く。ベルセーリウスによって命名された。**アルカリ alkali** アルカライという言葉の「カリ」の部分は、カリウムと同じ語源であり、アルはアラビア語の定冠詞に相当する。スペルはラテン語やフランス語では al**c**ali のように c だが、ドイツ語、英語は al**k**ali のように k である。

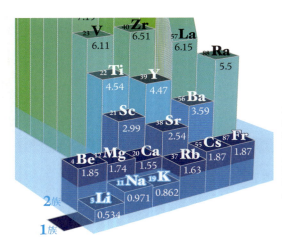

左の図は、周期表を比重の値で立体的にしたもの（部分）。アルカリ金属は周期の数が大きくなるにつれて比重も大きくなる。Li、Na、K は比重が1よりも小さいので水よりも軽く、水に入れれば浮く。ただし、水に接した途端に激しく燃焼し始める。Rb や Cs はさらに激しく反応するので、水に入れると爆発が起きる。

フランス語のポタージュ potage は pot「深鍋」＋ -age（動作の結果を表す接尾辞）＝ 鍋で煮たもの、スープ全般を指す語。ポタッシュ potash とも前半部分の語源は共通している。つまり、ポタージュスープという言い方は重複表現である。

カリウムは、細胞の浸透圧や酸・塩基平衡の維持に大いに寄与している。カリウムの摂取は、ナトリウムの排泄を促し血圧を下げる効果がある。WHO では（2012年）、高血圧予防のため成人で1日に3,510mgの摂取を推奨している。ただし、人工透析患者はカリウムの摂取量に制限がある。

アルカリ土類金属＝2族？

アルカリ土類金属がどの元素を指すかについては、2通りの見方がある。1つは、アルカリ土類金属＝2族とする広義の呼び方で、ベリリウム、マグネシウムを含む。それに対して、ベリリウム、マグネシウムを除いた、カルシウム、ストロンチウム、バリウム、ラジウムのみをアルカリ土類金属と呼ぶ狭義の呼び方がある。ベリリウムとマグネシウムは、色々な点で他の2族の元素と性質が異なっているというのが理由だ（例えば、ベリリウムとマグネシウムの酸化物の水溶液は、他と異なりそれほど強いアルカリ性を示さない）。

現在では、IUPAC（2011）による定義にしたがって前者の「2族のすべてがアルカリ土類金属」が推奨されている。

> **Ca 補足** ラテン語 calx + -ium が calxium でなく calcium なのはなぜ？ 実は calx の語幹は calc-。語幹に色々な接尾辞がついて変化形を作る。名詞の主格「石灰が」は calc- + s（主格の接尾辞）= calcs だが、cs は一文字 x で表すため calx になった。属格「石灰の」（英語でいう所有格）は calc- + -is（属格の接尾辞）= calcis になる。よって元素名は calc- + -ium = calcium になる。

20 Ca カルシウム

語源　石灰石

ラテン語 calx「石灰」+ -ium
→英語 calcium

発見者
イギリス：ハンフリー・デービー（1808）

名称の由来

石灰石（英語 limestone）は、主成分が炭酸カルシウム $CaCO_3$ からなり、これを炉で焼成すると「生石灰」酸化カルシウム CaO（英語 lime）が得られる（読み方は「せいせっかい」や「きせっかい」）。生石灰に水を加えると発熱して「消石灰」水酸化カルシウム $Ca(OH)_2$（英語 hydrated lime）となる。デービーはこの消石灰と酸化第二水銀との混合物を溶融塩電解してカルシウムを得た。彼はラテン語で「石灰石、大理石」を意味する calx カルクス に -ium を付けてカルシウム calcium と名付けた。

ちなみに、ラテン語の calx 石 に -ulus（「小さい」ものを指す指小辞）を足した calculus「小さい石」から、英語の calculus「（腎臓などにできる）結石」や、「（計算用の）小さい石」から転じて calculator「計算機」という語も生まれた。

英語の calculus は、医学用語の「結石」という意味だけでなく、数学の「微積分」という意味もある。黒板に書くチョーク chalk もラテン語の calx が変化したものなので calcium と同根語。ちなみに、尿路結石のケースのうち9割は、シュウ酸カルシウムやリン酸カルシウムが主成分。

腎臓 / 尿路結石 calculus / 膀胱

踵骨 Calcaneus は、「踵」（かかと）の骨。解剖学用語の calcaneus カルカネウス は ラテン語の calx「小石」、転じて「かかと」が起源である。日本語の踵骨は杉田玄白らの「解体新書」で初めて使用された。

Calcaneus 踵骨

デービーと電池の発明

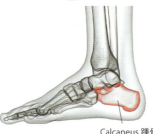

イタリア出身の科学者アレッサンドロ・ボルタが世界初の電池を発明、1800年に公表した。先見の明のあるイギリスのデービーはいち早く化学実験に取り入れ、当時としては最大級の250個の電池を使って溶融塩電解を試みた。この最新鋭の道具を活用し、1807年にカリウム、ナトリウムを発見。以降、カルシウム、ホウ素、ストロンチウム、バリウム、マグネシウムを立て続けに発見した。

復元されたボルタの電池（電堆※）

アルカリ土類金属の「土類」とは？

かつてはアルミニウムやゲルマニウムを含む第13族、古い呼び方でいうところの第Ⅲ族の Al、Ga、In、Tl のことを「土類」と呼んでいた（B ホウ素を含まない）。他にも Sc や Y、La も土類と呼ばれた。カルシウム、ストロンチウム等は、アルカリ金属と土類金属の中間の性質ということで「アルカリ土類金属」と呼ばれるようになった。短周期表で見れば、その関係が分かりやすい。

土類といっても腐葉土のような「土」のイメージではなく、錬金術における火・気・水・土の四大元素の「土」terra のこと。非金属で水に不溶または難溶の金属酸化物を広く指した。希土類 rare earth も、土類金属の中の微量な元素ということで名付けられた。

広義のアルカリ土類金属 / アルカリ金属 / 土類金属 / 狭義のアルカリ土類金属

※ ボルタの電堆の「堆」の字は「でんたい」と読む。「堆肥（たいひ）」を参照されたい。

> **Ti 補足** チタンやクロムは、英語ではそれぞれ、titanium タイテイニアム（ラテン語読みならティタニウム、日本語的になまった読み方がチタニウム）や cromium クロウミアム（ラテン語読みクロミウム）、のように日本語とは異なる。日本語の名称はドイツ語の Titan ティターンや Chrom クロームから取られている。明治時代、化学用語がドイツ語から大量に日本語に入ったためである。

21 Sc スカンジウム

スカンジナヴィア半島

語源 スウェーデンの古名 **スカンディア**

ラテン語 Scandia（スカンディア）
＋ -ium
→ 英語 scandium（スキャンディアム）

発見者 スウェーデン：ラース・ニルソン（1879）

名称の由来

スウェーデンの化学者ニルソンはユークセン石という鉱物中の金属に、未報告の原子スペクトル線が存在することに気付いた。そこで、ニルソンの出身地であり原鉱石の産地でもあるスウェーデンの古名「スカンディア」Scandia にちなんでスカンジウムと名付けた。今日のスウェーデン、ノルウェーの両国が占めるスカンジナヴィア（スカンディナヴィア）半島のうちの南部地方は、古くからラテン語で Scandia と呼ばれていた。この地に 13 世紀半ばごろスウェーデン王国が形成された。このスカンディアは、一説には北欧神話の女巨人スカジ Skadi（古ノルド語で Skaði）に由来するという。スカジは雪と森とスキーの女神、狩りの名手である。

ところでスカンジウムが、メンデレーエフによって存在が予言されたホウ素の下にくるエカホウ素であることに気が付いたのは、ニルソンではなく彼の同僚の化学者、ペール・テオドール・クレーベである（現在の長周期表ではホウ素の下はアルミニウムだが）。クレーベはホルミウムとツリウムを発見している。

スカジは、父親の仇を取るために、殺害者である神々のところに、単身で乗り込んでいった気性の激しい巨人。しかし、神々にうまく丸め込まれて、逆に神々の一人の嫁にさせられてしまった。

22 Ti チタン

天を背負うアトラスも、タイタン族の一人である。

語源 ギリシャ神話の巨人 **タイタン**

ギリシャ語 Τιτάν（Titán）「巨人タイタン」
→ ラテン語 Tītān（ティーターン）「巨人タイタン」
→ ドイツ語 Titan（ティターン）「チタン」（巨人も元素も）
＋ -ium → 英語 titanium（タイテイニアム）「チタン」

発見者 ①イギリス：ウィリアム・グレゴール（1791）
②ドイツ：マルティン・クラプロート（1795）

名称の由来

最初にこの金属を発見したのは、イギリスの牧師にして風景画家・音楽家・鉱物学者だったグレゴール。1791 年メナカンと呼ばれる谷で採集した黒色の砂の中に新しい金属が含まれていることを発見し、それをメナカナイト manaccanite と呼んだ（現在はイルメナイト Ilmenite 別名チタン鉄鉱 $FeTiO_3$ と呼ばれる）。

それとは別に、1795 年、ドイツの科学者クラプロートがルチル鉱を分析し、特異的な酸化物であることを発見。そしてこの新しい金属元素を「チタン」と名付けた。チタンは、ギリシャ神話の巨人「タイタン」族に由来（タイタンは英語読み。ギリシャ語ならティタン）。タイタンは天空神ウーラノスと地母神ガイアとの間に生まれた 13 柱の巨神達のこと。クラプロートはチタン命名の 6 年前に $_{92}U$ ウランを発見し、天王星 Uranus（天空神ウーラノスに由来）にちなんでウランと命名したので、そのウーラノスの子供たちの名タイタンを選んだ。彼はやがてグレゴールの発見した元素とチタンが同じものであることが判明したが、名称はチタンの方が広まった。当時はチタンの酸化物を得ただけで、純粋な金属チタンの単離はできなかった。1910 年になってアメリカの化学者マシュー・ハンターがナトリウムを還元剤として用いて純度 99.9% のチタンの単離に成功した。

色々な分野で「巨大」なものの名称に Titan の名が冠されている。

イルメナイト（メナカナイト）
$FeTiO_3$

土星の衛星タイタンは、月と比べて直径は 1.48 倍あり、太陽系の惑星で 2 番目に大きい。

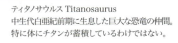

チタノサウルスやタイタノサウルスとも表記する。

ティタノサウルス Titanosaurus
中生代白亜紀前期に生息した巨大な恐竜の仲間。特に体にチタンが蓄積しているわけではない。

タイタニック号 Titanic
4 万 6,328 総 t、全長は 269.1 m。当時は世界最大の客船だった。

元素と曜日と北欧神話

元素名には、神話に基づいた名称も多い。中には少数ながら北欧神話に基づいた名称がある。これらの人物は、曜日の名前の由来となっているものもある。

スカンジウムの発見者は**スウェーデン**のニルソン、バナジウムの命名者も**スウェーデン**のセフストレーム、またトリウムも**スウェーデン**のベルセリウスが命名している。

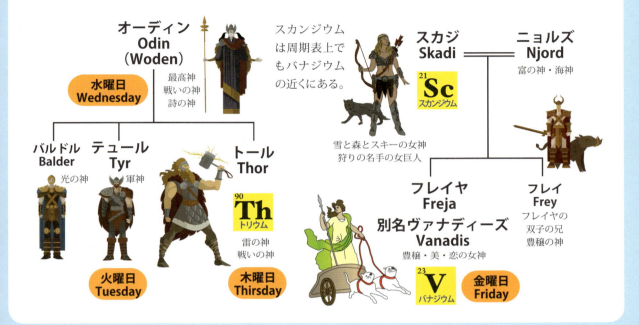

周期表建築

世界には周期表をデザインに利用している建築物がある。右の画像は、メキシコシティーのメキシコ国立自治大学の化学学部の建物。下の写真はオーストラリアの首都キャンベラにある科学博物館（愛称はクエスタコン）の壁に映し出された周期表のプロジェクションマッピング（2012年のもの）。他にも、元素が描かれたスペインのムルシア大学の化学学部の建物や、中国語の元素名が書かれた中国・遼寧省瀋陽の会社の建物など世界中で周期表建築が流行っている！

> **V 補足** 「ヴァナディース」は北欧神話の女神フレイヤ Freja の別名（他にも別名がたくさんある）。ヴァナディースよりもフレイヤという名前の方が有名なのに、あえてヴァナディースを用いたのは、今まで元素記号に V の文字が使われたものがなかったため、セフストレームが V で始まる元素名を考え出したからだといわれている。

女神ヴァナディース

23 V バナジウム

語源 北欧神話の女神 **ヴァナディース**
スウェーデン語 **Vanadis**「ヴァナディース」（女神フレアの別名）＋ **-ium**
→ ヴァネイディアム **vanadium**

発見者 ①スペイン：アンドレス・デル・リオ（1801）
②スウェーデン：ニルス・セフストレーム（1830）

名称の由来

スペイン出身で後にメキシコに帰化した科学者で、メキシコの鉱山学校で鉱物学と化学の教授となった**デル・リオ**は、1801年、その化合物が多彩な色となる新しい金属を発見。**パンクロミウム** panchromium（ギリシャ語で「すべての色」の意）と名付けた。後に、化合物を熱すると鮮やかな赤色になることから、**エリトロニウム**（エリスロニウム）erythronium（ギリシャ語の赤に由来）と変更した。彼は、「近代地理学の祖」と呼ばれるアレクサンダー・フンボルトにこの発見の確認を頼み、エリトロニウムのサンプルを送った。フンボルトはフランスの研究機関に分析を依頼したが、（おそらく誤って）クロムしか含んでいないと報告し、それを受けてフンボルトも新元素発見を否定した。実はデル・リオは研究の報告書も送ったが、不幸にも輸送船が遭難し、「クロムと似ている」と書かれたメモと標本のみがパリに届いたため、新元素発見をフンボルトが否定したとも言われている。その後も不運が続いて、他に確認してくれる研究者がおらず、結局デル・リオはクロムだったと思い直し、論文発表を取りやめた。それから27年経過した1830年に、スウェーデンの鉱山学校の校長で化学と物理学を教えていた**セフストレーム**が上記の発見を知らずに、独自にバナジウムを発見。その化合物の美しい色から、北欧神話の美の女神「**ヴァナディース**」の名をつけた。

バナジン鉛鉱（褐鉛鉱） $Pb_5(VO_4)_3Cl$。**v**anadinite は、鮮やかな赤色で六方晶系の結晶を作る。

● **カバンシ石** $Ca(VO)Si_4O_{10}(H_2O)_4$ はカルシウム calcium、バナジウム vanadium、およびケイ素 silicon を含む鉱物。それぞれの最初の数文字をとって ca + van + si → cavansite カバンシ石と名付けられた。このように成分の元素の頭文字や元素記号を用いてナゾ解きのように作られた鉱物名は他にも幾つかある。

デクロワゾー石 descloizite $(Pb,Zn)_2(OH)VO_4$

セフストレームの発見後、アルミニウムの発見者ヴェーラー（→ p.23）は、デル・リオの標本を再調査し、セフストレームの新元素とエリトロニウムが同じ物質であることを確認し、デル・リオの業績が再評価された。1931年、イギリス・アメリカ地理学者のジョージ・フェザーストンホーが、最初の発見者はデル・リオであることを評価して、バナジウムは**リオリウム** rionium にすべきだと提唱したが、結局それは広まらなかった。

アンドレス・デル・リオ
Andrés Del Río
（1764-1849）

バナジウムとホヤ

バナジウムの海水中の濃度は極めて少なく 35nM。1911年ドイツの研究者マーチン・ヘンツェは、ある種のホヤが海中からバナジウムを濃縮して体内に海水の約200万倍も蓄積させていることを発見した。ホヤは大きく分けてマメボヤ目とマボヤ目に分かれ、マメボヤ目のホヤはバナジウムを濃縮するが、日本人が食用にしているマボヤ目のマボヤやアカボヤにはあまりバナジウムは濃縮されていない。最も濃縮させる能力が高いのは、*Ascidia gemmata*という種で、和名を**バナジウムボヤ**という。とはいえ、濃縮したバナジウムがどんな役割を果たしているのかはまだ不明な点が多い。近年では、哺乳類に対してバナジウムがインスリンと似た働きをもつことが判り、糖尿病薬への応用が研究されている。

マメボヤ目ナツメボヤ科のホヤの一種
（*Ascidia paratropa*）

> **Mn補足** マンガンの単離は近代になってからだが、化合物は先史時代から黒色顔料として活用されてきた。ラスコーの洞窟の黒い顔料の成分も二酸化マンガン MnO_2 だった。現代でも、樹脂を着色するための黒色顔料や陶磁器の釉薬に使用されている。さらに二酸化マンガンは強い酸化作用をもつため、水素の発生を抑えるため乾電池で用いられている。

24 Cr クロム

語源 色

ギリシャ語 χρῶμα (khrôma)「色」
（元の意味は「体の表面」、「皮膚」で、そこから色という意味が生じた）
→ ラテン語 chrome +-ium クローム
→ フランス語 chrome +-ium クローム
→ 英語 chromium クロミウム

発見者
フランス：ルイ＝ニコラ・ヴォークラン（1797）

名称の由来
フランスの化学者ヴォークラン（ベリリウムの発見者）は、紅鉛鉱（$PbCrO_4$）から新元素の酸化物（Cr_2O_3）を発見。クロムは酸化状態により様々な色を呈することから「色」を意味するギリシャ語 χρῶμα クローマにちなんでクロム（英語は cromium クロミウム）と名付けられた。命名はヴォークランの師であるフランスのアントワーヌ・フールクロアとルネ＝ジュスト・アユイの提案による。
クロムは酸化数の違いで様々な色になる。例えば、**緑色**顔料の成分である酸化クロム (III) Cr_2O_3、強磁性を示し、磁気テープに使われてきた**黒色**の酸化クロム (IV) CrO_2、6 価で鮮やかな**橙赤色**の二クロム酸カリウム $K_2Cr_2O_7$ や、**赤色**の三クロム酸カリウム $K_2Cr_3O_{10}$、また**黄色**顔料「クロムイエロー」として用いられているクロム酸鉛 $PbCrO_4$ などがある。また、緑柱石に微量のクロムが存在することにより緑色になったものは「**エメラルド**」と呼ばれる。無色の鋼玉（コランダム）に微量のクロムが含まれると「**ルビー**」になる。ヴォークランは、クロム発見の数年後に、ルビーやエメラルドとクロムの関係を明らかにした。

ギリシャ語のクローマからは、色に関係した様々な用語が造られている。例えば、「色を描く」を意味する **chromatograph** クロマトグラフ、細胞の核の中で塩基性の色素によってよく染まることから **chromosome**「染色体」。太陽の光球とコロナとの間にある **chromosphere**「彩層」、**chromatic**「有色の、色彩の、半音階の」などがある。

写真は小アジアの
マグネーシア

25 Mn マンガン

語源 ギリシャの地名 マグネーシア

ギリシャ語 μαγνησία (magnēsía)「マグネーシア」
→ ラテン語 magnesia「マグネーシア」[maŋné:sia]
→ ラテン語 magnesia [maɲɲé:sia] マニェースィア
→ イタリア語 manganese「マンガン」マーガネズ
→ フランス語 manganèse [mã.ɡa.nɛz]
→ 英語 manganese「マンガン」マンガニーズ

発見者
スウェーデン：カール・シェーレ、ヨハン・ガーン（1774）

名称の由来
1774 年、スウェーデンの科学者シェーレは、今まで磁鉄鉱の変種に過ぎないと考えられていた軟マンガン鉱 MnO_2（別名パイロルース鉱）が、磁鉄鉱とは別の鉱物であり未知の金属を含んでいると推測したが単離に至らなかった。そこで友人の化学者ガーンに調査を依頼し、彼はマンガンの単離に成功した。名前の由来の「**マグネーシア**」はマンガンを含む鉱石の産地で、マグネットやマグネシウムの語源と共通である（→ p.22）。やがて manganese マンガニーズ（ドイツ語 Mangan マンガン）というスペルになった。

なぜ magnesia から manganese へと g ⇄ n が変わった？

ラテン語の gn [gn] の発音は古典時代には [ŋn] と発音した。これは続く n に影響されて g が鼻音化 [ŋ] したため。この鼻音化した g [ŋ] は、日本語でもサラッと発音した時の「案外」[aŋŋai]、「損害」[soŋŋai] の鼻濁音「ん」に相当する。中世ラテン語では、この発音を反映して、誤って gn を ngn と書くケースが現れた（例えば、ignem「火を」を ingnem と書いたり）。時代が下ると音韻は変化し、ラテン語の教会式（ローマカトリック式）と呼ばれる発音では、gn の発音は [ɲɲ] もしくは [ɲ] へと発音する。これは、日本語の「ンニャ・ンニュ・ンニョ」もしくは「ニャ・ニュ・ニョ」に相当する（イタリア語でも gn の発音は [ɲ]。イタリア語で磁石は magnete マニェーテ）。例えば ラテン語の magnus「偉大な」は、古典式ならば [máŋnus]（カタカナ表記では、「マグヌス」「マングヌス」「マンヌス」「マンヌス」のどれで表記するか悩む）だが、教会式なら [máɲɲus]「マンニュス」か [máɲus]「マニュス」になる。これに伴い古い文献では gn のスペルを間違って nn と記した例も現れている。
あくまで推定だが、ラテン語 magnesia の発音がマグネーシアからマンッネーシア、そしてマニェーシアへ変わり、スペルも mangnesia（仮定）のようなスペルが生じ、そこへ「なぜか **a** のスペルが挿入され」、さらに語尾が -ia から e に変化し、manganese となったかもしれない。もしもそうなら、同じスペルの変化が語源を同じくする magnesium マグネシウムや magnet で生じないのはなぜかと思うかもしれない。この違いは、magnesium は、ラテン語 magnesia が直接英語に入って magnesium という語が造られたのに対し、manganese は、ラテン語→イタリア語→フランス語→英語と経由した言葉であり、ラテン語→イタリア語のどこかの段階で -gn- と -ng- の入れ替えが起きたからである。

Fe 補足 酸化鉄に Co、Ni、Mn 等の金属を少量含んだ磁性を持つセラミックスを**フェライト**（ferrite）という。ラテン語の ferrum フェッルムに「岩石、鉱石」を意味する接尾語 -ite を加えたもの。フェロシアン化カリウム（黄血カリ）のフェロ ferro-「第1鉄の」（Fe^{2+}）やフェリシアン化カリウム（赤血カリ）のフェリ ferri-「第2鉄の」（Fe^{3+}）も、ラテン語 ferrum が語源である。

26 Fe 鉄

語源
血

? 印欧祖語 ***héshr** 「血」
→ ケルト祖語 ***isarnom** イーサルノン 「鉄」
→ 英語 **iron** アイアン 「鉄」

フェニキア語 **barzel** 「鉄」
→ ラテン語 **ferrum** フェッルム 「鉄」

発見者
古代から知られていた

名称の由来
鉄は人類の文明の初期から利用されていた。古代の鉄器の成分を調べると、ニッケルを多量に含んでいるものがあり、ニッケル分を多く含む隕鉄が利用されたことが推測できる（鉄の鉱石にはニッケル分はあまり含まれない）。

鉄を意味する英語の iron アイアンは、中英語（11世紀半ば～15世紀後半の英語）では、iren と書き、スペルの通りイーレンと発音した。11世紀半ば以前の古英語の時代には、isern イーセルンだった。これは、オランダ語の ijzer エイゼル、ドイツ語の Eisen アイゼンとも似ている。これらの言語はすべてケルト祖語の *isarnom イーサルノン（* は推定語の印）に由来する。この *isarnom が何に由来するかに関しては意見が分かれている。一説には、*isarnom は印欧祖語の *héshr「血」に由来するという。別の説では、*isarnom が「神聖な、強い」という語根に由来するという。

元素記号の Fe は、ラテン語の ferrum フェッルムの最初の2文字から来ている。さらに元をたどれば、セム語、おそらくはその中のフェニキア語の barzel バルゼル「鉄」に行き着く。聖書中の人物で、反乱が生じて逃亡し、窮乏していたダビデ王を支援したバルジライ Barzilai も「鉄（の人）」という意味である（聖書はセム語の一種のヘブライ語で書かれた）。

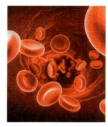

Iron の語源が「血」だとする説があるが、人体の中で、血液中に人体に含まれる鉄原子の2/3 が含まれていることと、くしくも一致する。血の色が赤いのは、鉄を中心にもつヘモグロビンと呼ばれるタンパク質により、血液100ml 中 12～16g も含まれる。ただし、エビやカニ、イカやタコの血液は、銅を中心に持つヘモシアニンを血液にもつため、色は透明～青色である。

隕鉄 iron meteorite は、鉄とニッケル合金からなる隕石。隕石の断面を硝酸などで処理して凹凸を浮き立たせると、ウィドマンシュテッテン構造と呼ばれる雪の結晶のような模様が見えてくる。これはニッケルの結晶が、数百万年単位で結晶化してできたものと言われている。

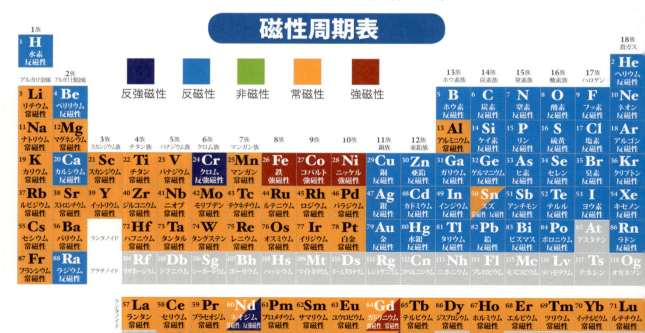

磁性周期表

覚えにくい元素記号（その1）

元素記号の中でも、鉄 Fe や、金 Au、銀 Ag は覚えにくい。これらの記号は日本語からは連想できず、英語の頭文字でもなく、ラテン語の頭文字だからだ。近年発見された元素は、英語とラテン語が似ているが、古くから知られていた元素の英語名はゲルマン語由来のものが多く、ラテン語と異なる場合が多い。ラテン語さえ覚えていれば元素記号を思い出すのも簡単なのだが、ラテン語を覚えるくらいなら、元素記号も丸暗記した方が楽な気もする。そこで、元素記号と語源的に関係のある身近なカタカナ語の画像を並べてみてすぐ連想できるようにしてみた。ただし、スズとアンチモンに関しては単なる語呂合わせである。

26 Fe 鉄
Fe 鉄はフェラーリ

Ferrari フェラーリは、イタリア人の姓で「鍛冶屋」を意味する

47 Ag 銀
Argentine 銀はアルゼンチン

アルゼンチンタンゴ　Argentine アルゼンチンの国名は、「銀の川」が由来。

50 Sn スズ

元素記号の Sn は、ラテン語 Stannum スタンヌムの略。カタカナ語の中には、スタンヌムと関係するものがない。

Sn すんずめ スズなり
（雀の東北弁）　錫

51 Sb アンチモン
アンチ Sb

アンチソフトバンクホークスということは、西武ファンとかオリックスファンかもしれない。

74 W タングステン
タングステンはウルフの W

元素記号 W は、ドイツ語の Wolf（ヴォルフ）「狼」が語源の Wolfram ヴォルフラムに由来。

79 Au 金
Aurora 金はオーロラの Au

オーロラも金も同じ語源。英語は Au は、たいてい「オー」と発音する。Auto「オート」、Australia「オーストラリア」など。

> **Cu補足** 銅銭の歴史は古く、埼玉県秩父市黒谷から自然銅が発見されたのを記念し、日本最初の流通通貨となる「和同開珎(わどうかいほう・かいちん)」を発行した。現在の5円硬貨は銅60％〜70％、亜鉛40％〜30％の「黄銅」、すなわち「真鍮」できている英語では brass ブラスという。金管楽器も楽器にも真鍮が使われているため金管楽器の楽団を「ブラスバンド」という。

27 Co コバルト

語源 ゴブリン

中高ドイツ語 kobe「小屋」
＋ *holt「ゴブリン」
またはギリシャ語 κόβαλος (kóbalos)
「ならず者、悪党、ゴブリン」
→ドイツ語 Kobold 山の精霊「コボルト」
→ドイツ語 Kobalt 元素「コバルト」
→英語 cobalt「コバルト」

→ラテン語 cobalus「山の精霊」
→英語 cobalt「コバルト」

発見者
スウェーデン：イェオリ・ブラント（1735）

名称の由来
中世のドイツ・ザクセン地方の鉱山で、鉱夫たちは銀鉱石に似ているのに、いくら精錬しても銀が得られない鉱石の存在に迷惑していた。さらには、その精錬の過程で生じる有毒な煙に悩まされていた（コバルトを含む鉱石にしばしば含まれるヒ素が原因とされている）。鉱夫たちは、それがドイツの民間伝承に出てくる山の精霊（いたずら好きな小鬼）の「コボルト」のせいだと考え、その鉱石そのものもコボルトと呼んだ。スウェーデン・ストックホルムの鉱山の監督官ですぐれた実験化学者だったブラントは、「コボルト」と呼ばれていた鉱石から新しい金属を単離し、コバルトと名付けた。ちなみに、英語の goblin「ゴブリン、いたずら好きの魔物」もコバルトと同じ語源である。
コバルト元素は、ビタミン B12 の中心金属であり、ビタミン B12 の一つシアノコバラミン（cyanocobalamin）の名前の中にもコバルトが含まれている。

28 Ni ニッケル

語源 ゴブリン
（民衆の勝利）

ギリシャ語 νίκη (níkē)「勝利」
＋ λαός (laós)「民衆」
ギリシャ語 Νικόλαος (Nikólaos)
人名「ニコラオス（ニコラオ）」
→ラテン語 Nīcolāus「ニコラウス」
→ドイツ語 Nikolaus「ニコラウス」
→ドイツ語 Kupfer「銅」
＋ nickel「つまらない人間、ゴブリン」
→ドイツ語 Kupfernickel「悪魔の銅」
→ドイツ語 略して nickel「ニッケル」
→英語 nickel「ニッケル」

発見者
スウェーデン：アクセル・クルーンステット（1751）

名称の由来
コバルトの場合と似ているが、精錬しても銅が得られない赤褐色の鉱石（niccolite「紅砒ニッケル鉱」NiAs）に鉱夫たちは困惑して Kupfernickel「悪魔の銅」「ゴブリンの銅」と呼んだ。つまりは「偽の銅」という意味である。1751年、スウェーデンの化学者クルーンステットはこの悪魔の銅から新元素を取り出し、Kupfernickel を略して nickel ニッケルと名付けた。
このニッケルはさかのぼるとギリシャ語のニコラオスという人名に行き着く。ニコラオスはギリシャ語のニーケー「勝利」にラーオス「民衆」を足したもので「民衆の勝利」という意味である。このニーケーは、ギリシャの勝利の女神「ニケ」と同じ言葉である。
やがて、ニコラオスは色々な国の人名になったが、少しずつ形は変化した。ラテン語 Nikolaus ニコラウス、スペイン語 Nicolás ニコラス、イタリア語 Niccolò ニコロ・Nicola ニコラ、ロシア語ニコライ、ポーランド語 Mikołaj ミコワイ、フランス語 Nico ニコ、ドイツ語 Niklas ニクラス・Klaus クラウス・Nil ニル、オランダ語 Klaas クラースなどなど……。このオランダ語のクラースから Sinterklaas シンタクラース「サンタクロース」という語が生まれた（ミラの Saint Nicholas 聖ニコラウスの伝承が起源とされている）。Nickel は、ニコラウスのどれかの名前を短くしたもの。とてもありふれた一般的な名前だが、やがて軽蔑語の意味を帯び、ついには「ゴブリン」や「悪魔」のような悪い意味まで意味するときもあった。現在でも、英語で Old Nick とは悪魔のことを指す。

サモトラケのニケは、翼の生えた勝利の女神が空から船のへさきへと降り立った姿を彫った古代ギリシャの彫像。頭部と両腕は失われている。

Cu 補足 10円硬貨は、銅とスズを含む合金である「青銅」でできている。青銅は英語で bronze ブロンズという。古代人が利用してきたのは「青銅器文明」と呼ばれるように純粋な銅でなく青銅だった。オリンピックの銅メダルも、青銅である。100円硬貨は、銅 75%, ニッケル 25% の白銅からなる。3/4 が銅であるにもかかわらず、色は赤色を帯びていない。

29 Cu 銅

発見者 古代から知られていた

語源 キプロス

ギリシャ語 Κύπρος（Kúpros）「キプロス」
→ ラテン語 aes Cyprium「キプロスの金属」「銅」
→ 後期ラテン語 cuprum「銅」
→ 古英語 coper「銅」
→ 英語 copper「銅」

キプロス島は、四国の約半分の面積をもつ島。ギリシャ神話に登場する愛と美の女神アフロディーテが生まれた場所とされている。古代では、銅とギリシャのアフロディテ、ローマのビーナス、そして金星は密接に関連づけられていた。

自然銅の塊。

名称の由来

銅は人類が古くから活用していた金属である。英語の copper カパは、さかのぼればギリシャ語の Κύπρος キュプロス「**キプロス島**」に由来する。キプロス島に大きな銅の鉱床があり、古代世界の銅の多くはこの産地から取れたものだった。銅の供給地を押さえるべく、古代エジプト、アッシリア、フェニキア、ギリシャ、ペルシア、そしてローマへと島の支配が移っていった。

ギリシャ語 K**y**pros からラテン語 c**u**prum へ変化するにつれ、母音 y が u へと変わった。銅の元素記号が Cu なのはこのラテン語のスペルに基づいている。これが英語に入ると、さらに母音が u から o へと変化して、copper になった。現代英語の copper カパは、古英語では coper コペルと書かれており、p の子音は 1 つだった。

キプロスという地名の由来に関しては諸説ある（中には銅という言葉に由来するという文献もあるが……）。一般には「イトスギ（糸杉）」を意味するギリシャ語 κυπάρισσος キュパリッソスに関係するのではないかと信じられている。キプロス島のおよそ 2 割はイトスギやスギ、マツの森林で覆われている。英語の Cypress **サイ**プレスもこのギリシャ語に由来している。

ちなみに、米語で警察官のことを cop というのは、アメリカでの警察組織創設時に警察官の制服のボタンが銅製だったためである（ビバリーヒルズコップや、ロボ・コップなど）。

電気伝導率周期表

電気伝導率、すなわち導電率とは、どの程度電気を通しやすいかを表す指標。銅族の銀、銅、金の順に電気伝導率が高い。銅が価格が安いので電線として用いられるが、抵抗をさらに減らすため、金メッキを施した端子がよく使用される。

As 補足 ヒ素の語源となったギリシャ語アルセニコンは、中世イラン語の *zarnīk ザルニーク「雄黄」が、「雄々しい」という意味のアルセニコスの影響を受けてスペルが変化したものという説がある。ザルニークは、さらにさかのぼれば、印欧祖語の *ghel「輝く」に起源がある。もしそうなら、zirconium「ジルコニウム」や gold「金」、chlorine「塩素」と同一起源ということになる。

30 Zn 亜鉛

発見者
中世には知られていた

語源 フォーク等の**尖端**
ドイツ語 zinke「(フォークなどの)歯の尖端、とがったもの」
→ドイツ語 zink
→英語 zinc「亜鉛」

名称の由来
亜鉛は古代から知られているが、ラテン語で Zincum と命名したのは(もしくは単に最初に記述したのは)、16世紀の化学者・錬金術師パラケルススだと言われている。その由来はドイツ語 Zinke (熊手やフォークなどの歯の)**「尖った先、尖端」**と考えられている。これは、精錬の際に溶解炉の底に金属亜鉛が結晶化し、先の尖った形、ジグザグ形を呈することから17世紀中ごろに名付けられたといわれている。
ポルトガル語で「亜鉛」のことを tutanaga「トゥタナガ」というので、日本では亜鉛でメッキした鉄板を「トタン」というようになった。この tutanaga は、ペルシャ語の tutanak「錫、鉛や銅の合金」が語源と考えられている。

31 Ga ガリウム

発見者
フランス：ポール・ボアボードラン(1875)

語源 フランスの古名**ガリア**
→ラテン語 Gallia「ガリア」+ -ium
→英語 gallium「ガリウム」

名称の由来
1875年、フランスの化学者**ボアボードラン**は、閃亜鉛鉱 sphalerite (Zn, Fe)S を分光分析していて、特有の2本の紫色の輝線を見つけ、新元素を発見。同年、ボアボードランは水酸化カリウムと水酸化ガリウムを溶融塩電解することによって金属ガリウムを単離した。ボアボードランは、その出身地である**フランスのラテン語の古名 Gallia「ガリア」**からガリウムと名付けた。ところで、ボアボードランのミドルネーム Lecoq は、フランス語で le coq ル・コック「オンドリ(雄鶏)」という意味に取れ、しかもラテン語でオンドリは gallus ガッルスという。そのため、当時からボアボードランが自分の名前をシャレでひそかに元素名にしたのではないかと指摘された(それについて質問された時、ボアボードラン本人はそれを否定したが)。

ゲルマニウム、およびガリウムが発見され、それらの元素の性質が詳しく調査されると、メンデレーエフが予言していたエカケイ素、エカアルミニウムの性質の予想値に極めて近いことが明らかになった。メンデレーエフの周期表のもつ重要性がこれによって明確になった。

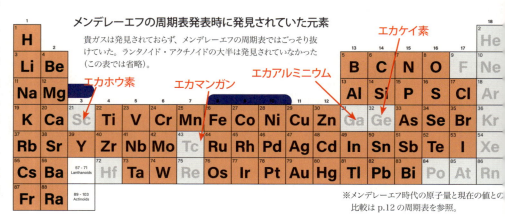

メンデレーエフの周期表発表時に発見されていた元素

貴ガスは発見されておらず、メンデレーエフの周期表ではごっそり抜けていた。ランタノイド・アクチノイドの大半は発見されていなかった(この表では省略)。

※メンデレーエフ時代の原子量と現在の値との比較は p.12 の周期表を参照。

> **Se 補足** セの音で始まる元素名は、元素記号で S なのか C なのか悩む。S のものは、セレン Se（ギリシャ語由来）、C のものはセシウム Cs、セリウム Ce（どちらもラテン語由来）がある。ギリシャ語には C の文字はなかったので、ギリシャ語由来のセレンが Ce になることはない。ラテン語由来の語の場合、C も S も使われている。ただし、古典ラテン語では c は [k] の発音だった。

32 Ge ゲルマニウム

発見者 ドイツ：クレメンス・ヴィンクラー（1886）

語源 ドイツの古名 **ゲルマニア**
ラテン語 Germani「ゲルマン人」＋ -ia
→ ラテン語 Germania「ゲルマニア」
　＋ -ium
→ 英語 germanium「ゲルマニウム」

名称の由来
1885 年、ドイツ・フライベルクの銀鉱山で、アージロード鉱 argyrodite（Ag_8GeS_6）という新しい鉱石が発見された。翌年、ドイツの化学者**ヴィンクラー**が鉱石を分析し、アンチモンに似た新元素を発見。彼は当時発見された海王星にちなみ neptunium ネプツニウムの名前を考えたが、他の元素に使われたため断念（しかも後日それが元素でないことが判明。再度ネプツニウムが元素名候補になったのは 1940 年のこと）。出身国の**ドイツのラテン語の古名・Germania「ゲルマニア」**にちなんでゲルマニアと名付けた。

33 As ヒ素

発見者 ドイツ：アルベルトゥス・マグヌス（1250 年）

語源 雄黄
→ ギリシャ語 ἀρσενικός (arsenikós)
「雄々しい、強い」による影響か？
→ ギリシャ語 ἀρσενικόν (arsenikón)「雄黄」
→ ラテン語 arsenicum「ヒ素」
→ 英語 arsenic「ヒ素」

名称の由来
古代から硫化ヒ素 As_2S_3 が「雄黄」ないしは「オーピメント」という名で黄色顔料として用いられてきた。1250 年、ドイツのスコラ学者・錬金術師の**マグヌス**が、雄黄を石鹸と共に加熱してヒ素を単離した。彼は、トマス・アクィナスの師として知られ、哲学、神学、自然科学と幅広い分野に通じ、アリストテレスの著作に関する膨大な注釈書を記している。中世で最も影響力を持った思想家だった。ヒ素の名前は、**「雄黄」**を指すギリシャ語**アルセニコン**に由来する。このギリシャ語の由来は、しばしばヒ素化合物の有毒さから「雄々しい」というギリシャ語に由来するという説明がされるが、別説もある。

これに先立って、アラビア最大の錬金術師ジャービル・イブン＝ハイヤーン Jabir ibn Hayyan（ラテン語ではゲーベル Geber）が 815 年に雄黄を加熱してヒ素を分離したという記述もある。この時分離したのは、単体のヒ素ではなく、三酸化二ヒ素（通称、亜ヒ酸）As_2O_3 であったとも言われている。

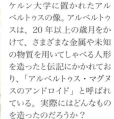

ケルン大学に置かれたアルベルトゥスの像。アルベルトゥスは、20 年以上の歳月をかけて、さまざまな金属や未知の物質を用いてしゃべる人形を造ったと伝記にかかれており、「アルベルトゥス・マグヌスのアンドロイド」と呼ばれている。実際にはどんなものを造ったのだろうか？

マグヌスはラテン語で「大きい、偉大な」という意味なので、アルベルトゥス・マグヌスは「偉大なアルベルトゥス」という意味。

34 Se セレン

発見者 スウェーデン：イェンス・ベルセリウス（1817）

語源 月
ギリシャ語 σελήνη (selḗnē)「月」
　＋ -ium
→ フランス語 sélénium
→ 英語 selenium「セレン」

名称の由来
1817 年、スウェーデンの科学者**ベルセリウス**は、テルルを単離しようと試みているうちに、新元素を発見。周期表でテルル（語源が「地球」）の上に位置することから、ギリシャ語のセレーネー**「月」**にちなんでセレンと命名した。

セレンは隣接する同じく酸素族の硫黄と性質がよく似ている。そのため、セレンを過剰に摂取すると、本来硫黄が結合してできるメチオニンやシステインといったアミノ酸の代わりに、セレンが結合したセレノメチオニンやセレノシステインが生産される。それらが、タンパク質に取り込まれると代謝異常を生じさせる。

Br補足 有名人の写真が写ったプリントを「ブロマイド」と呼ぶが、これは臭素 bromine ブロウミンの化合物名 bromide ブロウマイド「臭化物」に由来する。銀塩写真には、臭化銀 silver bromide つまり、「シルバー ブロマイド」が感光紙によく用いられていたためである。臭化銀は光に当たると臭素と銀に分解し、遊離した銀が黒くなり感光する。

35 Br 臭素

発見者 ドイツ：カール・レーヴィヒ（1825）
フランス：アントワーヌ・バラール（1826）

語源 くさい
ギリシャ語 βρῶμος (brômos)「くさい」
→ フランス語 brome「臭素」
→ 英語 bromine「臭素」

名称の由来
1826年、フランスの化学者バラールが、海水と塩素を反応させて発見し、ラテン語 muria「塩水」に基づき、muride と名づけた。1825年、ドイツの化学者レーヴィヒも鉱泉から新元素を発見していたが論文での発表が遅れた。その後、フランスの科学アカデミーが、臭素が激しい刺激臭を発することから、ギリシア語ブローモス「悪臭、臭気」にちなんでフランス名を brome ブロム と命名した。

36 Kr クリプトン

発見者 イギリス：ウィリアム・ラムゼー、モーリス・トラバース（1898）

語源 隠れた
ギリシャ語 κρυπτός (kruptós)「隠れた」
+ -on
→ 英語 krypton「クリプトン」

名称の由来
1895年、ハンプソンが空気の液化機を開発。1898年、イギリスの化学者ラムゼーとトラバースが、その液化機を用いて多量の液体空気を作り、その分留によって新元素を発見した。貴ガスの中でも存在量が少なく見つけにくかったため、その存在が空気の中に「隠れて」いるようだったということからギリシャ語で「隠れた」という意味のクリプトンと名付けられた。ちなみに、このギリシャ語から英語の cryptonym「匿名」、cryptograph「暗号」、cryptogam「隠花植物」などが作り出された。

ルビーの指輪

37 Rb ルビジウム

発見者 ドイツ：ロベルト・ブンゼン、グスタフ・キルヒホフ（1861）

語源 赤い
ラテン語 rubidus「赤い、赤い宝石」
+ -ium
→ 英語 rubidium「ルビジウム」

名称の由来
ブンゼンとキルヒホフは、自ら開発した元素の分光装置を用いて、セシウム発見の翌年に再び新元素を発見。発光スペクトルの輝線が「赤」であることからラテン語で「赤い」を意味するルビジウムと名付けた。発光スペクトルが赤いという意味なので、ルビジウムの金属や化合物が赤いというわけではない。

スコットランド

赤い矢印がストロンシアン

38 Sr ストロンチウム

発見者 イギリス：ハンフリー・デービー（1808）

語源 スコットランドの地名 ストロンシアン
→ スコットランド・ゲール語 sròn「鼻」
[sdrɔːn] + sìthean [ʃiːan]「妖精の地」
→ Sròn an t-Sìthein「ストロンシアン」
「妖精の棲む地の鼻のような形の丘」の意
→ 英語 Strontian「ストロンシアン」
+ -ium
→ 英語 strontium「ストロンチウム」

名称の由来
1790年、北アイルランド生まれの医師・化学者のアデール・クロフォードとスコットランドの軍医で化学者のウィリアム・クルックシャンクが、鉛の鉱山があるイギリス・スコットランドの「ストロンシアン」で取れたバリウムの鉱石「ストロンチアン石」の中に新たな土類金属が含まれると考えた。1793年、スコットランドの医師・化学者のトーマス・チャールズ・ホープが、その元素を strontites と名付けたが、後に語尾が変えられて strontium ストロンチウムとなった。1808年、イギリスの化学者デービーが初めて単離した。

CかKか
カ行の音で始まる元素名は、元素記号でKなのかCなのか時に悩む。基本的にゲルマン語やギリシャ語に由来するものはKを用い、ラテン語に由来するものはCが使われる。Kで始まるものはクリプトンKrとカリウムKのみ。元素記号は基本的にラテン語が多いので、Cが圧倒的に多い（Caカルシウム、Coコバルト、Cmキュリウム他）。悩んだ時はCにしておこう。

39 Y イットリウム

語源 スウェーデンの地名 **イッテルビー**
地名 Ytterby「イッテルビー」
+ -ium
→英語 yttrium「イットリウム」

発見者 フィンランド：ヨハン・ガドリン（1794）

名称の由来
原鉱石が発見されたスウェーデンの小村「イッテルビー」の名前に由来。イットリウムだけでなく、65Tb テルビウム、68Er エルビウム、70Yb イッテルビウム、この4つの元素の名前は「イッテルビー」に由来する。イッテルビーの名はスウェーデン語で「外の村」を意味する。この村はスウェーデンの首都ストックホルムの外、北東約15 kmの先にある小さな島に位置する。

40 Zr ジルコニウム

宝石のジルコンは、ダイヤモンドのようなきらめきを持ち、色によって様々な名で呼ばれる。黄色いジルコンのことを Hyacinth ハイアシンスといい、花のヒヤシンスから呼ばれている。ジルコンに「風信子鉱」という別名があるが、風信子とはヒヤシンスのこと。

語源 宝石 **ジルコン**
→ギリシャ語 Συρικόν (Syrikón)
　「ジルコン、赤い宝石」。
　文字通りには「シリアの」(Syrian)
→中期ペルシャ語 zargōn「ジルコン」
→ アラビア語 زرقون (zarqūn)「ジルコン」
→ドイツ語 Zirkon「ジルコン」+ -ium
→英語 zirconium「ジルコニウム」

StarLight は、青色のジルコンのこと。

Jargoon ジャーグーンは、無色ないしは薄い黄色のジルコンのこと。

発見者 ①ドイツ：マルティン・クラプロート（1789）
②ドイツ：イェンス・ベルセリウス（1824）

名称の由来
1789年、ドイツの化学者クラプロートは、セイロン島（現在のスリ・ランカ）から採れた「ジルコン」（主成分はケイ酸ジルコニウム ZrSiO₄）から未知の元素の酸化物を発見。「ジルコン」にちなんでドイツ語で Zirkonerde ツィルコーネルデ（Zirkon ツィルコーン + Erde エルデ「地、土」）と名付けられた。これは後に英語でジルコニア zirconia と呼ばれるようになる。1808年、イギリスのデービーは、溶融塩電解によって単離しようと試みたが失敗。1824年にスウェーデンの化学者イェンス・ベルセリウスが、フッ化ジルコニウムカリウム K₂ZrF₆ をカリウムで還元して初めて新元素の単離を（不純物は多いが）成功させた。

ジルコンは、近代になってタイやミャンマー、オーストラリアで採掘されるようになる以前は2000年以上スリ・ランカが独占的に産出していた。それゆえ、ジルコンという言葉も、輸入の際に中継していた中東の言葉に由来している。ジルコンは中世ペルシャ語のザルゴーンがアラビア語のザルクーンを経てヨーロッパに入った。それよりさかのぼると諸説あり、「シリアの（石）」という意味に由来する説や、ザルゴーンが中世ペルシャ語「金」ザルに「色」ゴーンを足したものという説がある。このザル「金、金色」はさらにさかのぼれば印欧祖語の *ghel-「輝く」に行き着く。その場合、zirconium「ジルコニウム」が、英語の gold「金」や chlorus「塩素」、そしてもしかすると arsenic「ヒ素」も語源的には共通していることになるかもしれない。

1977年に旧ソビエトで初めて合成されたキュービック・ジルコニア（略称 CZ）は、ダイヤモンドの代用品として知られる。二酸化ジルコニウムを ZnO₂ 主成分とするので、天然の宝石であるジルコンとは成分が異なる。ちなみに、宝石のきらめき・輝きは屈折率と関係が深い。自然の宝石の中で屈折率が最も高いとされるダイヤモンドは屈折率2.417だが、キュービックジルコニアの2.150はほぼ同じ値である。

石英（クォーツ）　キュービックジルコニア　ダイヤモンド
屈折率1.53　　　屈折率2.150　　　　　屈折率2.417

イッテルビー（Ytterby）村

　地名が元素名の起源になることはよくあるが、このスウェーデンの離島にある小さな村は一カ所で四つもの元素名の起源となっている。もともと石英を産出し長石（アルカリ及びアルカリ土類金属のアルミノケイ酸塩）の採石場があり、磁器の製造に使われていた。この鉱山から黒くて重い鉱石が発見され、1794 年、フィンランドの化学者ヨハン・ガドリンにちなみ「ガドリナイト」と命名された。この中から続々とイットリウム（Y、1794 年）、エルビウム（Er、1842 年）、テルビウム（Tb、1842 年）、そして イッテルビウム（Yb、1878 年）の 4 元素が発見された。

　名前こそ付いていないが、同じ採石場から更に 3 種の元素が発見された。もはや地名では足りず、それぞれホルミウム（Ho、ストックホルムの旧名にちなんで命名）、ツリウム（Tm、スカンジナヴィアの旧名 Thule にちなむ）、ガドリニウム（Gd、先出のガドリンの人名にちなんで）と命名された。　　　　（岩村）

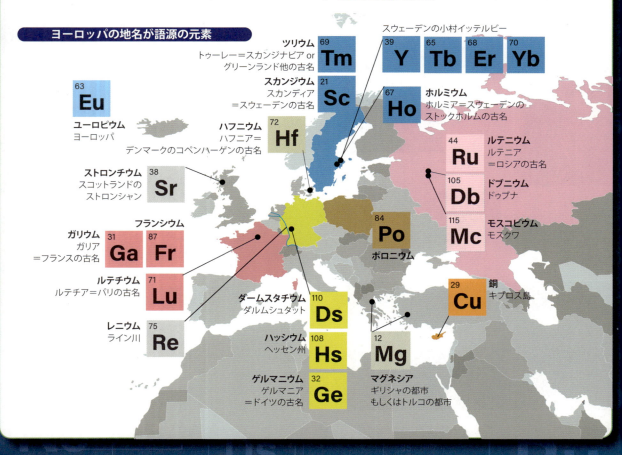

ジルコニウム

廃炉が決定した福井県敦賀市にある日本原子力研究開発機構の高速中性子型増殖炉「もんじゅ」では、ナトリウム冷却法をとっており、1995 年に金属ナトリウムが漏洩し火災を起こした。2011 年 3 月 11 日、設計時の予測を超えた強い地震と高い津波が起こり、東京電力福島第一原子力発電所の施設に壊滅的な被害をもたらした。冷却水用ポンプの電源が停止し原子炉がメルトダウンしたのに加えて、核燃料棒被覆管に使われているジルコニウムの合金ジルカロイ-2（ジルコニウム 98.25 重量％、スズ 1.45％、クロム 0.10％、鉄 0.135％、ニッケル 0.055％、ハフニウム 0.01％ からなる）が高熱水と反応して破損し水素を発生し、これが建屋の天井に溜まり、爆発して放射性物質を広範囲に飛散させた。

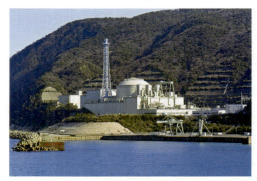

高速中性子型増殖炉「もんじゅ」
画像：shutterstock.com

ナトリウムは 1 族の、ジルコニウムは 4 族の元素であり、確かに中性子を捕捉しにくいメリットはあるかもしれないが、水によって容易に酸化され、水素を放出する。(1) 式の酸素が金属 M（M = Na または Zr）を酸化し、水が還元されたと見ることができる。ジルコニウムは低温では安定であるが、100℃以上になるとこの反応が加速される。核燃料棒用合金でも 850℃では水素を生じ始めることが知られている。そうやって発生した水素は空気中 4 ～ 75％溜まると静電気程度のエネルギーで着火・爆発を起こす可能性を持つ。

$$M + H_2O \rightarrow H_2 + MO \qquad M = Na, Zr \quad (1)$$

水素燃料電池の実用化を目指して、水素を制御して燃やすに必要な触媒には、白金系をはじめとしてさまざまな触媒が研究開発され、使用されている。したがって、いくら想定外とはいえ、原子力発電所建屋内で水素濃度をモニターし、緊急時には窒素を充満させるとか天井かどこか適切な箇所に水素を分解する触媒を配置しておく準備があれば、福島第一での水素爆発は防げたのではなかろうか。

中性子吸収断面積

周期表の各元素に割り当てられた四角の枠内には、原子番号をはじめとする様々な情報が盛り込まれているが、各元素にはここに収まりきれない程多くの固有の物理定数がある。その一つが中性子吸収断面積である。中性子は電荷を持たないので、物質を構成する原子の原子核に衝突し吸収反応を起こすことができる。その確率を表す量である。

（岩村）

| **Nb 補足** | Niobium が IUPAC で正式名とされたとはいえ、「コロンビウム」は合衆国を象徴する名前であり（アメリシウムのアメリカは合衆国のみでなく南北アメリカ大陸を表している）、なかなか捨てきれない名称なのか、それに先主権の点でも納得できないためか、現在でもアメリカでは、工業の分野や製品名としてコロンビウムという名称が（時にニオブと併記され）根強く使用されている。|

41 **Nb** ニオブ

語源 ギリシャ神話の巨人の娘
ニオベー

ギリシャ語 Νιόβη（Nióbē）「ニオベー」
+ -ium
→ 英語 niobium

ニオベーは女神レートーに対して、自分には子供が多いと自慢した。怒ったレートー（アポローンとアルテミスと二人しか子供がいない）は、アポローンとアルテミスに彼女の子供を殺させた。

長年続いていた同じ元素に2つの名前……

ヨーロッパ		アメリカ
₄₁ **Niobium** ニオブ	V.S.	₄₁ **Columbium** コロンビウム
₇₄ **Wolfram** ウォルフラム	V.S.	₇₄ **Tungsten** タングステン

アメリカとヨーロッパで同じ元素に対して全く異なる名称を付けるという混乱状態が続いていた。1949年のIUPACによる決定は、74番元素にアメリカで使用されているTungstenを決定する代わりに、41番元素にヨーロッパで用いているNiobiumを採用するという妥協案だった。

| ₄₁ **Niobium** ニオブ | ₇₄ **Tungsten** タングステン |

発見者
イギリス：**チャールズ・ハチェット**（1801）

名称の由来

1734年、米国の**ジョン・ウィンスロップ**（新世界でのピューリタンの指導者・マサチューセッツ湾植民地の初代知事ジョン・ウィンスロップのひ孫）は、ニューイングランドの鉄鉱山から新種の鉱物を発見し、**コルンブ石 Columbite** (Fe,Mn)(Nb,Ta)$_2$O$_6$ と名付けた。コルンブ石は、大陸の「発見」者クリストファー・コロンブスにちなんだアメリカ合衆国の古名に由来する。コルンブ石の標本は1734年には大英博物館へ送られていたが放置された。1801年、顧みられなかった鉱物標本に目を留めたイギリスの化学者**ハチェット**は詳しく分析して未知の元素を含むと結論し、**Columbium** コロンビウム（元素記号 Cb）と命名した。

1802年、スウェーデンの化学者**アンデシュ・エーケベリ**が、周期表ではニオブの一つ下にあたる新元素タンタル ₇₃Ta を発見した。1809年に白金の発見者であるウイリアム・ウォラストンが誤ってコロンビウムとタンタルを一つの元素にまとめてしまった。

1846年、コルンブ石を研究していたドイツの化学者**ハインリヒ・ローゼ**は、タンタル以外に2つの新元素を発見したと発表した。一つは、ギリシャ神話に登場するタンタロス王の娘「**ニオベー**」にちなんで、niob ニオブと名付け、もう一つはニオブの兄ペロプスにちなんで pelopium ペロピウムと名付けた。やがてニオブとコロンビウムが同じ元素であることが1865年に判明したが、アメリカやイギリスではコロンビウムが使用され続け、他の国々ではニオブが使用されるという混乱が続いた。しかし1949年、IUPACによって元素名に niobium が採用された。

42 **Mo** モリブデン

語源 **鉛**

ギリシャ語 μόλυβδος（mólubdos）
「鉛、黒鉛」+ -ium
→ ギリシャ語 μολύβδαινα（molýbdaina）
「鉛に似た金属、おもり」+ -ium
→ ラテン語 molybdaenum「モリブデン」
→ 英語 molybdenum「モリブデン」

発見者
スウェーデン：**ペーター・イェルム**（1781）

名称の由来

1778年、スウェーデンのシェーレは、輝水鉛鉱（MoS$_2$）を硝酸で処理し、未知の元素の酸化物（酸化モリブデン MoO$_3$）を得て、wasserbleierde「水鉛土」と命名した。シェーレの友人でスウェーデンの化学者**イェルム**が、その酸化物を石炭で還元することによって新元素の単体を得た。イェルムは、当時の輝水鉛鉱の別名「**モリュブダイナ**」から**モリブデン**と命名した。モリュブダイナは、ギリシャ語の μόλυβδος モリュブドス「**鉛**」から造られた言葉で、鉛に関係した色々なもの（鉛のおもりや、鉛の硫化物である「方鉛鉱」や方鉛鉱に似た「輝水鉛鉱」など）を広く指した。モリュブダイナ molybdaina の女性名詞の語尾 -aina はラテン語に取り入れられ -aena と表記され、中性名詞の語尾 -um が付けられて -aenum になった。やがて音韻変化をして -enum になり、英語の molybdenum になった。

元素と月名・曜日とギリシャ・ローマ神話

この図からわかるように、元素名の多くがギリシャ・ローマ神話から取られている。ローマ神話由来の元素名を赤で示したが、ローマ神話のストーリーのかなりの部分はギリシャ神話からそのまま引き継いでおり、例えばギリシャ神話のゼウスはローマ神話のジュピターと同一視され、系図関係もかなり類似している。元素の命名に際して、タンタルとニオブのような周期表に近い元素が、系図上近い人物の名前から命名されたものもある。またローマ神話の神々の名前と惑星の名前も密接に関係している。

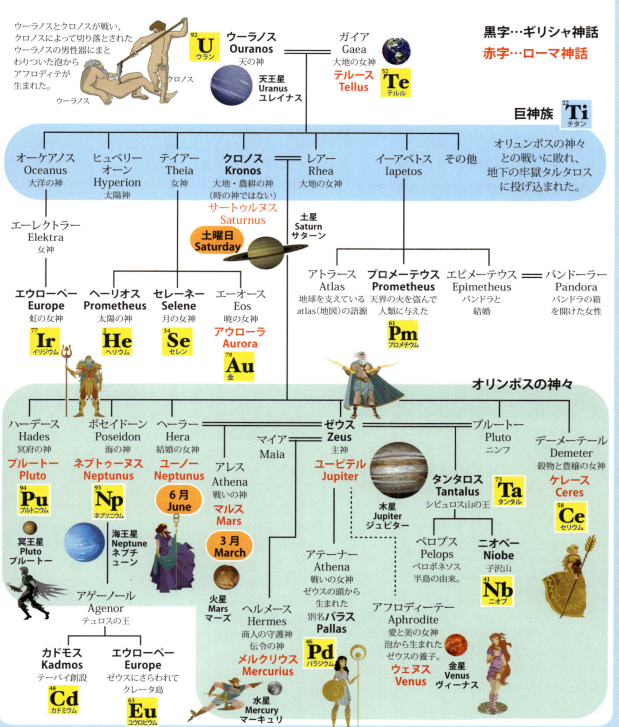

> **Tc 補足** テクネチウムの語源のギリシャ語テクネーは、「技術、工夫、芸術」という意味があり、英語のTechnique「テクニック」や、technical「専門の、工業の」の由来となっている。また関連語のギリシャ語 τέκτων テクトーン「職人、大工」に、接頭辞の ἀρχι- アルキ「主要な、指導的な」を足したものから、英語の architect「建築家」、architecture「建築」という語が派生した。

43 Tc テクネチウム

語源 人工の

ギリシャ語 τέχνη (tékhnē)「技術」
→ギリシャ語 τεχνητός (tekhnētós)「人工の」＋ -ium
→英語 technetium「テクネチウム」

発見者
イタリア：エミリオ・セグレ、カルロ・ペリエ（1937）

名称の由来

周期表の中で長く空欄のままだった43番元素を発見すべく、多くの研究者が新元素を探索した。何度も新元素発見の報告がなされたが、どれも後に誤りであることが判明した。

● 1828年、ドイツの化学者ゴットフリート・オサンが白金鉱石から発見したと発表。**ポリニウム polinium**（ギリシャ語で「銀髪の」の意）と名付けたが、やがて不純物の混じったイリジウムと判明。

● 1846年、ドイツの化学者ルドルフ・ヘルマンは、新元素発見を報告し、**イルメニウム ilmenium** と呼んだが、実は不純物を含むニオブとタンタルの合金だった。

● 1847年、ドイツの鉱物学者ハインリヒ・ローゼが発見を主張。名前を**ペロピウム Pelopium**（ギリシャ神話のタンタルの子ペロプスにちなむ）としたが、結局、ニオブとタンタルの合金だった。

● 1877年、ロシアの科学者セルゲイ・カーンが白金鉱石から元素を発見したと発表。彼はイギリスのハンフリー・デービーにちなんで**デビウム dabyum** と名付けた。しかし後にロジウム、イリジウム、鉄の混合物であると分かった。

● 1896年、フランスの科学者プロスペル・バリエがモナズ石から新元素を発見し、**ルキウム Lucium** と名付けた。

● 1908年、小川正孝が43番元素発見を発表。**ニッポニウム nipponium** と命名したが、追試は成功しなかった。実は発見したものは75番のレニウムだったと考えられる。

● 1925年、75番元素レニウムの発見者ワルター・ノダック、イーダ・タッケ、オットー・ベルクは、43番元素も発見したと発表。**マスリウム masurium** と名付けた（東プロシアのマスリア Masuria にちなむ）。しかし、だれも追試に成功せず否定された。

1936年、イタリアの物理学者セグレは、妻と共にアメリカ旅行をしていた際に、ローレンス・バークレー国立研究所を訪れた。セグレは所長のアーネスト・ローレンスに、サイクロトロンのいらなくなった部品で放射性を持つようになったものを何かもらえないかとお願いした。その中に半減期が長くて何か面白い物質が含まれているのではと予想したためである。イタリアに戻ると、持ち帰った部品に様々な放射性物質が含まれていることが分かり、その一つ、半減期14.3日のリン32を使ってヒトの代謝に関する共同研究を早速始めている。1937年、親切なローレンスは、その後も、サイクロトロンの部品の一つで、デフレクター（deflector）とよばれる偏向板に使われていたモリブデン箔もセグレに送った。セグレは化学分析に秀でた化学者ペリエの協力のもと、新元素テクネチウムの存在を突き止めた。そして、史上初めて「**人工的に**」作られた元素であることからテクネチウムと名付けられた。

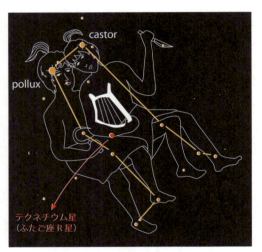

テクネチウム星（ふたご座R星）

人工的に作り出されて発見されたテクネチウムだが、自然界に微量でも存在することがあるのかという点を物理学者たちは調査してきた。ついに1952年、天文学者のポール・メリルにより、赤色巨星にテクネチウムのスペクトルの存在を確認した。これは、赤色巨星のなかで、重元素の合成が確かに行われていることの証明となる。

テクネチウムを含む星は「テクネチウム星」と呼ばれており、顕著な例はふたご座R星である。実はテクネチウム以外にも、特定の元素を多く成分に持つ星が発見されている。バリウム星（やぎ座ζ星）、炭素星（うさぎ座R星、うみへび座V星）、水銀・マンガン星（アンドロメダ座α星「アルフェラッツ」）、ジルコニウムやチタンを含むS型星（はくちょう座χ星）などがある。

なぜテクネチウムは自然界にほとんど存在しないのか？

原子核は、陽子と中性子の数が偶数だと安定し、奇数だと不安定となる傾向がある。右図は主要同位体組成を示す原子量周期表（次ページ）のテクネチウム付近を拡大した。原子番号（つまり陽子数）が偶数の元素は安定同位体が多いが、奇数は少ない。

21 Sc スカンジウム 44.96 ^{45}Sc 100%	22 Ti チタン 47.88 ^{46}Ti 8.0% ^{47}Ti 7.3% ^{48}Ti 73.8% ^{49}Ti 5.5% ^{50}Ti 5.4%	23 V バナジウム 50.94 ^{50}V 0.25% ^{51}V 99.75%	24 Cr クロム 52.00 ^{50}Cr 4.345% ^{52}Cr 83.789% ^{53}Cr 9.501% ^{54}Cr 2.365%	25 Mn マンガン 54.94 ^{55}Mn 100%	26 Fe 鉄 55.85 ^{54}Fe 5.8% ^{56}Fe 91.72% ^{57}Fe 2.2% ^{58}Fe 0.28%	27 Co コバルト 58.93 ^{59}Co 100%
39 Y イットリウム 88.91 ^{89}Y 100%	40 Zr ジルコニウム 91.22 ^{90}Zr 51.45% ^{91}Zr 11.22% ^{92}Zr 17.15% ^{94}Zr 17.38% ^{96}Zr 2.8%	41 Nb ニオブ 92.91 ^{93}Nb 100%	42 Mo モリブデン 95.94 ^{92}Mo 14.84% ^{97}Mo 9.55% ^{94}Mo 9.25% ^{98}Mo 24.13% ^{95}Mo 15.92% ^{100}Mo 9.63% ^{96}Mo 16.68%	43 Tc テクネチウム (98) 安定同位体なし	44 Ru ルテニウム 101.1 ^{96}Ru 5.52% ^{101}Ru 17.0% ^{98}Ru 1.88% ^{102}Ru 31.6% ^{99}Ru 12.7% ^{104}Ru 18.7% ^{100}Ru 12.6%	45 Rh ロジウム 102.9 ^{103}Rh 100%

^{91}Ru ルテニウム91 0% 3.14分	^{92}Ru ルテニウム92 0% 4.25分	^{93}Ru ルテニウム93 0% 2.75時間	^{94}Ru ルテニウム94 0% 293分	^{95}Ru ルテニウム95 0% 20.0時間	^{96}Ru ルテニウム96 5.52% 安定同位体	^{97}Ru ルテニウム97 0% 2.9日	^{98}Ru ルテニウム98 1.88% 安定同位体	^{99}Ru ルテニウム99 12.7% 安定同位体	^{100}Ru ルテニウム100 12.6% 安定同位体
^{91}Tc テクネチウム91 0% 3.14分	^{92}Tc テクネチウム92 0% 4.25分	^{93}Tc テクネチウム93 0% 2.75時間	^{94}Tc テクネチウム94 0% 293分	^{95}Tc テクネチウム95 0% 20.0時間	^{96}Tc テクネチウム96 0% 4.28日	^{97}Tc テクネチウム97 0% 260万年	^{98}Tc テクネチウム98 0% 420万年	^{99}Tc テクネチウム99 0% 21万年	^{100}Tc テクネチウム100 0% –
^{91}Mo モリブデン91 0% 15.49分	^{92}Mo モリブデン92 14.84% 安定同位体	^{93}Mo モリブデン93 0% 4,000年	^{94}Mo モリブデン94 9.25% 安定同位体	^{95}Mo モリブデン95 15.92% 安定同位体	^{96}Mo モリブデン96 16.68% 安定同位体	^{97}Mo モリブデン97 9.55% 安定同位体	^{98}Mo モリブデン98 24.13% 安定同位体	^{99}Mo モリブデン99 0% 2.74時間	^{100}Mo モリブデン100 9.63% 7.8×10^{23}年
^{91}Nb ニオブ91 0% 60.86日	^{92}Nb ニオブ92 0% 3470万年	^{93}Nb ニオブ93 100% 安定同位体	^{94}Nb ニオブ94 0% 2.03万年	^{95}Nb ニオブ95 0% 34.99日	^{96}Nb ニオブ96 0% 23.35時間	^{97}Nb ニオブ97 0% 72.1分	^{98}Nb ニオブ98 0% 2.86秒	^{99}Nb ニオブ99 0% 15.0秒	^{100}Nb ニオブ100 0% 1.5秒

陽子数と中性子数が安定する比は、元素ごとに異なり、原子番号が少ない原子の場合、陽子と中性子の数が同じだと安定し、原子番号が大きくなるにつれ、中性子がやや多い方が安定する。核図表で元素ごとの最も安定している核を結んだ線のことを**ベータ安定線**という。上の図は、核図表のテクネチウム付近を拡大したもの。横列に原子番号が同じものが並び、縦列に質量数が同じものが並ぶ。陽子数が偶数の欄を黄色に、中性子数が偶数の欄を青で塗った。ベータ安定線を薄いピンクで塗り、そこから離れた部分は色を薄くした。色が重なっていればいるほど安定し、色が重ならず薄い色の部分が不安定と予想できる。ベータ安定線はニオブではニオブ 93 を通るが陽子数が奇数だが中性子数が偶数、それに対してベータ安定線が通るテクネチウム 98 は、陽子数も中性子数も奇数である。実のところ、陽子・中性子共に奇数であって安定同位体となっているものは ^{2}H、^{6}Li、^{10}B、^{14}N の 4 種類だけである。

^{91}Ru ルテニウム91 0% 3.14分	^{92}Ru ルテニウム92 0% 4.25分	^{93}Ru ルテニウム93 0% 2.75時間	^{94}Ru ルテニウム94 0% 293分	^{95}Ru ルテニウム95 0% 20.0時間	^{96}Ru ルテニウム96 5.52% 安定同位体	^{97}Ru ルテニウム97 0% 2.9日	^{98}Ru ルテニウム98 1.88% 安定同位体	^{99}Ru ルテニウム99 12.7% 安定同位体	^{100}Ru ルテニウム100 12.6% 安定同位体
^{91}Tc テクネチウム91 0% 3.14分	^{92}Tc テクネチウム92 0% 4.25分	^{93}Tc テクネチウム93 0% 2.75時間	^{94}Tc テクネチウム94 0% 293分	^{95}Tc テクネチウム95 0% 20.0時間	^{96}Tc テクネチウム96 0% 4.28日	^{97}Tc テクネチウム97 0% 260万年	^{98}Tc テクネチウム98 0% 420万年	^{99}Tc テクネチウム99 0% 21万年	^{100}Tc テクネチウム100 0% –
^{91}Mo モリブデン91 0% 15.49分	^{92}Mo モリブデン92 14.84% 安定同位体	^{93}Mo モリブデン93 0% 4,000年	^{94}Mo モリブデン94 9.25% 安定同位体	^{95}Mo モリブデン95 15.92% 安定同位体	^{96}Mo モリブデン96 16.68% 安定同位体	^{97}Mo モリブデン97 9.55% 安定同位体	^{98}Mo モリブデン98 24.13% 安定同位体	^{99}Mo モリブデン99 0% 2.74時間	^{100}Mo モリブデン100 9.63% 7.8×10^{23}年
^{91}Nb ニオブ91 0% 60.86日	^{92}Nb ニオブ92 0% 3470万年	^{93}Nb ニオブ93 100% 安定同位体	^{94}Nb ニオブ94 0% 2.03万年	^{95}Nb ニオブ95 0% 34.99日	^{96}Nb ニオブ96 0% 23.35時間	^{97}Nb ニオブ97 0% 72.1分	^{98}Nb ニオブ98 0% 2.86秒	^{99}Nb ニオブ99 0% 15.0秒	^{100}Nb ニオブ100 0% 1.5秒

核図表を半減期の長さで色分けした。青色が濃いほど安定し、一番青い部分は安定同位元素。実際にはこれほど単純な話ではないが、テクネチウムが自然界に存在しないことの理由を考察するには役に立つ。

主要同位体組成を示す原子量周期表

「各元素は最小単位の原子から成り、水素の質量を1とした原子量の順番に元素を並べてみると、反応性やその他様々な性質の周期性が見つかった」ことを、冒頭の「元素の発見と周期表」（p.9）の中で述べた。元素の原子量は**整数**であると考えられていた。ところが、**ほとんど全ての元素に、陽子の数（したがって電子の数）が等しく、従って同じ原子番号を持ち、類似の化学的性質を示す同位体が存在する**ことがわかった。これは、中性子数（質量数 A — 原子番号 Z）が異なる核種であり、**"同位"**元素とも呼ばれる。同位体があるため、原子量は整数とならない。炭素を例にとると、天然の安定な同位体は ^{12}C と ^{13}C であり、それぞれの質量は 12 と 13.003、天然の存在比は 98.93 および 1.07% である。したがって、元素炭素の質量は 12 × 0.9893 + 13.003 × 0.0107 = 12.01 となる。なお、元素の**原子量**は 1961 年、「質量数 12 の**炭素（^{12}C）**の質量を 12（端数無し）としたときの相対質量とする」と決められた。　　　　（岩村）

1族（アルカリ金属）・2族（アルカリ土類金属）

- **1 H** 水素 1.008 — ^{1}H 99.985%, ^{2}H 0.015%
- **3 Li** リチウム 6.941 — ^{6}Li 7.5%, ^{7}Li 92.5%
- **4 Be** ベリリウム 9.012 — ^{9}Be 100%
- **11 Na** ナトリウム 22.99 — ^{23}Na 100%
- **12 Mg** マグネシウム 24.31 — ^{24}Mg 78.99%, ^{25}Mg 10%, ^{26}Mg 11.01%

3族 スカンジウム族／4族 チタン族／5族 バナジウム族／6族 クロム族／7族 マンガン族／8族／9族

- **19 K** カリウム 39.10 — ^{39}K 93.26%, ^{40}K 0.012%, ^{41}K 6.73%
- **20 Ca** カルシウム 40.08 — ^{40}Ca 96.941%, ^{42}Ca 0.647%, ^{43}Ca 0.135%, ^{44}Ca 2.086%
- **21 Sc** スカンジウム 44.96 — ^{45}Sc 100%
- **22 Ti** チタン 47.88 — ^{46}Ti 8.0%, ^{47}Ti 7.3%, ^{48}Ti 73.8%, ^{49}Ti 5.5%, ^{50}Ti 5.4%
- **23 V** バナジウム 50.94 — ^{50}V 0.25%, ^{51}V 99.75%
- **24 Cr** クロム 52.00 — ^{50}Cr 4.345%, ^{52}Cr 83.789%, ^{53}Cr 9.501%, ^{54}Cr 2.365%
- **25 Mn** マンガン 54.94 — ^{55}Mn 100%
- **26 Fe** 鉄 55.85 — ^{54}Fe 5.8%, ^{56}Fe 91.72%, ^{57}Fe 2.2%, ^{58}Fe 0.28%
- **27 Co** コバルト 58.93 — ^{59}Co 100%
- **37 Rb** ルビジウム 85.47 — ^{85}Rb 72.168%, ^{87}Rb 27.835%
- **38 Sr** ストロンチウム 87.62 — ^{84}Sr 0.56%, ^{86}Sr 9.86%, ^{87}Sr 7.00%, ^{88}Sr 82.58%
- **39 Y** イットリウム 88.91 — ^{89}Y 100%
- **40 Zr** ジルコニウム 91.22 — ^{90}Zr 51.45%, ^{91}Zr 11.22%, ^{92}Zr 17.15%, ^{94}Zr 17.38%, ^{96}Zr 2.8%
- **41 Nb** ニオブ 92.91 — ^{93}Nb 100%
- **42 Mo** モリブデン 95.94 — ^{92}Mo 14.84%, ^{94}Mo 9.25%, ^{95}Mo 15.92%, ^{96}Mo 16.68%, ^{97}Mo 9.55%, ^{98}Mo 24.13%, ^{100}Mo 9.63%
- **43 Tc** テクネチウム (98) — 安定同位体なし
- **44 Ru** ルテニウム 101.1 — ^{96}Ru 5.52%, ^{98}Ru 1.88%, ^{99}Ru 12.6%, ^{100}Ru 12.6%, ^{101}Ru 17.0%, ^{102}Ru 31.6%, ^{104}Ru 18.7%
- **45 Rh** ロジウム 102.9 — ^{103}Rh 100%
- **55 Cs** セシウム 132.9 — ^{133}Cs 100%
- **56 Ba** バリウム 137.3 — ^{130}Ba 0.106%, ^{132}Ba 0.101%, ^{134}Ba 2.417%, ^{135}Ba 6.592%, ^{136}Ba 7.854%, ^{137}Ba 11.23%, ^{138}Ba 71.7%
- **72 Hf** ハフニウム 178.5 — ^{174}Hf 0.162%, ^{176}Hf 5.206%, ^{177}Hf 18.606%, ^{178}Hf 27.297%, ^{179}Hf 13.629%, ^{180}Hf 35.1%
- **73 Ta** タンタル 180.9 — ^{180m}Ta 0.012%, ^{181}Ta 99.988%
- **74 W** タングステン 183.9 — ^{180}W 0.12%, ^{182}W 26.50%, ^{183}W 14.31%, ^{184}W 30.64%, ^{186}W 28.43%
- **75 Re** レニウム 186.2 — ^{185}Re 37.4%, ^{187}Re 62.6%
- **76 Os** オスミウム 190.2 — ^{184}Os 0.02%, ^{186}Os 1.59%, ^{187}Os 1.96%, ^{188}Os 13.24%, ^{189}Os 16.15%, ^{190}Os 26.26%, ^{192}Os 40.78%
- **77 Ir** イリジウム 192.2 — ^{191}Ir 37.3%, ^{193}Ir 62.7%
- **87 Fr** フランシウム (223) — 安定同位体なし
- **88 Ra** ラジウム (226) — ^{226}Ra ~100%
- **104 Rf** ラザホージウム (261) — 安定同位体なし
- **105 Db** ドブニウム (262) — 安定同位体なし
- **106 Sg** シーボーギウム (263) — 安定同位体なし
- **107 Bh** ボーリウム (262) — 安定同位体なし
- **108 Hs** ハッシウム (265) — 安定同位体なし
- **109 Mt** マイトネリウム (266) — 安定同位体なし

原子核は、陽子と中性子の数が偶数だと安定し、奇数だと不安定となる傾向がある。この表では、陽子数が偶数の元素は濃い黄色の枠で示した。また、中性子数が偶数の同位体は地の色を青にした。

ランタノイド

- **57 La** ランタン 138.9 — ^{138}La 0.09%, ^{139}La 99.91%
- **58 Ce** セリウム 140.1 — ^{136}Ce 0.185%, ^{138}Ce 0.251%, ^{140}Ce 88.450%, ^{142}Ce 11.114%
- **59 Pr** プラセオジム 140.9 — ^{141}Pr 100%
- **60 Nd** ネオジム 144.2 — ^{142}Nd 27.2%, ^{143}Nd 12.2%, ^{144}Nd 23.8%, ^{145}Nd 8.3%, ^{146}Nd 17.2%, ^{148}Nd 5.7%, ^{150}Nd 5.6%
- **61 Pm** プロメチウム (145) — 安定同位体なし
- **62 Sm** サマリウム 150.4 — ^{144}Sm 3.07%, ^{147}Sm 14.99%, ^{148}Sm 11.24%, ^{149}Sm 13.82%, ^{150}Sm 7.38%, ^{152}Sm 26.75%, ^{154}Sm 22.75%

アクチノイド

- **89 Ac** アクチニウム (227) — ^{227}Ac 100%
- **90 Th** トリウム 232.0 — ^{232}Th 100%
- **91 Pa** プロトアクチニウム 231.0 — ^{231}Pa ~100%
- **92 U** ウラン 238.0 — ^{234}U 0.0054%, ^{235}U 0.7204%, ^{238}U 99.2742%
- **93 Np** ネプツニウム (237) — 安定同位体なし
- **94 Pu** プルトニウム (244) — 安定同位体なし

元素は同位体ごとに質量が異なる。しかし、同位体存在比はどの物質でも同じという訳ではない。例えば、空気中の炭素14（^{14}C）の同位体存在比と比べて、石炭の中の炭素14の同位体存在比は少ない。放射性炭素である炭素14は半減期が5730年であり、遺物内部の炭素14は5730年の経過と共に半減する。その差を利用したものが**放射性元素年代測定法**である。

原子量は、1mol（モル）の原子の質量をg単位で表わしたものに相当する。つまり、**アボガドロ定数の6.02214076 × 10²³** 個の炭素は、炭素の原子量である12.01gとなる。アボガドロ定数は、原子というミクロの世界と日常のマクロの世界とを橋渡しするための便利な数である。また、標準状態（温度25℃、気圧1bar（約1気圧）の時、22.41383ℓの気体の質量も、原子量に等しくなる。例えば、標準状態の酸素22.4ℓは16gとなる。

かつては、物理学の世界では ^{16}O の質量を16とし、化学の世界では酸素の天然における同位体混合物の質量を16としていた。しかし1961年に、^{12}C を12とする基準に統一された。

10族	11族 銅族	12族 亜鉛族	13族 ホウ素族	14族 炭素族	15族 窒素族	16族 酸素族	17族 ハロゲン	18族 希ガス
								2 He ヘリウム 4.003 ^{3}He 0.000137% ^{4}He 99.999863%
			5 B ホウ素 10.81 ^{10}B 19.9% ^{11}B 80.1%	**6 C** 炭素 12.01 ^{12}C 98.9% ^{13}C 1.1%	**7 N** 窒素 14.01 ^{14}N 99.634% ^{15}N 0.366%	**8 O** 酸素 16.00 ^{16}O 99.76% ^{17}O 0.039% ^{18}O 0.201%	**9 F** フッ素 19.00 ^{19}F 100%	**10 Ne** ネオン 20.18 ^{20}Ne 90.48% ^{21}Ne 0.27% ^{22}Ne 9.25%
			13 Al アルミニウム 26.98 ^{27}Al 100%	**14 Si** ケイ素 28.09 ^{28}Si 92.23% ^{29}Si 4.67% ^{30}Si 3.1%	**15 P** リン 30.97 ^{31}P 100%	**16 S** 硫黄 32.07 ^{32}S 95.02% ^{33}S 0.75% ^{34}S 4.21% ^{36}S 0.02%	**17 Cl** 塩素 35.45 ^{35}Cl 75.77% ^{37}Cl 24.23%	**18 Ar** アルゴン 39.95 ^{36}Ar 0.337% ^{38}Ar 0.063% ^{40}Ar 99.6%
28 Ni ニッケル 58.69 ^{58}Ni 68.077% ^{60}Ni 26.223% ^{61}Ni 1.14% ^{62}Ni 3.634% ^{64}Ni 0.926%	**29 Cu** 銅 63.55 ^{63}Cu 69.15% ^{65}Cu 30.85%	**30 Zn** 亜鉛 65.39 ^{64}Zn 48.6% ^{66}Zn 27.9% ^{67}Zn 4.1% ^{68}Zn 18.8% ^{70}Zn 0.6%	**31 Ga** ガリウム 69.72 ^{69}Ga 60.11% ^{71}Ga 39.89%	**32 Ge** ゲルマニウム 72.61 ^{70}Ge 21.23% ^{72}Ge 27.66% ^{73}Ge 7.73% ^{74}Ge 35.94% ^{76}Ge 7.44%	**33 As** ヒ素 74.92 ^{75}As 100%	**34 Se** セレン 78.96 ^{74}Se 0.87% ^{76}Se 9.36% ^{77}Se 7.63% ^{78}Se 23.78% ^{80}Se 49.61% ^{82}Se 8.73%	**35 Br** 臭素 79.90 ^{79}Br 50.69% ^{81}Br 49.31%	**36 Kr** クリプトン 83.80 ^{78}Kr 0.35% ^{80}Kr 2.25% ^{82}Kr 11.6% ^{83}Kr 11.5% ^{84}Kr 57% ^{86}Kr 17%
46 Pd パラジウム 106.4 ^{102}Pd 1.02% ^{104}Pd 11.14% ^{105}Pd 22.33% ^{106}Pd 27.33% ^{108}Pd 26.46% ^{110}Pd 11.72%	**47 Ag** 銀 107.9 ^{107}Ag 51.839% ^{109}Ag 48.161%	**48 Cd** カドミウム 112.4 ^{106}Cd 1.25% ^{108}Cd 0.89% ^{110}Cd 12.49% ^{111}Cd 12.8% ^{112}Cd 24.13% ^{113}Cd 12.22% ^{114}Cd 28.73% ^{116}Cd 7.49%	**49 In** インジウム 114.8 ^{113}In 4.3% ^{115}In 95.7%	**50 Sn** スズ 118.7 ^{112}Sn 0.97% ^{114}Sn 0.66% ^{115}Sn 0.34% ^{116}Sn 14.54% ^{117}Sn 7.68% ^{118}Sn 24.22% ^{119}Sn 8.59% ^{120}Sn 32.58% ^{122}Sn 4.63% ^{124}Sn 5.79%	**51 Sb** アンチモン 121.8 ^{121}Sb 57.36% ^{123}Sb 42.64%	**52 Te** テルル 127.6 ^{120}Te 0.09% ^{122}Te 2.55% ^{123}Te 0.89% ^{124}Te 4.74% ^{125}Te 7.07% ^{126}Te 18.84% ^{128}Te 31.74% ^{130}Te 34.08%	**53 I** ヨウ素 126.9 ^{127}I 100%	**54 Xe** キセノン 131.3 ^{124}Xe 0.095% ^{126}Xe 0.089% ^{128}Xe 1.91% ^{129}Xe 26.4% ^{130}Xe 4.07% ^{131}Xe 21.2% ^{132}Xe 26.9% ^{134}Xe 10.4% ^{136}Xe 8.86%
78 Pt 白金 195.1 ^{190}Pt 0.014% ^{192}Pt 0.782% ^{194}Pt 32.967% ^{195}Pt 33.832% ^{196}Pt 25.242% ^{198}Pt 7.163%	**79 Au** 金 197.0 ^{197}Au 100%	**80 Hg** 水銀 200.6 ^{196}Hg 0.15% ^{198}Hg 9.97% ^{199}Hg 16.87% ^{200}Hg 23.1% ^{201}Hg 13.18% ^{202}Hg 29.86% ^{204}Hg 6.87%	**81 Tl** タリウム 204.4 ^{203}Tl 29.524% ^{205}Tl 70.476%	**82 Pb** 鉛 207.2 ^{204}Pb 1.4% ^{206}Pb 24.1% ^{207}Pb 22.1% ^{208}Pb 52.4%	**83 Bi** ビスマス 209.0 ^{209}Bi 100%	**84 Po** ポロニウム (209) 安定同位体なし	**85 At** アスタチン (210) 安定同位体なし	**86 Rn** ラドン (222) 安定同位体なし
110 Ds ダームスタチウム (271) 安定同位体なし	**111 Rg** レントゲニウム (272) 安定同位体なし	**112 Cn** コペルニシウム (277) 安定同位体なし	**113 Nh** ニホニウム (286) 安定同位体なし	**114 Fl** フレロビウム (289) 安定同位体なし	**115 Mc** モスコビウム (289) 安定同位体なし	**116 Lv** リバモリウム (293) 安定同位体なし	**117 Ts** テネシン (294) 安定同位体なし	**118 Og** オガネソン (294) 安定同位体なし

63 Eu	64 Gd	65 Tb	66 Dy	67 Ho	68 Er	69 Tm	70 Yb	71 Lu
63 Eu ユウロピウム 152.0 ^{151}Eu 47.8% ^{153}Eu 52.2%	**64 Gd** ガドリニウム 157.3 ^{152}Gd 0.20% ^{154}Gd 2.18% ^{155}Gd 14.80% ^{156}Gd 20.47% ^{157}Gd 15.65% ^{158}Gd 24.84% ^{160}Gd 21.86%	**65 Tb** テルビウム 158.9 ^{159}Tb 100%	**66 Dy** ジスプロシウム 162.5 ^{156}Dy 0.06% ^{158}Dy 0.10% ^{160}Dy 2.34% ^{161}Dy 18.91% ^{162}Dy 25.51% ^{163}Dy 24.90% ^{164}Dy 28.18%	**67 Ho** ホルミウム 164.9 ^{165}Ho 100%	**68 Er** エルビウム 167.3 ^{162}Er 0.139% ^{164}Er 1.601% ^{166}Er 33.503% ^{167}Er 22.869% ^{168}Er 26.978% ^{170}Er 14.910%	**69 Tm** ツリウム 168.9 ^{169}Tm 100%	**70 Yb** イッテルビウム 173.0 ^{168}Yb 0.13% ^{170}Yb 3.04% ^{171}Yb 14.28% ^{172}Yb 21.83% ^{173}Yb 16.13% ^{174}Yb 31.83% ^{176}Yb 12.76%	**71 Lu** ルテチウム 175.0 ^{175}Lu 97.41% ^{176}Lu 2.59%
95 Am アメリシウム (243) 安定同位体なし	**96 Cm** キュリウム (247) 安定同位体なし	**97 Bk** バークリウム (247) 安定同位体なし	**98 Cf** カリホルニウム (251) 安定同位体なし	**99 Es** アインスタイニウム (252) 安定同位体なし	**100 Fm** フェルミウム (257) 安定同位体なし	**101 Md** メンデレビウム (258) 安定同位体なし	**102 No** ノーベリウム (259) 安定同位体なし	**103 Lr** ローレンシウム (260) 安定同位体なし

Rh補足 ロジウム rhodium は、元素記号が Rh。語源は Rose「薔薇、ローズ」だが、なぜ h が入る？ ギリシャ語では語頭の ρ は、強く息を吐く r の音で、それをより正確に翻字するためにローマ人が rh というスペルを考案した。ギリシャ語では、それを表現するために、ῥ のように気息記号をつける。英語の rhythm「リズム」、rhinocerus「サイ、ライノ」もギリシャ語由来だとすぐ分かる。

44 Ru ルテニウム

発見者 ロシア：**カール・クラウス**（1844）

語源 ロシア地域の地名 **ルテニア**

ロシア語 **Русь**「ルーシ」
→ラテン語 **Ruthenia**「ルテニア」
＋ -ium
→英語 **ruthenium**「ルテニウム」

ロシア語のルーシ **Русь** から、「ロシア」という言葉や、ルテニアという言葉が派生した。ポーランドとロシアの間にある小さな国のベラルーシは「白ロシア」という意味である。

名称の由来
白金族の金属を研究していたドイツの化学者ゴットフリート・オサン（Gottfried Osann）はロシアのウラル山脈の白金鉱石から 1828 年に 3 つの新元素 pluranium プルラニウム（**pl**atinum と **Ura**l ウラルの合成語）、ruthenium ルテニウム、polinium ポリニウムを発見したと報告。ルテニウムは、ロシアを含む地域を表すラテン語「**ルテニア**」から取られた。しかし、単離した量が少なく、純度の低い酸化物だったため、後に彼は自分の発表を撤回した。プルラニウムはチタン・ジルコニウム・ケイ素の混合物で、ポリニウムは純度の低いイリジウムだったと説明した。

1844 年ロシアの**クラウス**がオサンの実験を追試して、あらためて新元素の単離に成功し、ルテニウムの名を残した。

45 Rh ロジウム

発見者 イギリス：**ウィリアム・ウォラストン**（1803）

語源 薔薇

ギリシャ語 ῥόδον（rhódon）「薔薇」
＋ -ium
→英語 rhodium「ロジウム」

名称の由来
イギリスの化学者**ウォラストン**は、ケンブリッジ大学での学生時代、化学者**スミソン・テナント**と友人になる。ウォラストンは最初は開業医だったが、まだ工業化されていなかった貴金属としての白金の可能性に注目し、1800 年からは白金の精製法の研究に専念する。そして、白金ビジネスに関してテナントと提携関係を結び、互いに資金面や科学的情報共有の面で協力し合った。

白金の鉱石を王水に溶かすと、黒い物質が残留するが、当時は黒鉛くらいにしか思われていなかった。何か新しい物質があるとにらんだウォラストンとテナントは協議して、白金の鉱石を王水に溶かした**溶液**の研究はウォラストンが、溶けずに残った**残留物**の研究はテナントが受け持つと取り決めた。ついに 1803 年、テナントは残留物の中からオスミウムとイリジウムを同時に発見。同年、ウォラストンはロジウムとパラジウムを発見し、2 人はそれぞれ 2 元素ずつ白金族の元素を発見した。ロジウムの名前は、ロジウム化合物の水溶液が「**薔薇**」色であることから名付けられた。

ウォラストンは可鍛性のある白金の精製法を考案し、白金の販売で巨万の富を築いた。極細の白金線の製造にも成功し、それは「**ウォラストン線**」と呼ばれるようになる。ウォラストンは化学者というだけでなく天文学者としても知られ、太陽スペクトル中の暗線（いわゆるフラウンホーファー線）を最初に発見した。また、レンズやプリズムなどの光学機器も研究し、**ウォラストンプリズム**と呼ばれる偏光プリズムや、絵を描くための補助器具である**カメラ・ルシダ**を発明した。

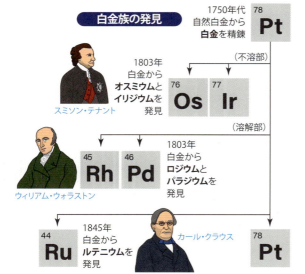

元素コレクション（実物周期表編）

元素マニアの方であれば、様々な元素の単体の標本や鉱石標本、色々な元素でできたものを蒐集（しゅうしゅう）しているに違いない。かくいう著者も、個人的に手に入れ得るあらゆる元素の単体標本を計88元素を集めてきた（Th、U、Am以外のアクチノイド、Tc、Rn、Fr、Raおよび超アクチノイド元素は未入手だが）。

そんな元素蒐集マニアのために、様々なグッズが販売されている。
● その一つは、アメリカの元素標本メーカーから輸入したミニ実物周期表である。各元素が小さなガラスのアンプルに入れられ、重厚なプラスチックの容器の穴にはまり込み、アクリルの蓋で覆われている。とてもオシャレな一品である。

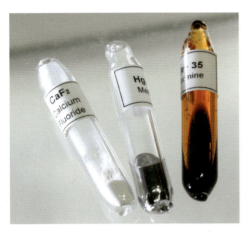

● 臭素や水銀はガラスの小さなビンの中で液体が動き、まったく異なる動きなのが体験できる。フッ素だけは単体ではなく、CaF₂ フッ化カルシウムの白い粉末が入っている。

● Tc、Pmの場所が空所になっている。また、アルカリ金属とアクチノイドも含まれていない。貴ガスやH、O、Nはガラス管に封入されている。

自宅に実物周期表がない方も、世界各地・また日本各地の科学博物館の中には実物周期表が展示されている場所があるので行ってみよう！

国立科学博物館の実物周期表　　　　画像：shutterstock.com

モスクワの宇宙飛行士記念博物館の実物周期表

| **Ag 補足** | 銀は金と共に貨幣として、また装飾品や食器として利用されてきた。金と銀の貨幣価値のレートは、古代になるほど銀の価値が今より高かった。特に古代エジプトでは銀の方が価値が高かった時期もあった（自然金が見つかりやすいのに対し、自然銀はなかなか発見されないことも関係している）。やがて時代が下るにつれて銀の製錬技術は増しその価値は下がっていった。|

写真はギリシャ神話の
女神アテナ（パラス）

46 Pd パラジウム

語源 小惑星 **パラス**
ギリシャ語 Παλλάς (Pallás)「パラス」
+ -ium → palladium
（パレイディアム）

発見者
イギリス：ウィリアム・ウォラストン（1803）

名称の由来

1803年、イギリスの化学者ウォラストンが、白金鉱石を王水に溶かした溶解部から45番元素（ロジウム）と46番元素を発見した。46番元素は、その年の前年、1802年に発見された小惑星「パラス」にちなんでパラジウムと名付けられた。小惑星パラスの名は、ギリシャ神話の女神アテナの異称パラスから来ている。

ウォラストンは化学者であると同時に商売人でもあった。普通なら元素発見者は直ちに論文で発表し、第一発見者であることを証明しようとするが、彼の場合、もし論文で公表してしまうと、新元素の抽出法も知られてしまい、商売に差し支えると考えた。彼は、何と1803年に匿名でロンドン中の化学者宛に「パラジウム・新しい銀・新しい貴金属」と題した1枚のチラシを送りつけ、パラジウムの金属標本を金の相場の6倍の価格で売る宣伝を出した。このように元素の発表が「新元素売ります」というチラシという話は他に例がない。広告を見てアイルランド出身の化学者リチャード・チェネヴィックスが標本全てを買い取って調査し、パラジウムが水銀と白金の合金だと結論づけて科学誌上で反論した。ウォラストンはまたもひねった応対をし、その主張通りに本当に「合金」のパラジウムの合成ができた人には20ポンドの報奨金を与えるという挑戦を匿名で公開した。そこで、ヴォークランやデービー、クラプロートや他の多くの化学者が試みたが失敗。結局、ウォラストンも論文で詳細を明らかにし、新元素であることが広く認められた。

パラスの軌道

47 Ag 銀

語源 輝く、白い

印欧祖語 *arg-「輝く、白い」
（アルギュロス）
→ギリシャ語 ἄργυρος (árgyros)「銀」
（アルゲントゥム）
→ラテン語 argentum「銀」

（スィルブラ）
ゲルマン祖語 silubrą「銀」
（セオルフォル）
→古英語 seolfor「銀」
（スィルヴァ）
→英語 silver「銀」

発見者
古代から知られていた

名称の由来

元素記号 Ag はラテン語 argyrum アルゲントゥムから取られている。もし argentum の最初の2文字 Ar だと $_{18}$Ar アルゴンと重複してしまうため、最初のAと3番目の文字gを使うようにしたのかと一見思えるが、実はアルゴンの方が後から命名されたのに、ベルセリウスが最初のアルファベットの元素記号を制定した時にも、（おそらくベルセリウスの好みで）すでに銀は Ag だった。このラテン語の argentum から、ギリシャ神話で英雄イアソンが金の羊毛を求めて船出した巨船 **Argo アルゴー号**（「銀」号）や、国名の**アルゼンチン Argentina**（銀の国）、また英語で**「議論する」**を意味する **argue**（アーギュ）（いわば物事の「白黒」をはっきりさせるという意味）などが派生している。ちなみに、argentum をさらにさかのぼれば、印欧祖語の *arg-「輝く、白い」にたどり着く。ヒンドゥー教の聖典のひとつである『バガヴァッド・ギーター』の主人公**アルジュナ Arjuna** も「銀」という意味であり、同じ印欧祖語に由来している。英語の silver は、ゲルマン語に由来するがその源の語義は不明。

> **Sn 補足** スズは漢字で「錫」、つまり容易に溶ける、融点の低い金属（融点は 231.9°C）。銀白色の金属で、さびにくいため、鉄にメッキした「ブリキ」が缶詰やおもちゃの材料に用いられている。ブリキという言葉はオランダ語の blik「スズ」に由来すると考えられている（ただし、オランダ語の元素名のスズは英語と同じく tin である）。

カドモスはギリシャ神話で、フェニキアのテュロスの王アゲノルの子。ゼウスに誘拐された妹のエウロペを探しに旅に出、途中、洞窟の中で大蛇を退治した。ギリシャで都市テーバイを創設した。

48 Cd カドミウム

発見者 ①ドイツ：フリードリヒ・シュトロマイヤー（1817）
②ドイツ：カール・ヘルマン（1817）

語源 ギリシャ神話 カドモス
ギリシャ語 Καδμεία (Kadmeía)
「カドミア（菱亜鉛鉱）」+ -ium
→英語 cadmium (キャドミアム)

名称の由来
1817 年、ドイツの化学者シュトロマイヤーは、カドミア（亜鉛を含む鉱物）の不純物の中から新たな元素を発見した。そして、**カドミア**の中から発見されたことからカドミウムと名付けられた（中世ではいろいろな物質がカドミアと呼ばれていた）。同年、ドイツの化学者ヘルマンもカドミウムを発見していた。カドミアは、ギリシャのテーバイ（テーベ）の都市を建国した「**カドモス**」が語源になっている。テーバイはカドミアの産出地だった。

49 In インジウム

発見者 ドイツ：フェルディナント・ライヒ、テオドール・リヒター（1863）

語源 藍色
ギリシャ語 Ἰνδία (Indía)「インド」
→ギリシャ語 Ἰνδικὸν (Indikòn)「インドの染料」
→ラテン語 indicum「藍色（の染料）」
→英語 indigo「藍色（の染料）」+ -ium
→英語 indium「インジウム」

名称の由来
1863 年、ドイツの化学者ライヒは亜鉛鉱石を製錬する過程で生じるスラグを分析していたところ、見慣れない黄色い水溶液が生じた。実はライヒは色盲だったため、分光分析器を使うことができなかったため、助手のリヒターに分光器を見てもらった。すると、スペクトル中に未知の「**藍色**」の輝線を観測した。そこから indogo「**インジコ、藍色**」に由来するインジウムという名称を付けた。さて、英語の indigo や、その元となったラテン語 indicum は、さらにさかのぼれば、国名の「**インド**」に由来。つまりインジコは、インド産の染料を指す語だった。ちなみに、インドという言葉は、古代ペルシア語の hindu「インド・ヒンズー」から派生しており、ヒンズーという言葉はサンスクリット語では síndhu「川」（つまりインダス川）を意味する。
ちなみに、**indole**「**インドール**」という言葉は、indigo（酸化されたインドール分子 2 個が連結したもの）とラテン語 **ol**eum オレウム「油」を足したもので、最初にインジコから油を用いて抽出されたことに由来する。したがってインジウムと語源は共通するが物質としては全く無関係。インドールは濃度が濃いと糞の臭いがするが（大便の臭いの原因の一つ）、希薄なときは芳香として感じられ、ジャスミンの香りの成分としても知られている。

50 Sn スズ

発見者 古代から知られていた

語源 不明
? →ラテン語 stannum「銀と鉛の合金」後に「スズ」
? →英語 tin (ティン)

名称の由来
古代から知られていたため正確な語源は不明。元素記号 Sn はラテン語でスズを意味する **stannum** (スタンヌム) からとられている。この語はケルト祖語の ***stagnos** に由来。それ以前は不明である。
英語でスズを意味する tin は、ゲルマン祖語の *tiną にまでさかのぼれるが、こちらもそれ以前は不明である。

> **Sb 補足** アンチモンの語源は、ギリシャ語 ἀντί「〜に対して」、「アンチ〜」+ μοναχός「僧、修道士」→ ἀντιμοναχός アンチモナコス「僧殺し」とする説がある（中世の化学者は大抵が僧。そしてアンチモンには毒性がある）。別説ではアンチモンは単体で出てこないので ἀντί アンティ + νόμος モノス「単体の」で「単体で出てこない金属」。これらは今では「俗説」とみなされている。

51 Sb アンチモン

語源 アイシャドー

古代エジプト語 **stibium**「アイシャドー」
→ ギリシャ語 στίμμι (stímmi)「〃」
→ ギリシャ語 στίβι (stíbi)「〃」
→ ラテン語 **stibium**「硫化アンチモン」、後に元素の「アンチモン」

? → ラテン語 **antimonium**「アンチモン」
→ **antimony**「アンチモン」

現代のアイシャドーは主に上まぶたに塗るが、古代エジプトのアイシャドーは、まるで歌舞伎役者の隈取りのように、目の周囲をぐるりと太く黒い顔料を塗っていた。

発見者
古代から知られていた

名称の由来
アンチモンを成分にもつ輝安鉱硫化アンチモン Sb_2S_3 の粉末は、古代エジプトでは黒い「**アイシャドー**」や顔料として用いられた。古代エジプト語で輝安鉱は sdm セデムと呼ばれたが、ギリシャ語に伝わり στίμμι スティンミに、そして M → B に音韻変化を起こして στίβι スティビになり、ラテン語に入って **stibium** スティビウム「アンチモン」となった。元素記号の Sb は、このラテン語から取られている。英語の antimony の語源に関しては意見が分かれている。ある説では、ギリシャ語のスティンミがアラビア語に入り定冠詞のアルが付いて al-ithmid になりラテン語 antiomonium が生じたという。
余談だが、英語に antinomy アンティノミという言葉があるが、こちらは「二律背反、自己矛盾」という意味なので、antimony アンティモニとは全く関係がない。

元素名の中の古代エジプト語

本の中で、「この科学用語の語源はラテン語の何々にあるとか、ギリシャ語の何々にある」と書かれている場合でも、実はさらにさかのぼれば、ギリシャ語の言葉がエジプト語から借用していたというケースがある。ヘレニズム文化が栄えるより前の時代では、古代エジプトから見ればギリシャは田舎の後進国であり、古代ギリシャ人はそうした文明を古代エジプトから学ぶと共に言葉も取り入れたと考えられる。例えば、「化学」を意味する chemistry ケミストリも古代エジプト語由来とする説もある（他説あり）。元素の中にも、ドイツ語 **Natrium**「ナトリウム」や英語の **Nitrogen**「窒素」（語源は鉱物のナトロン）、そして上に上げた**アンチモン**（語源はアイシャドー）が古代エジプトに語源があると考えられている。

ここで、少しばかり古代エジプト語のヒエログリフの世界を紹介する。古代エジプト語でアイシャドーは、

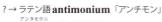

と書く（同じ単語でも何通りも表記方法があることが多い）。左の場合、最初の3文字は1つで1つの子音を表し、

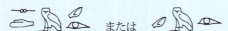

なので、sdm になる。そして、動物の耳の形の文字 は、1文字で sdm という発音を表す。つまり、は、事実上 sdmsdm と書いてあり、 は、sdmm と書いてあることになる。実は、多くの文字が複数の発音を持っているため、こうして同じ発音を重複して表記し、誤読を防いでいる。さて、最後の眼の文字 は「**決定詞**」と言って、この動詞がどんなカテゴリーの単語なのかを示して発音には関わらない。この眼の場合は「眼に関係した単語」を指している。この単語の構成は漢字とよく似ている。古代エジプト語の決定詞は、単語のカテゴリーを示している偏に相当し、古代エジプト語の表音部が、主に発音を表している旁に相当している。

古代エジプトのヒエログリフでは表音部は、子音のみしか書かれないことが多く、正確な母音の発音がわからない。しかし、それでは現代のエジプト研究者にとって扱いづらいので、不明な母音は仮に e を入れたスペルにすることが慣習になっている。例えば sdm は、本当は sadam なのか sadami なのか sodom なのか本当のところは分からないのだが、とりあえず sedem セデムと書いている。そのせいで、古代エジプト人の人名を見ていると、母音が e のケースが多い。とはいえ、本当に昔は e が多かったというわけではない。古代エジプト語が、古代において他の言語に借用された際にどんな母音を使っているかで、古代エジプト語における本来の母音の発音を推定することもできる（例えば、「sdm は、古代エジプト語では sdim だったのではないか」のように）。

| **Sb 補足** | 古代エジプトでアイシャドーに用いられた輝安鉱（英語 stibnite）は、単に化粧としてだけでなく、強い日差しから目を保護し、また目に寄ってくるハエなどを防ぐため、また魔よけのために塗られたとされる。ちなみに、聖書に出てくる義人ヨブには「ケレン・ハプク」という娘がいるが、その名は「アイシャドー（粉末輝安鉱）の角」（つまり化粧品容器）という意味だった。|

52 Te テルル

語源 地球

ラテン語 tellūs「地球」+ -ium
→ tellurium「テルル」

発見者
オーストリア：ミュラー・ライヒェンシュタイン（1783）

名称の由来

1783年にオーストリアの化学者・鉱物学者にして鉱山の監督官を務めていたミュラーがトランシルバニアで見つかった金鉱石の成分を詳しく分析した。やがてミュラーは金鉱石に普通に含まれる不純物であるビスマスやアンチモンとも異なる未知の半金属と結論づけた。彼はそれを Aurum paradoxum アウルム パラドクスム「パラドックスのある金、矛盾した金」、さらには aurum problematicum アウルム プロブレーマティクム「問題のある金」と呼んだ。とはいえ、彼の発表に対して反論も多かった。そこでミュラーは試料を、その道の権威であるドイツの化学者マルティン・クラプロートのもとに送り調査を依頼した。クラプロートはそれを調べ新元素であることを明らかにし、1798年に発表した。こうした経緯を知らずにハンガリーの医師・植物学者・化学者のキタイベル・パールも1789年にテルルを独自に発見していた。

クラプロートはテルル発見の9年前、1789年に別の新元素を発見しており、その名前をローマ神話のウラヌス（天の神、天王星）にちなんでウランと名づけていた。そこで、天に対する地ということで、ラテン語 tellus テルース（大地の女神、「地球」）から新元素をテルルと名付けた。ちなみに、地球のことを「テラ」ということがあるが、こちらは別のラテン語の terra テッラから来ており、スペルが L と R で異なる。素焼きの陶器を意味するテラコッタも terra「土」+ cotta「焼いた」なので、後者のテラが由来である。

ローマにある平和の女神の祭壇「アラ・パキス（アラ・パチス）」のレリーフ。中央が大地の女神テルースと言われているが、他の女神とする見解もある。抱いている子供は、ローマを建国したロムルス (Romulus) とレムス (Remus)。

53 I ヨウ素

語源 スミレ色

→ ギリシャ語 ἴον (íon)「スミレ」
→ ギリシャ語 ἰοειδής (ioeidḗs) ないしは
ἰώδης (iṓdēs)「スミレ色の」
→ フランス語 iode「ヨウ素」
　+ -ine
→ 英語 iodine「ヨウ素」

発見者
フランス：ベルナール・クールトア（1811）

名称の由来

1811年にフランスの硝石業者（硝石〔硝酸カリウム〕は火薬をつくるのに必要な原料）であるクールトアが海藻灰の抽出液に酸を加えると刺激臭のある気体が発生することを発見。クールトアから分析を依頼されたフランスのジョセフ・ゲーリュサックが1813年に新元素であることを確認した。元素名は気体が「スミレ色」を示すことからフランス語で iode、英語で iodine と名付けられた。日本語の「ヨウ素（沃素）」も、これらの言葉の音訳である。ちなみに、ギリシャ語イオン「スミレ」は、英語の violet「スミレ」の語源ともなっている。

ヨウ素の気体は薄い紫色。

●ヨウ素は融点が低い上に昇華しやすく、高温のお湯で温めるだけで昇華して紫色の気体が生じる。放置すると微細な結晶が成長する。

61

Xe補足 Xenon は、日本語では「キセノン」や「クセノン」、「ゼノン」などと表記されるが、日本化学会では「キセノン」とされている。ギリシャ語では、[ks] のように最初の [k] には母音がなく子音のみなので、日本語では正確に表記することができない。そのため、x はクともキとも書かれることになる（例：アレクサンダー、アレキサンダー）。英語では、x の発音は [z] に変化している。

54 Xe キセノン

発見者
イギリス：ウィリアム・ラムゼー、モーリス・トラバース（1898）

語源 外国の
ギリシャ語 ξένος（xénos）「外国の」
＋-on
→英語 xenon「キセノン」

名称の由来
1898 年、イギリスの化学者ラムゼーとトラバースがクリプトンと同様に液体空気の蒸留によって新元素を発見。キセノンが空気中にわずかしか存在しないことから、ギリシャ語で「**外国の、見知らぬ人の**」を意味するクセノスから名付けられた。
このギリシャ語からは、英語の **xenophobia**「外国人恐怖症、外国人嫌悪」や、**xenophile**「外国好き、外国人好き」という言葉が生じている。冥王星ほどの大きさの準惑星エリスが命名される前に呼ばれていた仮称も **xena**「ゼナ、ジーナ」だった。

55 Cs セシウム

発見者
ドイツ：ロベルト・ブンゼン、グスタフ・キルヒホフ（1860）

語源 青色
ラテン語 caesius「青色の」＋-ium
→英語 caesium「セシウム」

名称の由来
ドイツの化学者ブンゼンとキルヒホフは炎光分析器を発明し、その後まもなく、発光スペクトルが 2 本の青い輝線のある新しい元素を発見。ラテン語で「**青色の、青い目の、青みがかった灰色の**」を意味する caesius カエシウスから、セシウムと名付けられた。分光分析によって発見された元素にはセシウム以外にも、ルビジウムやタリウム、インジウム、日食時の太陽観測により発見されたヘリウムがある。それらは、発光スペクトルの輝線の色から命名されているものが多い（下図参照）。

色や光が語源となっている元素

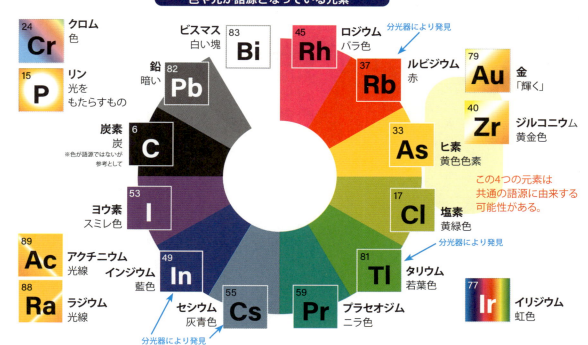

Cs 補足 セシウムは原子時計に用いられている元素だが、自然界に同位体がなく、技術的にもセシウムが好都合だった。かつては、「秒は、平均太陽日の 1/86,400」と定義されていたが、地球の自転周期はわずかに変化しているため、現在では 1 秒は、「セシウム 133 原子の基底状態の 2 つの超微細準位間の遷移に対応する放射の 9,192,631,770 周期の継続時間」と定義されている。

56 Ba バリウム

発見者 ①スウェーデン：カール・シェーレ（1774）
② イギリス：ハンフリー・デービー（1808）

語源 重い

ギリシャ語 βαρύς (barús)「重い」
→ラテン語 barytes「重晶石」
＋-ium
→英語 barium「バリウム」

バリウムの命名に用いられたギリシャ語バリュスから、英語で「重い」という意味をもったいくつもの単語が造られている。「食欲は健康のバロメーター」という時のバロメーターとは、**ものごとの基準や指標**を表している。英語 **barometer** は本来「気圧計」（空気の重さを測る）のことである。

肥満のことを英語で、**obesity**（オウビースィティ）というが、肥満を研究する学問のことを英語で **bariatric**（バリアトリック）「肥満学」という。

テノールとバスの中間の音域を指す英語 **baritone** バリトンは、ギリシャ語の βαρύς「重い」＋ τόνος「声の調子、トーン」を足した**「思い調子の声」**に由来する。金管楽器のバリトンや、バリトンサックスも同根語である。

ルーカス・ミーチェム（バリトン歌手）
画像：Shutterstock.com

名称の由来

1774 年、スウェーデンの化学者シェーレが軟マンガン鉱に新元素が含まれていることを発見。1808 年、デービーはボローニャ石と呼ばれていた重晶石（比重は約 4.5）の溶融塩電解でバリウムを初めて単離した。シェーレはギリシャ語の「**重い**」バリュスにちなんで重晶石をラテン語で barytes バリテースと呼び、デービーはその鉱石名に基づきバリウムと命名した。シェーレが発見、デービーが単離という組み合わせは塩素と同じである。もっとも単体の金属バリウムは比重 3.5 とあまり重くはないので、バリウムは軽金属に分類されている。その 8 年後、旅行家でケンブリッジ大学の最初の鉱物学教授となったエドワード・ダニエル・クラークが、重晶石を酸水素ガス吹管を用いて 56 番元素の金属を単離したと主張し、プルトニウムと命名した（「重くない」のにバリウムという名前が気に入らなかったのかもしれない）。しかし、追試されたが実験は確認されなかった。しかし、プルトニウムという名前だけは、1941 年にアメリカで発見された 94 番元素の名前に採用された。

ところで、バリウムといえば、胃のレントゲン検査の時に飲む、あの飲みにくい白い液体が思い浮かぶ。あの「バリウムがゆ」は、硫酸バリウムの粉末に粘着剤と水を混ぜたもの。バリウムが用いられるのは X 線を透過しにくい性質をもち（元素番号が大きく、密度が高いほど透過しにくい）、水に溶けにくく、また胃の塩酸によって溶けず消化管から吸収されないためである。

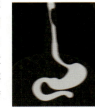

一家に一枚・・・

2000 年日本化学会では玉尾皓平らが中心となって、「一家に一枚周期表」運動を開始した。この周期表には、各元素の限られたスペースの中に、それらが単体としてあるいは化合物として、生活とどのように結びついているかが示してある。これが契機となり、文部科学省は「一家に一枚」ポスター運動を科学技術の幅広い分野で展開している。　　（岩村）

https://stw.mext.go.jp/series.html
科学技術週間ウェブサイト

> **La 補足** 元素のランタンはギリシャ語で「気づかれない」を意味するギリシャ語ランタノーが語源。セリウム発見から36[年]間、存在が気づかれなかったことにちなむ。ギリシャ語の「ランタノー」ではなく、「ランタネイン」に由来するとする記述もあるが[、]ランタネインは動詞の不定詞、ランタノーは現在形1人称単数（ギリシャ語の辞書の見出しで使われる）で同じものを指している[。]

57 La ランタン

語源 気づかれない
ギリシャ語 λανθάνω (lanthánō)
「気づかれない」+ -ium
→ 英語 lanthanum 「ランタン」

発見者 スウェーデン：カール・モサンデル（1839）

名称の由来
1839年、スウェーデンの化学者モサンデルがセリア（セリウム酸化物）の中から発見。日本語の元素名ランタンは、明かりの**ランタン** lantern を思い起こさせるが、こちらはギリシャ語 λάμπω ランポー「光る、輝く」（英語の lamp の語源）に由来するので、語源的には関係がない。

58 Ce セリウム

語源 小惑星 ケレス
ラテン語 Cerēs 「ケレス」+ -ium
→ 英語 cerium

小惑星のケレスは、火星・木星間の小惑星帯にある最大の小惑星。直径は 946 km（ちなみに月の直径は 3,474km）。2006年以降、ケレスも準惑星に含まれている。ケレスの名前は、ローマ神話の農業の女神ケレスに由来。英語の cereal シリアル（穀物の総称）もケレスに由来する。

発見者 ①ドイツ：マルティン・クラプロート（1803）
②スウェーデン：イェンス・ベルセリウス、ウィルヘルム・ヒージンガー（1803）

名称の由来
1803年に2つのグループがスウェーデンのバストネスから産する鉱石から発見。新元素の名称として、ドイツの化学者クラプロートは terre ochroite テッレ・オクロイテ「黄土」を提唱。一方、スウェーデンの化学者ベルセリウスとヒージンガーは、セリウム発見の2年前の1801年に発見された小惑星 Ceres 「ケレス（セレス）」（英語の発音はセアリーズ）にちなんで ceria「セリア」を提唱した。ヒージンガーはバストネスの鉱山主で科学者であり、ベルセリウスの研究のスポンサーだった。元素名としてはセリウムと決められ、セリアはセリウムの酸化物の名称として今日も用いられている。

59 Pr プラセオジム

語源 緑色 + 双子
ギリシャ語 πράσιος (prásios) 「緑色」
+ ギリシャ語 δίδυμος (dídumos)
「双子」+ -ium
→ 英語 praseodymium「プラセオジム」

●プラセオジムを添加したガラスは薄い黄緑色に、ネオジムを添加したガラスはラベンダー色に着色される。

発見者 オーストリア：カール・ヴェルスバッハ（1885）

名称の由来
1841年、モサンデルはランタンの発見と同時に別の新元素を発見。ランタンと性質が似ていることから、ギリシャ語の「双子の」ディデュモスにちなみんで**ジジム**（didymium ジジミウム）と命名した。ところが、1885年になってオーストリアの科学者ヴェルスバッハが、単一の元素と考えていたジジムから、2つの元素を分離。プラセオジムの化合物は「鮮やかなショッキンググリーン」なため、「ニラやネギ」（またその色である「明るい黄緑色」）を意味するギリシャ語プラスィオスとジジムを足して、プラセオジムと名付けられた。

60 Nd ネオジム

語源 新しい + 双子
ギリシャ語 νέος (néos) 「新しい」
+ ギリシャ語 δίδυμος (dídumos)
「双子」+ -ium → 英語 neodymium

発見者 オーストリア：カール・ヴェルスバッハ（1885）

名称の由来
1841年、ヴェルスバッハがジジムから分離した2つの元素のうち、プラセオジムと同時に発見したもう1つの元素は「新しい」という意味のギリシャ語 νέος ネオスとジジムを足して**ネオジム**と名付けられた。ちなみに、ネオジム磁石は、ネオジウム磁石と誤って呼ばれることが多い（右ページの上の欄参照）。

PrとNd プラセオジムやネオジムはプラセオジウムや、ネオジウムと間違えられやすい。日本語のプラセオジムの綴りは、ドイツ語のpraseodym（yはiとuの中間のような発音なので、プラセオデームとプラセオドゥームの中間のような音）に基づいている。英語は語尾に -ium がついた praseodymium で、発音としてはプレイズィオウディミアムに近い。

61 Pm プロメチウム

語源 ギリシャ神話の巨神
プロメテウス
ギリシャ語 Προμηθεύς
(promētheus)「プロメテウス」
+ -ium
→ 英語 promethium「プロミースィアム」

発見者 アメリカ：ジェイコブ・マリンスキー、ローレンス・グレンデニン、チャールズ・コリエル（1945）

名称の由来

1907年にルテチウムが発見されて以来、ランタノイドの中で長く空欄だったため、多くの者が発見を目指して研究した。

1924年イタリアのフィレンツェ大学の化学者ルイージ・ローラとロレンツォ・フェルナンデスは、モナズ石の中から新元素を発見したと発表。フィレンツェにちなんで、**florentium フロレンチウム**（元素記号 Fr）という名前を提案した。また、1926年には、アメリカのイリノイ大学のスミス・ホプキンスらが発見を主張、新元素を **illinium イリニウム**（元素記号 Il）を提案した。1938年、オハイオ大学のチームが、サイクロトロンを用いて合成に成功したと発表。新元素を **cyclonium サイクロニウム**と名付けた（元素記号 Cy）。しかし、これらの発見はどれも広く認められることはなかった。

1945年、オークリッジ国立研究所（当時はクリントン研究所）のマリンスキーらがウランの核分裂生成物を原子炉から取り出し、イオン交換樹脂を用いたイオン交換法によって新元素を分離した。当初は、研究所の名前を取って clintonium クリントニウムという案が出されたが、発見者の一人チャールズ・コリエルの妻グレースの提案により、ギリシャ神話で人類に火を与えた神である「プロメテウス」の名にちなんだ **prometheum プロメテウム**という名が提案された。後に IUPAC が **promethium プロメチウム**と改称した。

●かつては、プロメチウムを使用した夜光塗料が、腕時計の針や文字盤などに使用されていた（1960年代には国産の時計にも時に使用されていた）。

この夜光塗料は、プロメチウムから放射されているβ線が硫化亜鉛の塗料に当たって輝く。プロメチウム147の半減期は約2.6年のため、私の所蔵しているこの針は製造からかなり時が経過しているので、プロメチウムがだいぶ減っているためかほとんど暗いところで光らない。下は、暗いところに置いた針に、紫外線を当てて薄緑色の光を放っているもの。

ランタノイド元素はなぜ性質が似ているのか？

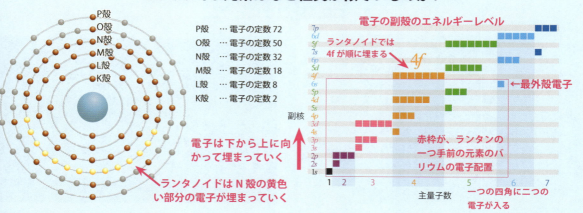

ランタノイドは、原子番号57から71、すなわちランタンからルテチウムまでの15の元素の総称。性質が非常によく似ていたため、発見は困難を極めた。元素名のLaランタン「気づかれない」、Dyジスプロシウム「近づきがたい」などはそのことをよく物語っている。ではなぜランタノイド元素同士はこのように性質が似通っているのだろうか？ これには、ランタノイドの電子の配置が深く関係している。元素の科学的性質は、最外殻電子数によって大きく左右される。典型元素では原子番号が1個ずつ増えると最外殻電子の数が1個ずつ増えて、最外殻電子の数が共通する周期表の縦の列「族」の元素同士の性質が似てくる。一方、ランタノイドでは原子番号が増えるごとに最外殻より2つ内側の電子殻であるN殻が1個ずつ埋まっていく（厳密にはLa, Ce, Gd, Luは5dに1個入る）。こうして、最外殻P殻とその内側のO殻はランタノイド全体で似ており、科学的性質の類似性をもたらしている。

Eu 補足 希土類元素は、3価のイオンとなることが多いが、例外としてユウロピウムは2価イオンに、セリウムは4価イオンになることがある。そのため、希土類の中で、セリウムやユウロピウムだけが、他と異なる性質を示すことがある。一例として月の高地の岩石にはユウロピウムが多く、月の海の岩石にはユウロピウムが少ないことが観察され、地質学にも貢献している。

62 Sm サマリウム

●サマルスキー石

語源 鉱石 サマルスキー石
フランス語 samarskite「サマルスキー石」
+ -ium
→英語 samarium「サマリウム」

発見者
フランス：ポール＝エミール・ボアボードラン（1879）

名称の由来
フランスの化学者ボアボードランが「サマルスキー石」に新元素が存在することを発見し、その鉱石にちなんでサマリウムと名付けた。サマルスキー石は、ロシアのウラル山脈南部の鉱山で新鉱石を発見したロシアのヴァシーリイ・サマールスキイ＝ビーハヴィェツの名前にちなんで名付けられた。サマルスキー石には、イットリウムを含むサマルスキー石(Y) $(YFe^{3+}Fe^{2+}U,Th,Ca)_2(Nb,Ta)_2O_8$ と、イッテルビウムを成分にもつサマルスキー石(Yb) $(YbFe^{3+})_2(Nb,Ta)_2O_8$ がある。主成分としてイットリウムやイッテルビウム、ウラン、トリウム、ニオブ、タンタルなど様々な金属元素が含まれるが、微量成分としてサマリウムをはじめ他の希土類元素も含んでいる。

63 Eu ユウロピウム

語源 ヨーロッパ
ギリシャ語 Εὐρώπη（Európē）「ヨーロッパ」+ -ium
→英語 europium「ユウロピウム」

発見者
フランス：ウジェーヌ・ドマルセー（1896）

名称の由来
1896年、それまで純粋なサマリウムと思われていた中から、フランスの科学者ドマルセーがユウロピウムを分離。ドマルセーは1901年、「ヨーロッパ」大陸にちなんでユウロピウムと命名した。なぜヨーロッパにしたのか、その真意は不明である。ちなみに、木星の衛星エウロパも、語源が同じ言葉である。

ユーロ紙幣とユウロピウム

100ユーロの紙幣の自然光では黄色く見える星は、UVライト（ブラックライト）を照射すると、赤い蛍光色の星になる。実は、ユーロ紙幣の赤色の蛍光インクには、ユウロピウムが含まれている。ちなみに、緑色の蛍光色の部分はテルビウムが、黄色の部分はユウロピウムとテルビウムの混合物が用いられている。ちなみに、ユーロ紙幣の偽造対策のために付けられた透かしやホログラムには、ギリシャ神話のフェニキアの王女エウロペ（右ページ参照）の肖像が描かれている。

画像：shutterstock.com

| **Gd補足** | ガドリニウムは、希土類の単体の中で唯一、常温で強磁性を示す元素（他に常温で強磁性を示す金属は、鉄、コバルト、ニッケルのみ）。ただし、合金にすればネオジム磁石（Nd-Fe-B ネオジム、鉄、ホウ素、そして微量のジスプロシウムの合金）や、サマコバ磁石（Sm-Co サマリウム、コバルトの合金）などは単体の時よりも大きな磁力をもつ。 |

64 **Gd** ガドリニウム

発見者　スイス：ジャン・マリニャック（1880）

語源　フィンランドの化学者 **ガドリン**
人名 Gadolin「ガドリン」
＋-ium
→英語 gadolinium「ガドリニウム」

名称の由来
1880年、スイスの科学者マリニャックは単体と思われていたサマリウムから64番元素を発見。1886年に新元素であることを確認したフランスのポール・ボアボードランが、最初の希土類元素イットリウムを発見したフィンランドの鉱物学者「ヨハン・ガドリン」の功績を称えてガドリニウムと命名した。ガドリニウムは科学者の名にちなんで命名された最初の元素となった。

元素名の中のセム語（ヘブライ語・フェニキア語）

ガドリニウムの語源となった人名のガドリン Gadolin は、さかのぼれば、ヘブライ語で **gadol ガードール「偉大な、丈夫な」**という言葉に由来する。ヘブライ語やフェニキア語、アッカド語や古代エジプト語、アラビア語などは総じてセム語と呼ばれているが、このセム語は共通して3つの子音が単語の基本となって「語根」と呼ばれている。例えば、ガードールの場合は、**GDL** という3つの子音が語根であり、様々な母音が付いたり、接頭辞や接尾辞がついて「偉大な」という概念を持つ種々の単語を作る。**GDL** の場合、動詞 GāDaL ガーダル「大きくなる」、名詞 GōDeL ゴーデル「偉大さ」、名詞 miGDāL ミグダール「塔（大きな建物）」、名詞 miGDōL ミグドール「（地名の）ミグドル」（意味は要塞都市）といった単語が派生している。

ユウロピウムは、Europe ヨーロッパに由来し、ヨーロッパはギリシャ語の Εὐρώπη エウローペー（長音を略すと**エウロペ**）に起源がある。ギリシャ神話でエウロペは、フェニキアのテュロス（ティルス・現在のレバノンの地中海沿いの都市）の王アゲノルの娘。彼女を見た主神ゼウスは一目惚れをして、白い牡牛に姿を変えてエウロペに現れた。おとなしい牡牛と思ってその背に乗ると、牛は猛然と地中海に向かって泳ぎ出しクレタ島へ誘拐してしまった。それで、エウロペが連れ去られた地中海の西方の地域を総称してヨーロッパと呼ぶようになった。ちなみに、エウロペの兄で、妹を探しに旅に出て、旅の末にギリシャのテーバイ（テーベ）の都市を建国した**カドモス**がカドミウムの語源になっている。さて、ギリシャ語のエウローペーの起源に関しては諸説あるが、一説には、フェニキア語の **'ereb エレヴ「夕方」**（さらには夕日の沈む方向の「西」）に由来するという。この言葉の場合、語根は '**RB** である。最初の子音の ' は有声咽頭摩擦音 [ʕ] である（日本語には相当する発音がない）。'**RB** の語根には「暗くなる」という共通の意味がある。ヘブライ語の場合、動詞 'āRaB アーラヴ「暗くなる、夕方になる」、名詞 ma'aRāB マアラーヴ「西」、'ōRēB オーレーヴ「ワタリガラス」（色が黒い鳥）がある。そして、同一起源か定かではないが、'aRBah アルヴァー「砂漠」、'aRāB アラーヴ「アラビア、アラブ」という言葉がある。古代のフェニキア人からすれば、アラブは西ではなく東に位置する。しかし、現在のイラク北部周辺に住んでいた古代**アッシリア人**もアッカド語でアラブを 'Arubu と呼んでおり、アッシリアから見ればアラブ人たちは西に住んでいたのでちょうど合致する。もし仮にどちらも同じ西という意味に由来するのであれば、ヨーロッパとアラブという地名はさかのぼれば語源的には一つという可能性もある。

希土類解説 希土類は レアで「希（まれ）」と呼ばれているが、地球上での存在量はそこまで少ないわけではない。例えば、地殻中にセリウムは銅とほぼ同じ量である約 0.006% 存在する。少ない方のツリウムでさえ銀や水銀、白金よりも多い。原子番号が大きくなるにつれ、そして原子番号が奇数の場合、存在量が少なくなっていき、ちょうどそれに比例して発見年代が遅くなっている。

65 Tb テルビウム

発見者 スウェーデン：カール・モサンデル（1843）

語源 スウェーデンの地名 **イッテルビー**
地名 Ytterby「イッテルビー」+ -ium
→ 英語 terbium「テルビウム」

名称の由来 モサンデルはそれまで単一の金属の酸化物と考えられていた鉱石から、テルビウムとエルビウムを分離。名前のテルビウムは、イットリウムと同様、原鉱石が発見された「**イッテルビー**」村に由来。

希土類元素発見の経緯

希土類元素は互いに性質がよく似ており、しかも同じ鉱石の中に多種類の元素が微量に含まれているため、分離するのが極めて困難だった。当初、周期表のどの位置に置いて良いのかわからず、一体全部で何個の希土類元素があるのかというのも分からなかったため、今の希土類元素よりも多数の元素が発見されたという誤報がなされた。しかも、最後の欠けたピースであったプロメチウムは自然界にほとんど存在しえないことを知らなかったため、幾多の努力が徒労に終わった。

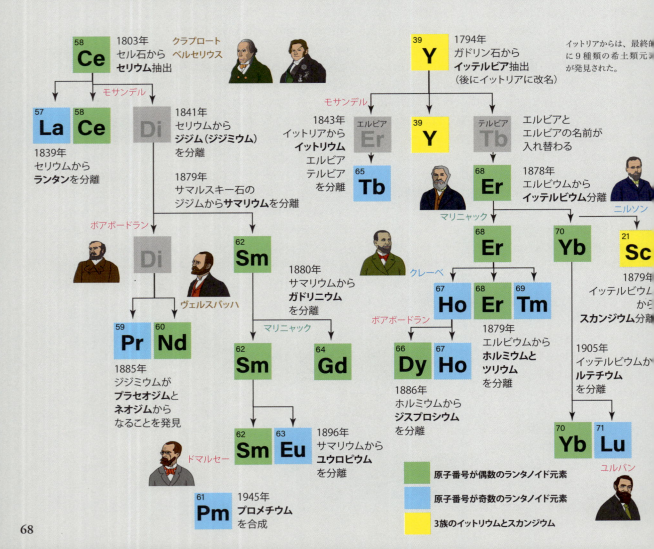

| 希土類解説 | 希土類の発見に際しては、水に対する溶解度の差を利用している。金属を硫酸などで処理して水に溶かし、水溶液を再結晶法、また分別沈殿法などにより分離した。しかし、希土類元素はどれも性質が似ており溶解度の差も小さく、当時の技術では、その過程を何千回、時には数万回と繰り返さなくては分離することができなかった。まさに「近づきがたい」元素だった。 |

66 Dy ジスプロシウム

発見者　フランス：ポール・ボアボードラン（1886）

語源　近づきがたい
ギリシャ語 δυσπρόσιτος (dysprósitos)
デュスプロスイトス
「近づきがたい」+ -ium
→ 英語 dysprosium「ジスプロシウム」
ディスプロスィアム

名称の由来
フランスの科学者ボアボードランが、ホルミウムの中から新元素を発見した。単離が難しく大変な労力を要したことから、ギリシャ語で**「近づきがたい」**にちなんでジスプロシウムと名付けられた。ちなみに、ギリシャ語の接頭辞 δυσ- デュスから派生した、英語の接頭辞 dys- は、医学用語に頻繁に用いられ、「異常、障害、不全、困難」を表す（例：dystrophy「ジストロフィー、栄養失調」、dyskinesia「ジスキネジア、運動障害」、Dysuria「排尿障害」）。

67 Ho ホルミウム

発見者　スウェーデン：ペール・クレーベ（1879）

語源　ストックホルムのラテン語名
ホルミア
ラテン語 Holmia「ホルミア」+ -ium
ホウミアム
→ 英語 holmium「ホルミウム」

名称の由来
エルビウムの発見者クレーベの出身地であるスウェーデンの首都ストックホルムのラテン語名**「ホルミア」**にちなんで名付けられた。

68 Er エルビウム

発見者　スウェーデン：カール・モサンデル（1843）

語源　スウェーデンの地名
イッテルビー
地名 Ytterby「イッテルビー」+ -ium
→ 英語 erbium「エルビウム」
アービウム

名称の由来
希土類を次々と発見したモサンデルは、今度は単一の金属と思われていたイットリア（イットリウムの酸化物と考えられていた）から、テルビウムとエルビウムを分離。イットリウムと同様に、原鉱石のガドリン石が発見されたスウェーデンの首都ストックホルム近郊の村**「イッテルビー」**の名前に由来。

69 Tm ツリウム

発見者　スウェーデン：ペール・クレーベ（1879）

語源　極北の地
トゥーレー
ギリシャ語 Θούλη (Thoúlē)「トゥーレー」+ -ium
トゥーレー
→ 英語 thulium「ツリウム」
スューリアム

名称の由来
1879 年に、クレーベが単体だと思われたエルビウムの中からホルミウムと共に発見。古代ギリシャ人が極北の地と考えた**「トゥーレー」**にちなんでツリウムと名付けられた。古代や中世ではトゥーレーはアイスランドやグリーンランド、スカンジナヴィア半島などを指した。

70 Yb イッテルビウム

発見者　スイス：ジャン・マリニャック（1878）

語源　スウェーデンの地名
イッテルビー
地名 Ytterby「イッテルビー」+ -ium
→ 英語 ytterbium「イッテルビウム」
イターピアム

名称の由来
1878 年、マリニャックはエルビア（エルビウムの酸化物）の中から、新元素を分離。鉱山のある**「イッテルビー」**村の名前に由来する元素名はこれが 4 番目で最後になったが、これが一番イッテルビーに似たスペルである。

> **Lu 補足** ユルバンと同時期にルテチウムを発見したカール・ヴェルスバッハは、70番元素（イッテルビウム）に対して**アルデバラニウム**（おうし座のα星アルデバランに由来）、71番元素（ルテチウム）に対して **cassiopeium カシオペウム**（カシオペア座に由来）という名を提唱していた。その後しばらくはドイツ語圏では71番元素はカシオペイウムと呼ばれていた。

71 **Lu** ルテチウム

語源 パリの古名
ルテティア
ラテン語 **Lutetia**「ルテティア」
+ -ium → **lutetium**「ルテチウム」

発見者 フランス：ジョルジュ・ユルバン（1907）

名称の由来
1907年、フランスの科学者**ユルバン**が発見。ユルバンの出身地**パリの古名 Lutetia**「ルテティア」がフランス語化した **Lutèce リュテス**にちなんで **Lutecium ルテシウム**と名付けられた。それよりやや早くプラセオジム、ネオジムの発見者であるオーストリアの化学者**カール・ヴェルスバッハ**も発見していたが、ユルバンの方が先に公表したため、命名権はユルバンに与えられた。また イギリス出身でアメリカで活躍した化学者**チャールズ・ジェームズ**も同時期に71番元素を発見していた。1949年、ラテン語の Lutetia に準じたスペルの **Lutetium ルテチウム**に変更された。

72 **Hf** ハフニウム

語源 コペンハーゲンのラテン語名
ハフニア
ラテン語 **Hafnia**「ハフニア」+ -ium
→ 英語 **hafnium**「ハフニウム」

発見者 オランダ：ディルク・コスター、
ハンガリー：ゲオルク・ヘヴェシー（1922）

名称の由来
1921年、ニールス・ボーアはデンマークの首都コペンハーゲンにニールス・ボーア研究所を設立。ボーアは量子力学からハフニウムの性質を予測した。その予測に基づき同研究所の**コスター**と**ヘヴェシー**が新元素を発見した。このような経緯から**コペンハーゲンのラテン語名「ハフニア」**にちなんで名付けられた。

73 **Ta** タンタル

語源 ギリシャ神話のリュディア王
タンタロス
ギリシャ語 **Τάνταλος (Tántalos)**
「タンタロス」+ -ium
→ 英語 **tantalum**「タンタル」

発見者 スウェーデン：アンデシュ・エーケベリ（1802）

名称の由来
スウェーデンの化学者**エーケベリ**が、周期表で一つ上に位置するニオブと性質がよく似ており分離が難しく、発見までじらされたということから、ギリシャ神話のリュディア王**「タンタロス」**にちなんでタンタルと名付けた。富裕な王タンタロスは神々の秘密を人間に漏らし、また神々を冒瀆する振る舞いをしたため、果実を食べようとすると枝は遠ざかり、水を飲もうとすると水が遠ざかり、飢えと渇きに苦しむ永劫の罰を受けた。ちなみに、この話から英語 tantalize「欲しい物を見せびらかしてじらす、からかう」という単語が生まれた。

タンタロスは、ゼウスとニンフの間の子で、人間でありながら神々の仲間になることを許され、神の酒ネクタルや神の食べ物アムブロシアを食べて不死になることができた。しかし、彼はネクタルやアムブロシアを人間に密かに振る舞い、自分の権力を増強を図った。思い上がったタンタロスは、地上の宮殿での宴に神々を招き、神々を試すため、タンタロスの息子ペロプスを殺してその肉が入ったシチューを神々に食べさせようとした。しかし、神々はそれに気づいて食べず、娘を失って失意にあったデメテル（ローマ神話ではケレス。p.51、64、116）だけが肉を食べた。神々はタンタロスを罰し、死者の国の沼に沈め、水や果実が目の前にあるというのに、飢えや渇きを永遠に癒せないという罰を与えた。

● イットロタンタル石は、タンタルが発見された鉱石。写真の標本は、発見された鉱石と同じ採掘場（イッテルビーの鉱山）からの標本である。

タリウムに似た名前の元素

Tantalum タンタル ギリシャ語由来
Thallium タリウム ギリシャ語由来
Thulium ツリウム ギリシャ語由来
Thorium トリウム ゲルマン語由来

最初の2文字で元素記号を作ると、タリウムもツリウムもトリウムもみな Th になってしまう。

最初と2番目の音節の最初の子音で元素記号を作るとなると、タリウムもツリウムも Tl になってしまう。

そのため、語末の子音なども元素記号に使われている。

> **W補足** タングステンは、金属の中で最も融点が高く（3380°C）、電気抵抗が大きいため、電球のフィラメントとして用いられてきた。密度 19.30g/cm³ の金とほぼ同じほど重く、鉛に替わるおもりや放射線遮蔽剤として注目されている。レニウムやオスミウムの方が若干密度が高いが、価格が高すぎて実用にならない。

74 W タングステン

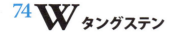

発見者 スペイン：ファン・ホセ・デ・エルヤル、ファウスト・デ・エルヤル（1783）

語源 灰重石

スウェーデン語 tung「重い」+ sten「石」※
※ドイツ語 stein シュタイン「石」と同根語。
→ スウェーデン語 tungsten「灰重石」
→ 英語 tungsten「タングステン」

ドイツ語 Wolf「狼」+ rahm「むさぼり喰う」
→ ドイツ語 Wolfram「タングステン」
→ 近代ラテン語 wolframium「タングステン」
※鉄マンガン重石は英語で wolframite。

タングステンのフィラメントは、融点が高く、高温での蒸発速度が遅く、細い線が容易に作ることができるために、電球フィラメントに使用されてきた。

鉄マンガン重石（wolframite）は最も重要なタングステン鉱石。鉄分が多いと「鉄重石」と呼ばれ、マンガンが多いとマンガン重石と呼ばれる。ちなみに、スウェーデン語で、tungsten が、果たして鉄マンガン重石なのか元素のタングステンなのか混乱するのでは？ と気になるかもしれないが、スウェーデン語で元素のタングステンは、なぜかドイツ語由来の Volfram を使っているので心配無用。

名称の由来

1781 年スウェーデンの化学者カール・シェーレが三酸化タングステンを分離し、タングステン酸と命名した。1783 年、スペインの化学者・鉱物学者ファン・ホセ・デ・エルヤルとファウスト・デ・エルヤルの兄弟がタングステン酸を木炭で還元して初めて新元素の単体を得た。

日本語や英語のタングステン Tungsten は、発見した鉱石のスウェーデン語「重い石」→「灰重石」（タングステン酸カルシウム CaWO₄）に由来している。

タングステンなのに、元素記号が W とはこれいかに？ ラテン語の元素名は **Wolframium** ウォルフラミウムであり、元素記号はラテン語の元素名の頭文字を取っているため W である。それぞれの言語で、タングステンやタングステン鉱石の名称は、タングステン由来の語とウルフラム由来の語が入り乱れている。

ウォルフラミウムはドイツ語の **Wolfram** に -ium を付けたもの。Wolfram の語源に関してはあまり定かではないが、一説には、1747 年、ヨハン・ヴァレリウスが鉄マンガン重石に対して、ドイツ語ドイツ語 Wolf「狼」+ rahm ラーム「むさぼり喰う」と命名したという。鉄マンガン重石が錫の鉱石の中に混入していると、溶鉱炉の中で表層に鉱屑を作りスズの精製を妨げることから、スズを「狼のようにむさぼり喰う」鉱石の意味だという。別説では、Rahm ラームは「泡」という意味で、溶鉱炉のスズに浮く鉱屑を指すという。

75 Re レニウム

発見者 ドイツ：ワルター・ノダック、イーダ・タッケ、オットー・ベルク（1925）

語源 ライン川のラテン語名 レーヌス

ラテン語 Rhenus「レーヌス」+ -ium
→ 英語 rhenium「レニウム」

●択捉島で採集された硫化レニウム。ところどころキラキラと輝いている。

名称の由来

1908 年、小川正孝が 43 番元素を発見したと発表し、**nipponium** ニッポニウム（元素記号 Np）と命名したが、追試が確認されず、後に否定されるようになった。実はこの時発見していたのが 43 番元素でなく、75 番元素だということが後から確認された（→ p.52）。もし、この時に X 線分光分析器が彼のもとにあれば、この元素がニッポニウムと命名されていたかもしれない。1925 年、ノダックとタッケ、ベルクの三人のドイツの化学者たちが、白金鉱から新元素を発見した。タッケの出身地ヴェセル Wesel の街を流れる川・ライン川のラテン語名「レーヌス」にちなんでレニウムと名付けられた。ちなみに発見の翌年、イーダ・タッケはワルター・ノダックと結婚し、彼女はイーダ・ノダックとなった。

近年、択捉島の火山の火口で高純度の硫化レニウム (ReS₂) からなるレニウム鉱が発見されている。

> **白金族元素** ルテニウム、ロジウム、パラジウム、オスミウム、イリジウム、白金をまとめて、白金族元素 Platinum group element という。周期表では第8、9、10族にわたっているが、物理的・化学的性質がよく似ているために分離するのも困難だった

76 Os オスミウム

語源 におい

ギリシャ語 ὀσμή（osmé）「におい」
+ -ium
→ 英語 osmium「オスミウム」

発見者
イギリス：スミソン・テナント（1803）

名称の由来
1803年、イギリスの化学者テナントが、オスミウムとイリジウムを同時に発見。白金の鉱石を王水に溶かすと、黒い物質が残留する。それをアルカリで加熱し、冷却して水に溶かすと、特有の刺激臭を放つ黄色い溶液ができる。これは四酸化オスミウム（OsO_4）の溶液で、ここで発見された元素は、ギリシャ語の**オスメー「におい」**にちなんでオスミウムと名付けられた（四酸化オスミウムは極めて猛毒なので嗅ごうとしてはいけない）。ちなみに、テナントは、炭素の研究も行っており、ダイヤモンドが石墨と同じく炭素からなることを突き止めたことでも有名である。
自然オスミウムにはイリジウムが含まれていることが多いため、**イリドスミン iridosmine** と呼ばれている。

77 Ir イリジウム

語源 虹

ギリシャ語 ἶρις（îris）「虹」+ -ium
→ 英語 iridium「イリジウム」

発見者
イギリス：スミソン・テナント（1803）

名称の由来
テナントが、オスミウムと同時に発見した。
イリジウム単体の金属はふつうの銀色だが、イリジウムの化合物が虹のように多様な色を示すことから、ラテン語で「**虹**」を意味する **iris イーリス**にちなんでイリジウムと名付けられた。

　　酸化イリジウム（IV）　　黒色、青色
　　酸化イリジウム（III）　　薄い緑色
　　塩化イリジウム（IV）　　オリーブ色
　　四塩化イリジウム（IV）　暗赤色

ラテン語の iris は、ギリシャ語の ἶρις イーリス「虹」、またギリシャ神話の虹の女神「**イーリス**」をも表す。このギリシャ語から、英語の **iris「虹彩」**（眼球の瞳孔の周りの色のついた部分）や、植物の **iris「アイリス、アヤメ、しょうぶ」**（古代ギリシャの時代から、イーリスは虹だけでなく、植物のアイリスも指していた）、さらには、クジャクの羽の虹色の丸い模様の部分もイーリスと呼ばれていた。クジャクの羽やタマムシの羽の鮮やかな虹色は、色素によらず表面の微細な凹凸構造や、多層膜による光の干渉で色が生じている。このような方法で虹色に光ることを、**iridescence「玉虫色、構造色、イリデセンス」**というが、実はこの語もイーリスに由来している。

イリジウムは耐熱性や耐摩耗性に優れているため、ペン先やエンジンの点火プラグに使用されている。白金イリジウム合金は、酸化されにくく、摩滅しにくいため、1キログラムを定義するための「**キログラム原器**」に使用されている。

イリデセンス（構造色）
iridescence
タマムシの羽の色も、色素によらず羽の層構造によって発色している。

アイリス iris
あやめ、菖蒲、カキツバタなどの総称。

アイリス iris
虹彩。

構造色は、鳥や昆虫の羽のみならず、オパールなどの鉱物やCDやシャボン玉などにも見られる。

キログラム原器（CGによる）
二重のガラス器に覆われている。

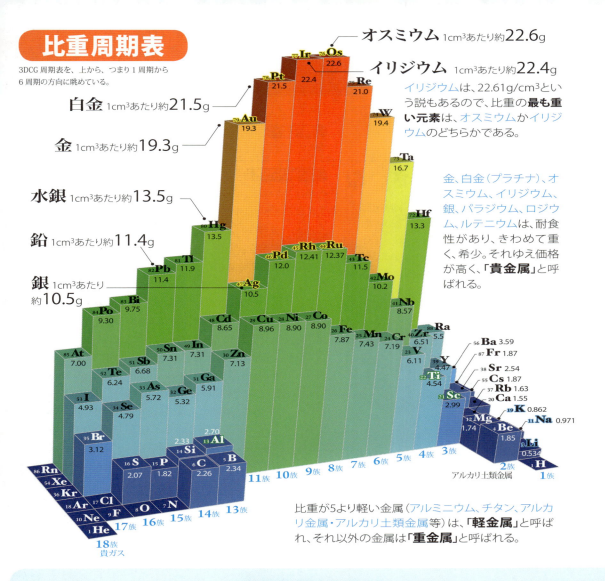

比重周期表

3DCG 周期表を、上から、つまり 1 周期から 6 周期の方向に眺めている。

金、白金（プラチナ）、オスミウム、イリジウム、銀、パラジウム、ロジウム、ルテニウムは、耐食性があり、きわめて重く、希少。それゆえ価格が高く、「**貴金属**」と呼ばれる。

比重が5より軽い金属（アルミニウム、チタン、アルカリ金属・アルカリ土類金属等）は、「**軽金属**」と呼ばれ、それ以外の金属は「**重金属**」と呼ばれる。

恐竜と隕石とイリジウム

白亜紀（恐竜がいた最後の時代。ドイツ語で Keide）と第三紀（恐竜滅亡後の最初の時代。ドイツ語で Tertiär）の間には「K-T 境界層」という薄い地層がある。元素のイリジウムは地表部には極端に少ない（0.000003 ppm）のだが、アメリカの地質学者ウォルター・アルバレスが、この K-T 境界層にイリジウムが多く含まれていることを明らかにした。イリジウムは小惑星には多く存在しており、隕石にも比較的多く含まれている（地表部の 10000 倍以上）。それで、白亜紀と第三紀の間に大きな隕石が地球に衝突し、それによってイリジウムが広く撒き散らされ降り積もった証拠と考えられるのだ。
その後の研究で、イリジウムを含む層が世界各地で発見された。またこの時の隕石によってできたクレーターと考えるチクシュルーブ・クレーター（Chicxulub crater）がメキシコのユカタン半島北部で発見された。このクレーターの直径は約 160km。地上で三番目に大きい隕石跡と考えられている。このように、土中の微量のイリジウムの存在が、古生物学の研究にこれほど寄与することになるとは誰が予想したであろうか？

> **Au 補足** gold 金 は、印欧祖語の *ghel-「輝く」に由来するが、実は英語の yellow「黄色」や glitter「きらきら光る」glare「まぶしい光」などの言葉も、この同じ *ghel-「輝く」から派生している。さらに、ギリシャ語の χλοερός クローロス「黄緑色の」も同じ印欧祖語に由来するので、gold 金 と clorine クローリン「塩素」(→ p.30) は、同一の語源ということになる。

78 Pt 白金

語源 小さい銀

→ギリシャ語 πλατύς (platýs)「広い」
→中世ラテン語 plata「金属の板」
→スペイン語 plata「銀」
→スペイン語 platina「白金」
→スペイン語 platina「白金」+ -ium
→英語 platinum「白金」

発見者
中世から知られていた

名称の由来
白金は他の金属との合金の状態で古代より装飾品に使われており、古代エジプトや、南米からの発掘物に見られる。大航海時代、El dorado「黄金郷」を目指して探検していたスペイン人たちは、新大陸各地で金を探し回った。入手した銀だと思っていた金属が、当時の技術では融解させることができずに廃棄してしまった（白金が銀よりも融点が高いため）。18 世紀に、現在のコロンビアのピント川で、金を探していて入手した鉱石の中に銀に似た金属の小さい粒が発見された。スペインの探検家・軍人・天文学者であり、最初のルイジアナの行政長官だったアントニョ・デ・ウヨーアは、1748 年『南米諸王国紀行』を記し、その中でこの金属のことをスペイン語 plata（銀）に縮小辞 -ina をつけた **platina プラチナ「小さい銀」** と表記している。その後、ヨーロッパでこの金属について多くの科学者が調査した。1741 年、イギリスの冶金学者チャールズ・ウッドは、この金属が王水にも溶けないので、鉛や銀とは異なることを発見した。やがて調査が進み、1751 年、スウェーデンの化学者ヘンリク・テオフィルス・シェファーは、この金属を実験し、この金属が金でも銀でもない、既知の 7 つの金属を含まない新しい金属であることを示した。

銀を意味するスペイン語 plata は、さかのぼればギリシャ語 πλατύς プラ**テュス**「広い」に行き着く。これは、古代より銀をたたいて延ばし「広げ」て金属板を作ったことに由来する。

ちなみに、Platina について記したアントニョ・デ・ウヨーア（1716-1795）の姓 Ulloa は、日本語では「ウリョーア」「ウヨーア」「ウジョーア」と様々に翻字されている。これは、スペイン語の LL の発音 [ʎ]（「リャ」に近い音）が、中南米で 17 世紀から [j]（「ヤ」に近い音）や、[ʒ]（「ジャ」に近い音）に変化したため、どの表記でも間違いではない。

79 Au 金

語源 輝く

印欧祖語 *aus-「輝く」
→ラテン語 aurum「金」

発見者
古代から知られていた

名称の由来
なぜ金の元素記号が Au かといえば、ラテン語 **aurum アウルム「金」** の最初の 2 文字を取っているため。ラテン語の au アウという発音は、時がたつと「オー」に変化した。それで、ラテン語の子孫の言語で「金」は、イタリア語 oro オーロ、スペイン語 oro オーロ、フランス語 or オールのようにスペルも o に変化した。

英語の **gold 金** は、印欧祖語の *ghel-「**輝く**」に由来するといわれている。

英語の aurora「オーロラ」は「暁（あかつき）」ないしはローマ神話の暁の女神「アウローラ」を意味する Aurora に由来し、aurum の同根語。どちらもさかのぼれば印欧祖語の *aus-「輝く」にたどり着く。余談だが、ラテン語には Aurora habet aurum in ore「曙は口に黄金をくわえている」（早起きは三文の徳）という格言がある。

74

元素記号の組み合わせ

この表では、元素記号でどの文字が多く使われているかを一覧することができる。元素名が決定される前に候補だったものも一部掲載している。1文字のものは全部で26種類、2文字のものは26×26＝676で計702通りの元素記号が作れることになるが、今まで使われているのは118個である。この表を見ると、JとQを用いた元素記号が一つもないということが分かる。また、2番目の文字として今のところw、xは使われていない。さらに、Kで始まる元素記号は、Kカリウムと Kr クリプトンというゲルマン語経由で作られた2つの元素しかないことがわかる。ラテン語のアルファベットには基本的にKの文字はなく、[k] の発音の単語はcがもっぱら使われる。それで、日本語で「カルシウム」、「カドミウム」、「クロム」、「コバルト」などか行で始まる元素名は、Cが使われることを思い出すと間違えることがない。

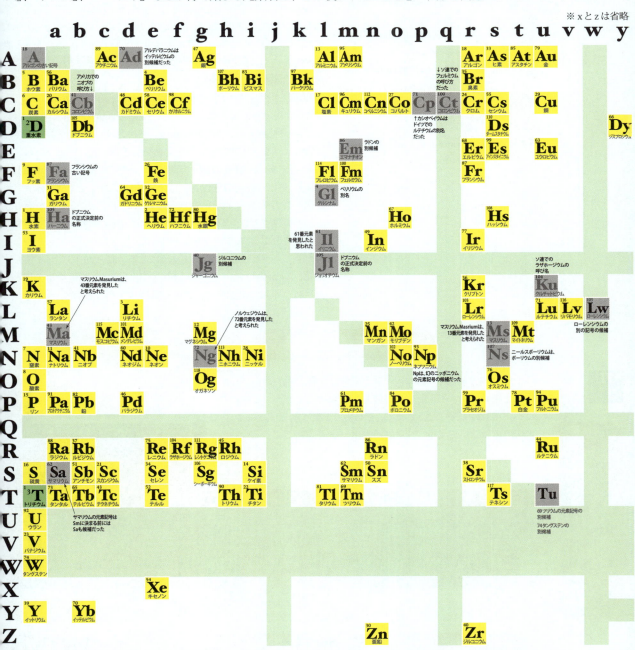

濃い緑色の部分は、まだ元素の組み合わせが使われていない領域。JやQは1文字目にも2文字目にも使われていない。また、U、W、X、Y、Zは使用頻度が少ない。また、AaやBb、Cc、Ddのように1文字目と2文字目が同じ元素記号は一つも使用されていない。黄色の部分が現在の元素記号で、灰色は一度候補になったが使用されなかった元素記号。緑色は同位体で記号の使用が認められている重水素と三重水素（一時期は、同位体にも記号がつけられたが混乱するためDとT以外は廃された）。

> **Hg補足** 水銀の英語名 mercury マーキュリは、ラテン語の merx メルクス「商売」に由来する。merx から英語の market「マーケット、市場」や mart「マート」（market を縮めたもの）、merchant「商人」、mercenary「傭兵」といった言葉が派生している。ちなみに、英語では水銀のことを quicksilver、つまり「素早く動く銀」とも呼んでいる。

80 Hg 水銀

語源 水の銀

→ ギリシャ語 ὕδωρ (hýdor)「水」＋ ἄργυρος (árgyros)「銀」
→ ギリシャ語 ὑδράργυρος ヒュドラルギュロス (hydrargyros)「水銀」
→ ラテン語 hydrargyrum「水銀」
ラテン語 merx メルクス「商売」
→ ラテン語 Mercurius「メルクリウス」（商売の神）
→ 英語 mercury マーキュリ「水銀」

発見者
古代から知られていた

名称の由来
古代から知られていた金属。ラテン語では hydrargyrum ヒドラルギルムと呼ばれており、元素記号 Hg もそこから取られている。このラテン語は、ギリシャ語の ὕδωρ ヒュドール「水」(→ p.20 水素の項目参照) ＋ ἄργυρος アルギュロス「銀」(→ p.58) を足した ὑδράργυρος ヒュドラルギュロスを借用したもの。日本語の水銀とまったく同じ意味合いである。

水銀の英語名 mercury マーキュリは、ラテン語 Mercurius メルクリウス「商売の神」にちなむ。ローマ神話の商売の神マーキュリは、ギリシャ神話の商売の神 Hermes「ヘルメス」と同一視されるようになり、ヘルメス神にまつわる逸話を引き継いだ。ヘルメスは神々の使者であり、**商業の神・学問の神**であるのみならず、**羊飼い、旅人**、そして**盗人の守護神**。羽根の生えた帽子と靴を身につけ、2 頭の蛇が巻き付いた伝令杖を手にしてひとっ飛びに空を駆け巡る。やがてギリシャでは、太陽の最も近くをわずか 88 日で公転する**水星**がヘルメスの星とみなされるようになり、ローマもそれを受けて水星をメルクリウスと呼ぶようになる。時代が下り、14 世紀末期に、錬金術において素早く動く水銀が水星と関係する金属とみなされ、水星の呼び名の一つがメルクリウスになった。

沸点周期表

この表の中で濃紺の元素が常温で気体となる元素である。この表を眺めると、12 族（亜鉛族）の元素が 11 族や 13 族と比べて沸点が低いことがわかる。そして、12 族は蒸気圧が高く、揮発性が高い。その最たるものが水銀である。

1族	2族	3族	4族	5族	6族	7族	8族	9族	10族	11族	12族	13族	14族	15族	16族	17族	18族
1 H 水素 -252.7																	2 He ヘリウム -268.8
3 Li リチウム 1342	4 Be ベリリウム 2970											5 B ホウ素 4002	6 C 炭素 4827	7 N 窒素 -195.7	8 O 酸素 -182.8	9 F フッ素 -188.1	10 Ne ネオン -245.9
11 Na ナトリウム 883	12 Mg マグネシウム 1090											13 Al アルミニウム 2467	14 Si ケイ素 2355	15 P リン 280	16 S 硫黄 444.8	17 Cl 塩素 -33.9	18 Ar アルゴン -185.1
19 K カリウム 759	20 Ca カルシウム 1484	21 Sc スカンジウム 2831	22 Ti チタン 3287	23 V バナジウム 3409	24 Cr クロム 2672	25 Mn マンガン 1962	26 Fe 鉄 2750	27 Co コバルト 2870	28 Ni ニッケル 2732	29 Cu 銅 2567	30 Zn 亜鉛 907	31 Ga ガリウム 2403	32 Ge ゲルマニウム 2830	33 As ヒ素 603	34 Se セレン 685	35 Br 臭素 59.5	36 Kr クリプトン -153.2
37 Rb ルビジウム 688	38 Sr ストロンチウム 1384	39 Y イットリウム 3338	40 Zr ジルコニウム 4377	41 Nb ニオブ 4744	42 Mo モリブデン 4612	43 Tc テクネチウム 4877	44 Ru ルテニウム 3900	45 Rh ロジウム 3727	46 Pd パラジウム 2964	47 Ag 銀 2163	48 Cd カドミウム 765	49 In インジウム 2073	50 Sn スズ 2270	51 Sb アンチモン 1587	52 Te テルル 988	53 I ヨウ素 184.4	54 Xe キセノン -108
55 Cs セシウム 671	56 Ba バリウム 1898	ランタノイド	72 Hf ハフニウム 4603	73 Ta タンタル 5425	74 W タングステン 5655	75 Re レニウム 5627	76 Os オスミウム 5012	77 Ir イリジウム 4428	78 Pt 白金 3825	79 Au 金 2807	80 Hg 水銀 357	81 Tl タリウム 1473	82 Pb 鉛 1740	83 Bi ビスマス 1564	84 Po ポロニウム 962	85 At アスタチン 337	86 Rn ラドン -62
87 Fr フランシウム 677	88 Ra ラジウム 1536	アクチノイド	104 Rf ラザホージウム	105 Db ドブニウム	106 Sg シーボーギウム	107 Bh ボーリウム	108 Hs ハッシウム	109 Mt マイトネリウム	110 Ds ダームスタチウム	111 Rg レントゲニウム	112 Cn コペルニシウム	113 Nh ニホニウム	114 Fl フレロビウム	115 Mc モスコビウム	116 Lv リバモリウム	117 Ts テネシン	118 Og オガネソン

ランタノイド	57 La ランタン 3457	58 Ce セリウム 3426	59 Pr プラセオジム 3512	60 Nd ネオジム 3068	61 Pm プロメチウム 3512	62 Sm サマリウム 1791	63 Eu ユウロピウム 1597	64 Gd ガドリニウム 3266	65 Tb テルビウム 3023	66 Dy ジスプロシウム 2562	67 Ho ホルミウム 2695	68 Er エルビウム 2863	69 Tm ツリウム 1947	70 Yb イッテルビウム 1194	71 Lu ルテチウム 3395
アクチノイド	89 Ac アクチニウム 3200	90 Th トリウム 4788	91 Pa プロトアクチニウム 4027	92 U ウラン 4134	93 Np ネプツニウム 3902	94 Pu プルトニウム 3230	95 Am アメリシウム 2607	96 Cm キュリウム 3110	97 Bk バークリウム	98 Cf カリホルニウム	99 Es アインスタイニウム	100 Fm フェルミウム	101 Md メンデレビウム	102 No ノーベリウム	103 Lr ローレンシウム

人体を構成する元素 （重量比）

上の表は人体に含まれる元素に関して、量によって枠を彩色したもの。

下の表はヒトにおいて必須の元素を示したもの。赤い文字はヒトで必須だと確認されたもので、黒い文字は、他の動物で必須元素と確認されたもの。今後さらに増えてゆくことも考えられる。

ヒトの体を構成する元素で一番多いもの（重量比）は酸素61%、炭素23%、水素10%、窒素2.6%、カルシウム1.4%、リン1.1%で、あとは1%以下である。

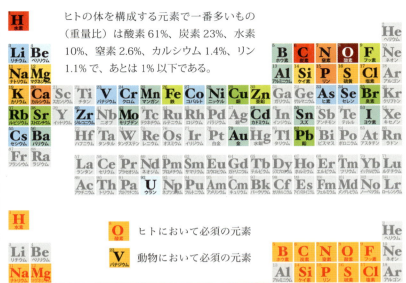

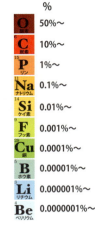

%
50%～
10%～
1%～
0.1%～
0.01%～
0.001%～
0.0001%～
0.00001%～
0.000001%～
0.0000001%～

遷移金属の人体中の存在量はごく少ないが、酵素の活性中心などにおいて重要な役割を果たしている。

融点周期表

常温で液体の元素としては、臭素と水銀が有名だが、30℃以上の「真夏日」であれば、フランシウム（推定値26.8℃）、セシウム（28.44℃）、ガリウム（29.76℃）も液体になる。2019年8月15日に、新潟県上越市で気温40.0度を記録したが、この温度ならば、ルビジウム（39.31℃）も液体になるだろう。

> **Pb 補足** 酢酸鉛 $C_4H_6O_4Pb$ は、古代ローマや中世ヨーロッパにおいて甘味料やブドウ酒の保存料として用いられ、鉛糖（sugar of lead）と呼ばれた。鉛糖は、ローマ人が鉛中毒（鉛毒）になった原因の一つといわれている（他にも水道管に鉛管を用い、鉛製の食器を多用していた）。症状には腹痛などの消化器疾患や、貧血、種々の神経障害を引き起こす。

81 Tl タリウム

語源 若枝

ギリシャ語 θαλλός (thallós)「若枝」
+ -ium
→ thallium サリウム

発見者
イギリス：ウィリアム・クルックス（1861）

名称の由来
1861年、イギリス人の物理学者**クルックス**（クルックス管、つまり真空放電管の発明者）によって分光分析法を用いて発見され、スペクトルの輝線の色が緑色であることから、ギリシャ語の**タッロス**「**若枝**」にちなんで thallium タリウムと名付けられた。1862年、クルックスおよびフランスの物理学者・化学者のクロード・オーギュスト・ラミーによってタリウムは単離された。

ちなみに、ギリシャ語のタッロスは、ギリシャ神話でアフロディテの侍女である三美神の一人、Thaleia「タレイア（タリア）」と関係しており、タレイアは「豊かさ、開花」を司る。

コケの中には、根や茎、葉が分かれておらず、扁平な膜状になっているものがあり、これを生物学では、**thallus サラス「葉状体」**という。

画像は「ジャゴケ」で、葉状体の表面が蛇の模様のようにみえる。

82 Pb 鉛

語源 暗い

印欧祖語 *morkʷ-「暗い」
→ギリシャ語 μόλυβδος (mólybdos)「鉛」モリュブドス
→ラテン語 plumbum「鉛」プルンブム
英語 lead レッド

発見者
古代から知られていた

名称の由来
古代から知られていたため正確な由来は不明。

ラテン語で鉛は **plumbum プルンブム**と呼ばれており、元素記号 Pb もそこから取られている。このラテン語は、ギリシャ語の μόλυβδος モリュブドス「鉛」が訛ったもの。さらにさかのぼれば、印欧祖語の ***morkʷ-「暗い」**に由来し、暗い色の金属という意味と考えられている（ちなみに、ギリシャ語のモリュブドスは、グラファイト、つまり黒鉛も指した）。ギリシャ語のモリュブドスの方は別の元素の**モリブデン**の語源にもなっている。

ちなみに、英語で「**おもり**」を意味する **plumb プラム**は、ラテン語 plumbum プルンブムが古フランス語を経由して英語に入る途中で語尾の -um が抜けたもの。鉛はその重さゆえに、様々なおもりとして用いられてきた。この plumb には「水深を測る」という意味もあるが、これは、「おもり」を紐に吊るし海や湖に下げて深さを測ったため。配管工のことを **plumber プラマー**というのも、鉛に由来している。間違って plumb のスペルから黙字の b（ラテン語 plumbum の残骸）を取ってしまうと、plum プラム「スモモ」になってしまう。

一方、英語では鉛のことを **lead レッド**という。古英語の時代は、スペルは同じでスペルの通りにレーアドと発音していた。やがて、レーアドの「ア」が弱くなり、レーがレに短くなってレッドとなった。この lead をリードと読んでしまうと、別の英語の「導く、リードする」になってしまう（語源が異なる）。

名前に鉛を含む物質名

黒鉛
C graphite
炭素から成る鉱物

蒼鉛
Bi bismuth
ビスマスの別名。
昔は「水鉛」とも言った。

水鉛
Mo molybdenum
モリブデンの旧称。
写真はモリブデン鋼の包丁。

亜鉛
Zn zinc
「鉛に次ぐもの」の意。
トタン板は鉄の表面を亜鉛で覆ったもの

白鉛
Sn Tin
スズの別名。

覚えにくい元素記号（その2）

「覚えにくい元素記号（その1）」p.41 で示した鉄 Fe、銀 Ag、スズ Sn、アンチモン Sb、タングステン W、金 Au は、ラテン語を覚えていれば元素記号を言い当てることができた。それに対して、リン P、硫黄 S、亜鉛 Zn、ヒ素 As、臭素 Br、塩素 Cl は、英語を覚えていれば、その頭文字から元素記号が分かる。

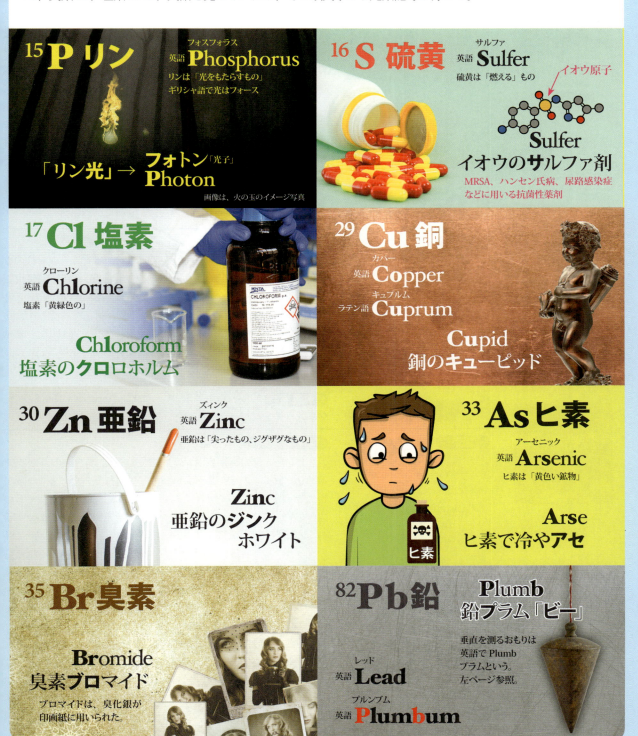

> **At 補足** アスタチンはその名が「不安定」という通り、同位体の中で半減期が最も長い ^{211}At でも、7.21 時間しかないため自然界に存在するとはいえごく微量であり、自然界の物質からの抽出は、実際的には不可能だったことが分かる。この発見以降、合成されていく新元素はみな「不安定」で放射性があるので、どれも「アスタチン（不安定）」だと言えなくもない。

ガスバーナーなどで融解させて、再結晶させると表面に酸化被膜ができて美しい色合いを出す。

83 Bi ビスマス

語源 白い塊

ドイツ語 weiß「白い」+ Masse「塊」?
→ ドイツ語 Wismut ヴィスムート「ビスマス」
→ 英語 bismuth「ビスマス」

バシリウス・ヴァレンティヌス
Basilius Valentinus
15 世紀ドイツの錬金術師。彼の著作の中でビスマスは Wismut とつづられており、ビスマスの最古の言及の一つ。

発見者 中世から知られていた

名称の由来
ビスマスの化合物（ビスモクライト BiOCl）は古代エジプトの時代に化粧品として用いられていた（→ p.60 アンチモン参照）。中世ヨーロッパには、金属の一種としてビスマスは知られていたが、鉛やスズ、アンチモンと性質が似ているため混同されていた。
ドイツ語の Wismut ヴィスムート「ビスマス」は、一説には「白い塊、白い固体」に由来すると言われているが、諸説あって正確な由来は不明である。ビスマスの融点は比較的低い 271 ℃であり、鉛フリーハンダの成分としても用いられている。

ポロニウム発見当時はポーランドはロシアやプロイセン、オーストリアにその領土を奪われ、独立した国としては存在していなかった。

84 Po ポロニウム

語源 ポーランドのラテン語名 ポロニア

ラテン語 Polonia「ポロニア」
+ -ium → 英語 polonium ポロウニアム「ポロニウム」

発見者 フランス：ピエール・キュリー、マリ・キュリー（1898）

名称の由来
キュリー夫妻は、ピッチブレンド（瀝青ウラン鉱）から放射性のウランやトリウムを取り除くと、残留分の方がより強い放射能をもつことに注目。この中に放射性の未知の元素が微量に含まれていると予想し、成分をさらに精密に分離し、1898 年 7 月にその中からポロニウムを発見。さらにその 5 ヶ月後にラジウムを発見した。発見者マリ・キュリーの祖国ポーランドのラテン語名「ポロニア」にちなんでポロニウムと名付けられた。

アスタチン astatine の由来となった、ギリシャ語「不安定な」を意味するアスタトスは、στατός スタトス「立っている、安定した」に否定の接頭辞 α- をつけたもの。ちなみに、このスタトスから、statolith スタトリス「平衡石」（内耳の中にあるので、otolith 耳石ともいう）という語が生まれた。

85 At アスタチン

語源 不安定な

ギリシャ語 ἄστατος（ástatos）
「不安定な」+ -ine
→ 英語 astatine「アスタチン」

発見者 アメリカ：エミリオ・セグレ、デイル・コールソン、ケネス・マッケンジー（1940）

名称の由来
メンデレーエフの周期表（1871 年版）では、ヨウ素の下が空欄であり、仮にエカヨウ素 eka-iodine と呼ばれていた。多くの者が自然物の中からこの新元素を探索した。1931 年、アラバマ工科大学の物理学者フレッド・アリソンが発見を主張し alabamine アラバミンと命名した。1937 年、イギリス領インド（現、バングラデシュ）のダッカの科学者ラジェンドララル・デ（Rajendralal De）が発見したと報告し、それを Dakin ダキンと呼んだ。1936 年、ルーマニアの物理学者ホリア・フルベイとフランスの女性物理学者イヴェット・コショワが発見を発表。新元素を dor ドル（ルーマニア語で「憧れ」の意）と名付けた。1940 年、スイスの化学者ヴァルター・ミンダーが新元素を見つけたと報告し、helvetium ヘルヴェティウム（Helvetia はスイスのラテン語名）の名を提唱した。追試の結果、これらの発見は誤った報告とされた。1940 年、セグレらがサイクロトロンを用いてビスマス 209 に α 線を照射して質量数 211 の新元素を人工的に合成した。半減期が短いことから、ギリシャ語の「不安定な」（アスタトス）にちなんでアスタチンと名付けられた。

> **Fr補足** キュリー研究所には、世界中から希望者が集まり、その中にはペレーのように女性科学者たちも多くいた。中には自国に戻って「女性第1号」の教授や学術アカデミー会員となった者もいた。ノルウェーのエレン・グレディッチは、初のオスロ大学教授となり、ユダヤ系のエリザベト・ロナはアメリカに亡命し、マンハッタン計画に参加した唯一の女性研究者となった。

86 Rn ラドン

発見者 ①ドイツ：フリードリヒ・ドルン（1900）
②イギリス：アーネスト・ラザフォード、フレデリック・ソディ（1910）

語源 ラジウム
ラテン語 radium「ラジウム」+ -on
→英語 radon「ラドン」

フリードリヒ・ドルン
Friedrich Ernst Dorn
(1848-1916)
ドイツの物理学者。
ラドンの発見者の一人。

名称の由来
1899年、ラジウムに接した空気が放射性を持つようになることをキュリー夫妻は発見していたが、それが元素だとは考えていなかった。1900年、ドイツの物理学者ドルンがラジウムから発した放射性気体とトリウムからの放射性気体が同一の元素であることを発見し、エマナチオンと呼んだ。ラザフォードとソディはさらに研究を重ね、それが貴ガスに属する元素であることを見出し、ラジウムエマナチオンと呼んだ。1923年、radiumの語尾 -ium を -on に変えた「ラドン」と名付けられた。

87 Fr フランシウム

発見者 フランス：マルグリット・ペレー（1939）

語源 フランス
フランス語 France「フランス」+ -ium
→英語 francium「フランシウム」

名称の由来
パリのキュリー研究所でマリ・キュリーの助手をしていたペレーが、原子番号89のアクチニウム227がα崩壊し2つ原子番号が減って87番元素が生じることを発見した。ペレーは、新元素を母国「フランス」にちなんでフランシウムと名付けた。最も半減期が長いフランシウムでも半減期が22分しかないため、生成されたフランシウムは、すぐにβ線を放出して ^{223}Ra に変わる。アルカリ金属は下に行くほど反応性が高くなるので、フランシウムはさぞ激しい反応をするだろうと思われるが、そもそも半減期が短かすぎて調べることそのものが困難である。

88 Ra ラジウム

発見者 フランス：ピエール・キュリー、マリ・キュリー（1898）

語源 光線
ラテン語 radius「光線」+ -ium
→英語 radium「ラジウム」

名称の由来
1898年、キュリー夫妻は、ウランの鉱石であるピッチブレンドから2つの新元素を発見。一つはポロニウムで、もう一つがラジウム。わずか0.1gのラジウム塩化物を得るために、劣悪な環境の実験室の下で、1tものピッチブレンドから化学的に繰り返し抽出する必要があった。その工程を概略すれば、水酸化ナトリウムによる煮沸（硫酸化合物の除去）、水による洗浄（水溶性の不純物除去）、アルカリによる洗浄（ケイ酸、アルミナの除去）、希塩酸による洗浄（銀、ビスマスの除去）、炭酸ナトリウムによる中和（カルシウム、バリウム、ラジウムの炭酸塩の生成）、強塩酸による溶解（カルシウムの除去）、分別結晶法（バリウム除去）となる。バリウムとラジウムは周期表の同じ族に属しているため性質が似ており、分離困難でありその分別には時間を要した。
ラジウムが強い放射線を出し、暗所で青く光ることからラテン語の radius ラディウス「光線」にちなんで名付けられた。ちなみに、ラテン語の radius からは左に示す色々な単語が造られている。

- **Radium** ラジウム
- **Radon** ラドン
- **Radio**activity 放射能
- **Radi**ator ラジエーター
- **Radi**o ラジオ
- **Radius** 橈骨

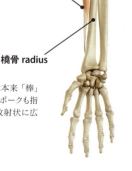

短橈側手根伸筋
extensor carpi radialis brevis
※ brevis に関しては p.83 参照

橈骨 radius

橈骨は、前腕の母指側の骨。radius は本来「棒」「杖」の意味があったが、車輪のスポークも指した。そこから radius「半径」や、放射状に広がる「光線」という意味が派生した。

アクチノイド アクチニウムからローレンシウムまでの 15 の元素を総称して、**アクチノイド actinoid** という。これはアクティースに -oid 〜オイド「〜の形をした。〜のような」を足したもの。アクチノイドは第 7 周期における f ブロック元素に属する。アクチニウムを除く 14 元素をかつては **アクチニド actinide** と呼んでいたが、今ではアクチニドはアクチノイドの同義語として用いられている。

89 Ac アクチニウム

発見者
フランス：アンドレ＝ルイ・ドビエルヌ（1899）

語源 光線

ギリシャ語 ἀκτίς（aktís）「光線」+ -ium
→ 英語 actinium「アクチニウム」

名称の由来
1899 年、キュリー夫妻の共同研究者ドビエルヌが、ピッチブレンド（閃ウラン鉱）からウランを分離したあとの残留物から発見した。アクチニウムが放射能をもつことから、ギリシャ語のアクティース「光線」にちなんで名付けられた。半減期がアクチニウムの中で最も長いアクチニウム 227 でも半減期は 21.7 年である。

ちなみに、筋肉の線維は **アクチン actin** と **ミオシン myosin** というタンパク質の線維からなるが、アクチンは長い直線的な形のタンパク質が束状になっており、それゆえ「光線」を意味するアクティースからアクチンと名付られた。また、生物学で **Actiniaria アクティニアリア** は、イソギンチャク目を意味するが、イソギンチャクの触手が放射状に広がっていることを表現している。

ピッチブレンド pitchblende は、ピッチのような光沢をもつ瀝青ウラン鉱。二酸化ウランを主成分とし、少量のラジウムやトリウム、アクチニウムなどを含む。

イソギンチャク Actiniaria

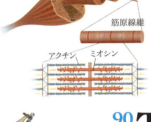
筋線維／筋原線維／アクチン／ミオシン
アクチンフィラメントとミオシンフィラメントとの間に線維が滑り込んで筋が収縮する。

90 Th トリウム

発見者
スウェーデン：イェンス・ベルセリウス（1828）

語源 北欧神話の雷神 トール

古ノルド語 Þórr（スウェーデン語 Tor）
「雷神トール」+ -ium
→ 英語 thorium「トリウム」

名称の由来
1815 年ベルセリウスはスウェーデンのファールンという地方で見つかった鉱石の中から新元素を発見したと考え、北欧神話の雷神「トール」にちなんでトリウムと名付けた。やがて、その石は既知のゼノタイム xenotime で、新元素と思われたものはリン酸イットリウムであったと判明し新元素発見を撤回した。

1828 年、ノルウェーの牧師にしてアマチュア鉱物学者の**モルテン・トラーネ・エスマルク**は、ノルウェーの島ルーブーヤで新たな黒い鉱物を発見し、それを父親のオスロ大学の鉱物学の教授イェンス・エスマークに送った。イェンスはさらに詳細に調査してもらうため**ベルセリウス**にサンプルを送り、ベルセリウスはその鉱物の中から新元素を発見した。再度トリウムと命名した。その新しい鉱物に対して、エスマルクは **berzelite ベルセライト** と命名しようとしたが、謙虚なベルセリウスはそれを辞退し、結局トール石 Thorite と命名された（成分は $(Th,U)SiO_4$）。

1898 年にドイツの化学者**ゲルハルト・カール・シュミット**によってトリウムが天然放射性元素であることが発見され、そのほんの数週間後にフランスの**マリ・キュリー**がシュミットとは別個にそれを発見した。トリウムは 2 番目に発見された天然放射性元素。1 番目は、1896 年に**アンリ・ベクレル**によって見出されたウランである。

●著者所蔵のトリウムの標本（0.5g）。

●方トリウム鉱 Thorianite ThO_2

語源となったトールは古ノルド語で Þórr（thorr）といい、古英語の þunor [θúnor] スノル「雷」と同根語である（大文字 Þ、小文字 þ は、古英語のアルファベットの一つでソーン thorn と呼ばれ、発音は [θ]）。この þunor から英語の thunder サンダー「雷」や、Thursday サーズデイ「木曜日」が生まれた。

●ゼノタイム xenotime YPO_4

同位体 プロトアクチニウム発見の 1910 年代は、まだ放射性同位体をどう命名すべきか正式に定まらない時期だった（ソディによる同位体の発見はまだ先の 1913 年のこと）。そのため、個々の同位体にも様々な名称が付けられていた。1957 年、IUPAC は『無機化学命名法』で、重水素（ジュウテリウム）、三重水素（トリチウム）以外は番号を用い、同位体に固有名を付けないよう定めた。

91 Pa プロトアクチニウム

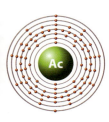

発見者 ①アメリカ：カジミェシュ・ファヤンス他（1913）
②ドイツ：オットー・ハーン、リーゼ・マイトナー他（1917）

語源 アクチニウムの
元
プロートス
ギリシャ語形容詞 πρῶτος (prôtos)
「最初の、元の」
（前置詞・副詞 πρo）
→ proto- + actinium「アクチニウム」
プロウタクティニアム
→ 英語 protactinium「プロトアクチニウム」

名称の由来

プロトアクチニウムは、だれが発見者かという点に関しては多くの人物が関係している。1900 年、イギリスの化学者・物理学者ウィリアム・クルックスが、ウランから強い放射性をもつ物質（^{231}Pa）を単離したが、新しい元素だと気づかずウラニウム X と呼んだ。1913 年、ポーランド系アメリカ人の化学者・物理学者**カジミェシュ・ファヤンス** Kazimierz Fajans（Kazimierz は、西欧では Kasimir カジミールともつづられる）と、共同研究者のドイツ人化学者**オスヴァルト・ゲーリング**が、ウラン 238 の崩壊系列を調べていた際に、崩壊生成物に新しい元素（^{234}Pa）があることを発見した。半減期が 6.7 時間と短いために、ラテン語で「短い」を意味する brevis ブレヴィスにちなんで**ブレヴィウム brevium** と名付けた。1917 年に、ドイツで研究していた化学者・物理学者の**ハーン**とオーストリア出身の女性物理学者**マイトナー**（p.94 参照）は共同研究を初めて間もなく、81 番元素の同位体の中で最も半減期の長い ^{231}Pa を発見した（半減期は約 3.3 万年）。マイトナーらは、91 番元素（^{231}Pa）が α 崩壊してアクチニウム 227 になることから、アクチニウムを産み出す**「母親、元」**となる元素という意味で、ギリシャ語の「第一の、最初の」（プロートス）を **Actinium**「アクチニウム」の前に付けて、**プロトアクチニウム protoactinium** と名付けた。ところで、元素の命名権は最初の発見者にあるので、本来ならファヤンスの命名の方が優先されるはずだが、結局、プロトアクチニウムの方が生き残った。ファヤンスの発見した ^{234}Pa ならば「短い」という意味のブレヴィウムでも意味が通るが、半減期が数万年の ^{231}Pa の方まで「短い」では、あまり適切な名前とはいえないだろう。

このハーンとマイトナーによる発見からおそらく 3 ヶ月もたたないうちに、イギリスの化学者**フレデリック・ソディ**と**ジョン・クランストン**が、既に述べた発見とは別個に、プロトアクチニウムを発見した。プロトアクチニウムの発見は、1869 年版のメンデレーエフの周期表の最後の空欄を埋めるものだった。

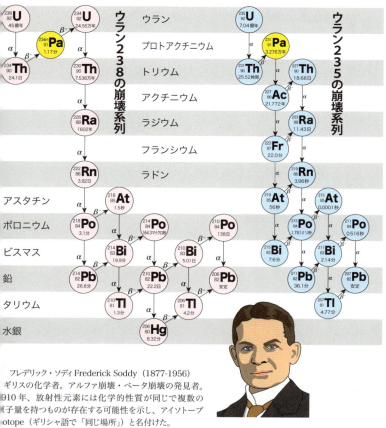

フレデリック・ソディ Frederick Soddy（1877-1956）
イギリスの化学者。アルファ崩壊・ベータ崩壊の発見者。1910 年、放射性元素には化学的性質が同じで複数の原子量を持つものが存在する可能性を示し、アイソトープ isotope（ギリシャ語で「同じ場所」）と名付けた。

実は英語の **protoactinium** は言いにくいということで、1949 年に IUPAC によってに o が省略され **protactinium** になった。そもそも protoactinium というスペルが言語学的にはやや不正確だった。プロトアクチニウムに用いられた proto- は、「最初の〜」「〜の原型」を意味する接頭辞（prototype「原型」、protocol「議定書」等）。しばしば、母音で始まる単語につながるときは proto- の o が取れて prot- になると説明されるが（protagonist「主人公」等）、言語的には prot- が語根であって、子音で始まる単語につながる時に「つなぎの母音」-o- を挿入すると考えられている。しかし、日本語の名称は今もプロトアクチウムであり、新しいプロタクチニウムに準じていない。

> **超ウラン元素** 92番元素のウラン以降の元素のことを、transuranic element「超ウラン元素」という。超ウラン元素の発見に関していえば、93番から103番までは、マクミラン（超ウラン元素の最初の生成者）、シーボーグ（後にマクミランの後継者となる）、ギオルソ（さらに後に、シーボーグの後任になる）らが率いるカリフォルニア大学のチームの独壇場だった。

92 U ウラン

発見者 ドイツ：マルティン・クラプロート（1789）

語源 天王星
ラテン語 Ūranus「天王星」+-ium
→ 英語 Uranus「天王星」+-ium
→ 英語 uranium「ウラン」

名称の由来
1789年、ドイツのクラプロートは、ピッチブレンド（p.82参照）から新元素を発見（単離はできず酸化ウラン UO_2 だった）。この発見の8年前に見つかった Uranus「天王星」にちなんでウラニウム Uranium と名付けられた。天王星の発見者ウィリアム・ハーシェルに Uranus の名前を提案した天文学者ヨハン・ボーデは、クラプロートとロイヤルアカデミーの会員同士だった。

93 Np ネプツニウム

発見者 アメリカ：エドウィン・マクミラン、フィリップ・アベルソン（1940）

語源 海王星
ラテン語 Neptūnus「海王星」
→ 英語 Neptune「海王星」+-ium
→ 英語 neptunium「ネプツニウム」

名称の由来
1940年、アメリカ・カリフォルニア大のチームが、ローレンスの発明したサイクロトロンを用いてウランに中性子を照射して新元素を合成し、ウランが「天王星」から命名されたことにならってその外側の Neptune「海王星」にちなんで Neptunium と命名した。

94 Pu プルトニウム

発見者 アメリカ：グレン・シーボーグ、エドウィン・マクミラン、ジョゼフ・ケネディー、アーサー・ワール（1940）

語源 冥王星
ギリシャ語 Πλούτων (Ploútōn)「冥王」
→ 英語 Pluto「冥王星」+-ium
→ 英語 plutonium「プルトニウム」

冥王星は1930年に発見されてから76年間、「惑星」として扱われてきたが、2006年、国際天文学連合の定義の変更により「準惑星」に格下げされた。

名称の由来
1940年、カリフォルニア大のチームが ^{238}U に重水素を照射して ^{238}Pu を合成した。ウラン、ネプツニウムが「天王星」「海王星」と続いたので、その外側の Pluto「冥王星」にちなんで Plutonium と名付けられた。

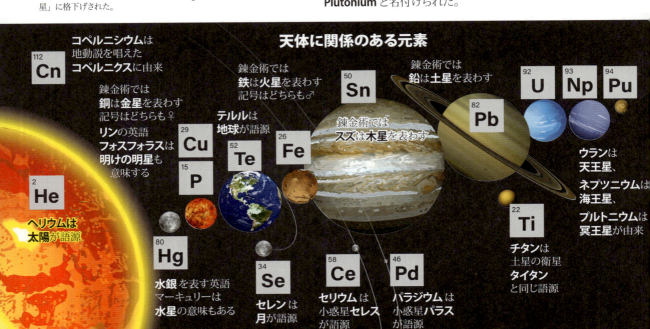

天体に関係のある元素

U補足 ウランはラテン語で uranium ウラニウム、英語で uranium ユアレイニアム（ユーレイニアム）という。日本語では、明治時代にドイツ語から化学用語が多く入ったため、ウランもドイツ語の Uran ウラーンに由来している。ドイツ語由来のものは、ウランやニオブ、モリブデンのように、語尾に -ium イウムや -um ウムが付いていない。

ウラン 238 とウラン 235

^{92}U ウランには、**ウラン 238** と**ウラン 235** があり、その組成は p.54 の表にもあるとおり、ウラン 238（^{238}U）が 99.2742% でその大多数を占め、ウラン 235（^{235}U）が 0.7204%、そしてウラン 234（^{234}U）が 0.0054% である。このうち、ウラン 238 は、半減期が 45 億年と長いのに対して、量の少ないウラン 235 は半減期が 7 億年。ウラン 235 はどんなエネルギーレベルの中性子でも核分裂反応を起こすため、現在原子力発電所の主なタイプである「軽水炉」の主要な核エネルギー源となっている。ウラン 235 の濃縮の際の副産物、また使用済み核燃料などで、ウラン 235 の含有率が下がったウランのことを**劣化ウラン**という（使用済み核燃料の場合は「減損ウラン」ともいう）。ウラン 235 は、このままでいくと枯渇するおそれがあるため、絶滅危惧元素の中に含まれている（p.29）。
ウラン 238 も、核分裂を起こしにくいとはいえ、約 1 MeV（100 万電子ボルト）以上の中性子の照射によって核分裂反応が始まるので燃料になり得る。高速中性子炉（高速増殖炉）では、ウラン 238 が利用されている。
ウラン 235 の核分裂によって、核分裂生成物としてセシウム 137（半減期 30 年）や、セシウム 134（半減期 2 年）、ストロンチウム 90（半減期 29 年）、ヨウ素 131（半減期 8 日）が生じ、燃料棒の中に蓄積する（他にも半減期の短

ウラン鉱石からウランを抽出する際に、粗精錬してできる製品（約 70% のウランを含む）。色が鮮やかな黄色のため「イエローケーキ」（Yellowcake）という。

ウランの燃料集合体の断面。薄緑色の細い棒が燃料棒。この中に左の形のウラン 235 のペレットが詰まっている。燃料棒を覆う核燃料棒被覆管（ひふくかん）は、ジルコニウム合金が用いられている（p.49 参照）。

いものが多数生じるが、それらはすぐ崩壊するため量が少ない）。福島第一原子力発電所の事故では、この燃料棒が溶融（メルトダウン）したことにより、これら核分裂生成物が外に漏れてしまった。環境に漏出したセシウム 137 等が地球上の至る所で問題視されている。

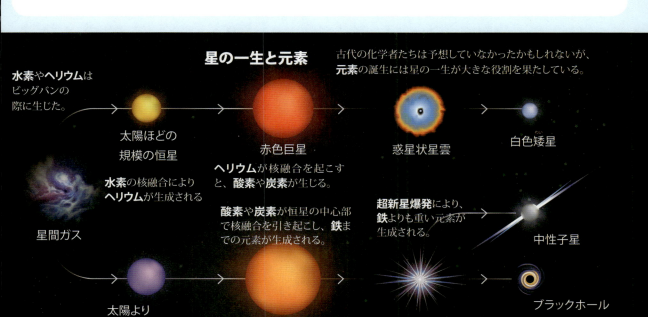

星の一生と元素

古代の化学者たちは予想していなかったかもしれないが、元素の誕生には星の一生が大きな役割を果たしている。

水素や**ヘリウム**はビッグバンの際に生じた。

星間ガス → 太陽ほどの規模の恒星 → 赤色巨星 → 惑星状星雲 → 白色矮星

水素の核融合により**ヘリウム**が生成される

ヘリウムが核融合を起こすと、**酸素**や**炭素**が生じる。

酸素や**炭素**が恒星の中心部で核融合を引き起こし、**鉄**までの元素が生成される。

太陽より → … → **超新星爆発**により、**鉄**よりも重い元素が生成される。→ 中性子星 / ブラックホール

> **Am補足** アメリカ大陸を最初に「発見」したクリストファー・コロンブスは死ぬまで、アメリカがインド諸島の一部だと考えていたが、イタリアの探検家アメリゴが南アメリカが大陸であることを発表した。アメリシウムは、アメリゴの名をラテン語化したアメリクス・ウェスプキウス（Americus Vespucius）のアメリクスから取られている。

95 Am アメリシウム

発見者 アメリカ：グレン・シーボーグ、ラルフ・ジェイムズ、レオン・モーガン（1944）

語源 アメリカ

英語 America 「アメリカ」 + -ium
→ 英語 americium 「アメリシウム」

名称の由来

1944年、アメリカのカリフォルニア大学バークレー研究所のチームが初めて合成した。プルトニウム239に中性子を照射し、原子核が中性子を捕獲すると、プルトニウム241を生成する。このプルトニウム241（半減期14年）がβ崩壊すると、アメリシウム241（^{243}Am）となる。

アメリシウムという名称は、発見者がアメリカ人であること、周期表で一つ上のEu ユウロピウムがヨーロッパに由来することから「アメリカ」（合衆国だけでなくアメリカ諸国）にちなんで名付けられた。アメリシウム241は、原子力発電所では、プルトニウムの副産物として大量に生成され、放射線源としては比較的入手しやすく、かつ半減期が432年と比較的長いため、煙探知機のセンサー部に利用されてきた。煙探知機すべてにアメリシウム241が使われている訳ではなく、「イオン化式感知器（ionization smoke detector）」というタイプのものに使用されている。アメリシウム241は常にα線（アルファ線）を出し続けて空気を電離し、イオンを作り続けている。煙探知機のセンサーでは、アメリシウム241が電離箱の中に入れられ、電離箱内のイオンが測定されている。電離箱には穴が空いていて、火災で発生する煙が電離箱に入ると、煙がα線をさえぎるために、イオンの数が減少し警報を鳴らすようになっている。

この煙探知機のセンサー部分には、AmO_2が使われており、放射能マークと Americium 241 と書かれている。日本では2004年の法改正によりアメリシウム241の規制が厳しくなったためイオン化式のものは使用されなくなり、もっぱらアメリシウムを用いない「光電式」が多くなっている。日本ではイオン化式の廃棄に際して、製造会社へ返却するか、製造会社が不明または現存しない場合は公益社団法人日本アイソトープ協会に相談できる。
画像：shutterstock.com

子供向けクイズ番組で元素発表!?

アメリシウムとキュリウムの発見は1944年だったが、原爆製造に関連した機密情報とされて1945年まで秘密だった。1945年11月11日、発見者のグレン・シーボーグは、全米で毎週日曜日に放映される子供向けラジオ番組 **クイズ・キッズ Quiz Kids** にゲスト出演した。この番組は、IQの高い数人の子供たちが回答者となり、クイズに答えて知恵を競い合った。ゲストのシーボーグは原爆の開発者として当時アメリカでは極めて有名だったので、子供たちがみんなでゲストに質問をする場面で、はじめは原爆に関する答えやすい質問を投げかけていた。しかし、リチャード・ウィリアムズという少年が、シーボーグに「戦争の間にプルトニウムとネプツニウムの次に来る新しい元素を見つけたの？」と無邪気に質問した。シーボーグはその日が、アメリカ化学会で公式に発表する5日前だったにもかかわらず、二つの元素を発見したことを生放送で正直に答えてしまった。元素の発見が子ども番組で最初に公表されたというケースはこれが唯一である。

Quiz Kids は、1940年から1956年まで続いた人気長寿番組で、ラジオ番組だけでなく、終わりの頃にはTV番組にもなった。司会者・出題者の**ジョー・ケリー**（Joe Kelly）は、「答えのカードを見ない限り、ほとんどの質問に自分は答えられなかった」と述べ、問題の難易度がかなり高かったことが分かる。上のポストカードは、リスナーの中で、回答者に招かれた子供たちに送られたもの。ちなみに、番組の別の回には、若かりし頃のジェームス・ワトソン（DNAの分子構造の発見者）も出演し、優勝して100ドルの賞金を獲得。趣味だった野鳥観察のために双眼鏡を購入したという。

Cm補足 キュリウム以降は、科学の進歩に貢献した人物を冠した元素名が増えた（アインシュタイン、メンデレーエフ、ノーベルなど）。ただし、それらの元素は人物と特に関係がない。それ以外は、元素を発見した研究所名やその都市や州、国名が付けられた。性質に基づいた名称がないのは、それらの元素の性質を精査できるほどの量を作ることができず、また極めて短命なためである。

96 Cm キュリウム

語源 フランスの物理学者 **キュリー夫妻**
人名 Curie「キュリー」+ -ium
→ 英語 curium「キュリウム」（キュアリアム）

発見者 アメリカ：グレン・シーボーグ、ラルフ・ジェイムズ、アルバート・ギオルソ（1944）

名称の由来

1944年、アメリカのカリフォルニア大学バークレー研究所のチームがプルトニウム239にα粒子を照射し、キュリウム242（半減期163日）を合成した。放射能の研究で有名な**「キュリー夫妻」**の功績を称えて命名された。周期表で一つ上の $_{64}$Gd ガドリニウムが人名（イットリウムの発見者のガドリン。→ p.67）にちなんで名付けられたことから、これにならっての命名と考えられている。ガドリニウムとキュリウムとが周期表で上下の位置にあるということは、外殻電子の配列が似ていることも意味する。

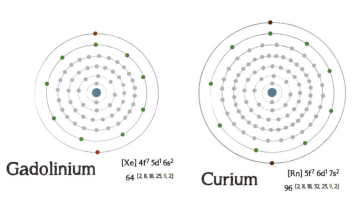

Gadolinium　[Xe] $4f^7 5d^1 6s^2$
64　(2, 8, 18, 25, 9, 2)

Curium　[Rn] $5f^7 6d^1 7s^2$
96　(2, 8, 18, 32, 25, 9, 2)

ラジオ番組で新元素の名前募集！？

アメリシウムとキュリウムの発見について1945年11月に公表した際、まだ名称は決まっていなかった。研究者たちは実験中、2つの元素を単離するのがあまりにも困難だったため、パンデモニウム pandemonium（「伏魔殿」の意）とデリリウム delirium（「精神錯乱」「譫妄」の意）と仮に呼んでいた。1945年12月15日、シーボーグは別のラジオ番組**アドベンチャー・イン・サイエンス Adventure In Science** に出演した。名無しの新元素について尋ねられ、シーボーグはこう答えた。「私はネプツニウム（第93番元素）はネプチューン neptune（海王星）に基づいて、プルトニウム（第94番元素）は、プルートー pluto（冥王星）に基づいて命名した。それはそれなりに論理的だったが、天文学者はまだ冥王星の次の惑星を発見していない。それで、何か違う仕方で命名しなければならない」と述べた。司会者は「リスナーから番組宛に新元素名の提案が寄せられたなら見て頂けますか」と尋ね、シーボーグは承諾。そのため候補名が色々な人から送られてきた。その中には、**スノニウム**[※] **sunonium**（Sun「太陽」）、**ムーノニウム moononium**（Moon「月」）のように天体関連のものが多かった。惑星は出尽くしていたため、**ネビュリウム nebulium**（「星雲」）や、星座の**ビッグディッパレイン big dipperain**（Big dipper「北斗七星」）、**アリエシウム ariesium**（Aries「おひつじ座」）、また星の名前から**シリウム sirium**（「シリウス」）、**カノーピウム canopium**（「カノープス」）というものまであった。人工の元素ということから**アーティフィウム artifium**、**アーティフィシアン artifician**（artificial「人工の」）、**サイクロ cyclo**（cyclotron「サイクロトロン」）、**メカニシウム mechanicium** という提案もあった。また**クイズケリウム quizkellyium**（Quiz + Kelly + -ium）という妙案まで飛び出てきた！（左ページのコラム参照）。シーボーグはこうした一般からの発案に謝意を示し、すべての案を化学誌に掲載した。

※ここではラテン語読みでカタカナ表記している。英語読みなら sunonium は、「サノニアム」あたりになるはずであるが、当然ながらこれらの語の正確な発音は決まっていない。

> **Cf補足** カリホルニウム（英語californium キャリフォーニアム）は、「カリフォルニウム」と表記されることもあるが、日本化学会では、「カリホルニウム」が採用されている。fo は化学用語ではしばしば「ホ」で表記されてきた（例：**fo**rmaldehyde **ホ**ルムアルデヒド）。同様に Ruther**fo**rdium は、ラザ**ホ**ージウム。ただし、**fe**rmium は**ヘ**ルミウムではなく**フェ**ルミウム。元素名中に fa、fi の例はない。

97 Bk バークリウム

発見者 アメリカ：グレン・シーボーグ、アルバート・ギオルソ、スタンリー・トンプソン（1949）

語源 アメリカ・カリフォルニア州 **バークレー**
英語 Berkeley「バークレー」[bə́ːkli]
+ -ium
→ 英語 berkelium「バークリウム」

名称の由来
アメリシウム95にα線を当てて新元素が作られた。発見者シーボーグらの研究所の所在地であるアメリカのカリフォルニア大学バークレー校の地名「バークレー（バークリーとも表記）」にちなんで、命名された。berkelium の発音は、バーキーリアム [bəːkíːliəm] のように二番目の音節にアクセントが来る場合と、バークリアム [bə́ːkliəm] のように最初の音節にアクセントが来る場合がある。

98 Cf カリホルニウム

発見者 アメリカ：グレン・シーボーグ、アルバート・ギオルソ、スタンリー・トンプソン、ケネス・ストリート・ジュニア（1950）

語源 アメリカの地名 **カリフォルニア**
英語 California「カリフォルニア」
+ -ium → 英語 californium キャリフォーニアム

名称の由来
シーボーグらの研究所の所在地であるアメリカのカリフォルニア大学の大学名または州名「カリフォルニア」にちなんで名付けられた。

99 Es アインスタイニウム

発見者 アメリカ：グレン・シーボーグのグループ（1952）

語源 ドイツの物理学者 **アインシュタイン**
人名 Einstein「アインシュタイン」
（字義的には「一つの石」）
+ -ium → 英語 einsteinium アインスタイニウム

名称の由来
1955年に国際原子エネルギー会議で命名された。命名の4ヶ月前に亡くなったドイツの物理学者「アルベルト・アインシュタイン」の功績を称えて名付けられた。「アインシュタイニイム」ではなく、「アインスタイニウム」なのは、アインシュタインの英語の発音に準じているため（英語では Einstein アインスタイン [áinstain]）。ドイツ語で、単語の頭にある st は、[ʃt] シュトゥと発音される（例：ドイツの都市 **S**tuttgart シュトゥットガルト）。それに対して、語中の st は、普通に [st] と発音される（例：A**st**at ア**ス**タート「アスタチン」）。しかし、Einstein の st は、語中なのになぜ シュ？ 実は Einstein は元々 Ein アイン「一つの」+ Stein シュタイン「石」の合成語なので、シュタインの発音がそのまま残っている。他の例として、ドイツ語の Sauerstoff ザワシュトッフ「酸素」も、sauer ザワ「酸っぱい、酸の」+ Stoff シュトッフ「物質」（英語の stuff スタッフに相当）なので、語中でも シュ の音になっている。

アインスタイニウムとフェルミウムは、1952年に実施された世界最初の水爆実験（マーシャル諸島のエニウェトク環礁）の放射性降下物の中から発見された。しかし、水爆実験が機密事項であったため、公式には「1954年に原子炉から発見された」と発表された。

100 Fm フェルミウム

発見者 アメリカ：グレン・シーボーグのグループ（1953）

語源 イタリアの物理学者 **フェルミ**
人名 Fermi「フェルミ」+ -ium
→ 英語 fermium ファーミアム

名称の由来
フェルミウムは、統計力学や核物理学で多大な業績を残したイタリア出身の物理学者「エンリコ・フェルミ」の功績を称えて名付けられた。フェルミは1954年、命名の年の前年に亡くなっている。フェルミ自身は新たな元素を発見してはいないが、自然に存在する種々の元素に中性子を当てて多数の**人工放射性同位体**を作り出した。

Md補足 101番元素の命名に関して、東西冷戦の真っ最中だったため、なぜロシア人のメンデレーエフを称える名前にするかとアメリカ国内から批判の声が上がった。しかし、IUPACはこの名称を認め、メンデレビウムが正式に決定された。

101 Md メンデレビウム

発見者 アメリカ：グレン・シーボーグ、アルバート・ギオルソ、スタンリー・トンプソン、バーナード・ハーベイ、グレゴリー・ショパン（1944）

語源 ロシアの化学者 メンデレーエフ
人名 Mendeleev「メンデレーエフ」 +-ium → 英語 mendelevium（メンデレーヴィアム）

名称の由来
周期表を発表したロシアの化学者「メンデレーエフ」にちなんで名付けられた。元素記号は初めはMvが使われたが、2年後の1957年にIUPACはMdに変更した。ちなみに、この年にIUPACはアルゴンの元素記号もAからArに変更した。

102 No ノーベリウム

発見者 ロシア：ゲオルギー・フリョーロフ率いるドゥブナ合同原子核研究所のチーム（1966）

語源 スウェーデンの化学者 ノーベル
人名 Nobel「ノーベル」 +-ium → 英語 nobelium（ノウベリアム）

名称の由来
この元素の発見レースはソ連・イギリス・スウェーデン・アメリカの研究者たちの間で競われた。1956年、フリョーロフ率いるチームが、プルトニウム241に、酸素16を当てて新元素を作ったと主張。その年の3月に亡くなったフランスの化学者イレーヌ・ジョリオ＝キュリー Irène Joliot-Curie に敬意を表し、ジョリオチウム joliotium と呼んだ。しかし、フリョーロフ自らが認めていた通り彼らのデータには不備があった（初期の実験はどの国のものもだいたいデータに不備があった）。1957年スウェーデンのノーベル研究所（スウェーデン・イギリス・アメリカの合同研究）がキュリウム244に炭素13を照射して新元素を作ったと報告。スウェーデンの化学者で自分たちの研究所の名前でもある「ノーベル」にちなんでノーベリウム nobelium と名付けた（^{253}No）。アメリカのシーボーグ率いるカリフォルニア大学のチームがこの実験の追試を何度も行なったが存在が確認できず、彼らは陰でノーベリウムはノービリーヴィウム nobelievium だとささやいた（no believe「信じられない」）。1958年に、彼らは方法を変えてキュリウム244に炭素12を照射して102番元素（^{254}No）の合成に成功したと発表した。しかし話はここで終わらない。1960年代に、新設されたドゥブナ合同原子核研究所に移転したフリョーロフらは、カリフォルニアのチームの実験を検証し、彼らの行なった元素の同位体の特定（つまり中性子数の特定）や半減期の算定が間違っていると指摘した。「いくらアメリカが新元素を合成していたとしても、同位体の特定を間違っているなら本当に発見したとは言えない！ よってソ連のチームの1966年の合成が、正しくは最初の発見になる」という主旨の主張を繰り広げた。カリフォルニアのチームはすぐさま検証して、自らの実験の間違いに気づいたが、自分たちが計算間違いしていたとしても、発見そのものはしていたのだから、我々に優先権があると主張。どちらも譲らずに長年が経過した。

このように、アメリカとソ連は、政治の世界で冷戦が続いていたと同様に、それぞれが国の威信を掛けて、科学の分野でも元素発見の栄誉を獲得するための競争をしていた。

レーヌ・ジョリオ＝キュリー Irène Joliot-Curie 897-1956）は、キュリー夫人の娘。1934年、ルミニウムの薄片にアルファ線を当てて放射能を つ燐を作り、世界初の人工放射性元素を発見。1935年に夫で共同研究者のフレデリック・ョリオ＝キュリーと共にノーベル化学賞を受賞。は共産主義者で、夫婦はソ連の積極的な支持だったため、ソ連が西側の国の人物だった彼の名前を選んだのかもしれない。もし、ジョリチウムに決まっていれば、唯一Jで始まる元素号（JlかJo）が生まれていたかもしれない。

ノーベル研究所が実は一番乗り？

1967年にカリフォルニアチームが、以前にストックホルムのノーベル研究所が ^{244}Cm と ^{13}C で ^{253}No を合成したと主張した反応（ノービリーヴィウムと揶揄していたもの）を、改良した方法で行なったところ、なんと合成に成功してしまった。確認の仕方が間違っていたのだ。結局この競争の本当の一番乗りは、ノーベル研究所だった可能性もある。
1990年初め、ノーベリウムのみならず幾つかの超ウラン元素で見解の相違が生じていたため、IUPAC-IUPAP合同作業部会が設置され、すべての超ウラン元素の優先権を再確認する調査がなされた。この調査には長い年月がかかり、最終的にノーベリウムについては1966年の旧ソ連の報告が正しいとされたが、名称はノーベリウムが引き続き用いられている。

89

| **Lr補足** | イタリア語のアルファベットには基本的に J、K、W、X、Y の 5 文字がない。これらは元々ラテン語の文字には存在しなかったもので、後から作り出された。ただし、イタリア語でも外国の人名や地名を表記するときにのみ使用されることがある。ローレンシウム lawrencium のイタリア語は laurenzio だが、時折スペルに混乱が見られ、lawrenzio と書かれることがある。|

103 Lr ローレンシウム

| 語源 | アメリカの物理学者 **ローレンス** 人名 Lawrence「ローレンス」+ -ium → 英語 lawrencium ローレンスィアム |

| 発見者 | アメリカ：アルバート・ギオルソ、アルモン・ラーシュ、ロバート・ラティマー、ノルウェー：トールビョルン・シッケランド（1961）|

名称の由来

1961 年、アメリカのカリフォルニア大学のギオルソらはカリホルニウムの複数の同位体から成る 3 ミリグラムの試料にホウ素を当てることによって ^{257}Lr が誕生したと発表した。新元素は、カリフォルニア大学の教授でサイクロトロンを開発した物理学者「アーネスト・ローレンス」にちなんで名付けられた。しかし、ソ連のドゥブナ合同原子核研究所からはその実験内容に関して異議が提出された。1965 年、ドゥブナの研究所は、アメリシウム（^{243}Am）に酸素（^{18}O）を照射し、質量 256 の新元素を合成したと主張。崩壊後に ^{252}Fm が生じたことから確証された。1967 年には、ドゥブナのチームは、その元素の名称としてラザホージウムを提唱した。最終的に、その名前は 104 番元素の名前として採用された。

その後、カリフォルニア大学の研究所が行ったローレンシウムの一連の同位体の半減期測定の研究から、1961 年に ^{257}Lr が造られたと考えたものは本当は ^{258}Lr だったことが明らかになった。

Lawrencium
Lawrencium

ギオルソのチームは、元素記号として Lw を提唱したが、IUPAC は Lr とした。

ローレンシウムの由来となったローレンス Lawrence という人名は、ラテン語で「月桂樹（ローレル）」を意味する laurus に由来する。この名は、イタリア語なら Lorenzo ロレンツォ、フランス語なら Laurent ローラン、ドイツ語なら Lorenz ローレンツ、そしてスウェーデン語なら Lars ラーシュ（→ p.107 ラーシュ・ニルソン）になる。

ローレンスとサイクロトロン

ローレンスは、荷電粒子が磁場の中を動くとき軌道が曲げられることを利用し、らせん軌道を描きながら加速される粒子加速器を発明。これを「円、車輪」を意味する cycl- から**サイクロトロン cyclotron** と呼んだ。最初に開発されたサイクロトロンの実験機は直径 4 インチ（10cm）ほどの小型のものだったが、1934 年に実用機として 27 インチ（68cm）のものを建設した。サイクロトロンによって 1936 年にテクネチウムが作り出された。以降、カリフォルニア大学のバークレーチームはサイクロトロンを用いて立て続けに超ウラン元素や様々な元素の同位体を合成していった。もっとも、ローレンシウム合成はサイクロトロンではなく、重イオン線型加速器で行われた。

日本の仁科芳雄はいち早くサイクロトロンに着目し、1937 年には理化学研究所の仁科研究所に日本初のサイクロトロンを完成させた。しかし、第二次大戦後、核開発を恐れた GHQ によって、理研の大小 2 台のサイクロトロンだけでなく、大阪帝国大（現、大阪大）の 1 台、京都帝国大（現、京都大）の建設中 1 台が破壊されてしまった。理研の最大のサイズのものは、東京湾に沈められた。この行為を全世界の科学者たちは非難し、マサチューセッツ工科大の科学者らは「野蛮極まりない行為」であるとして陸軍長官に抗議文を送った。1951 年、日本を訪れたローレンスは、サイクロトロンの建設・研究再開を支持する発言をした。1952 年には理研で第 3 号になるサイクロトロンが造られた。

27 インチのサイクロトロン。人物は、右がローレンスで、左がサイクロトロンの共同開発者のスタンレー・リビングストン。サイクロトロンは強力な磁場を作るため巨大な磁石にはさまれている。

イオン化エネルギー

単位：eV（電子ボルト）要確認

「イオン化エネルギー」とは、原子から電子を取り除き陽イオンになるために必要なエネルギーのこと。周期表の右上に行くほど、イオン化エネルギーは大きい。イオン化エネルギーが大きい貴ガスはより安定的で、逆にイオン化エネルギーの小さい第1族の元素は、陽イオンになりやすく、様々な物質と激しく反応する。

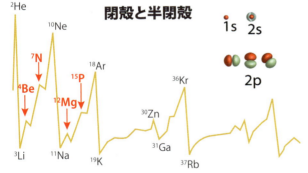

閉殻と半閉殻

イオン化エネルギーをグラフにすると、電子殻がすべて埋まって安定している貴ガスは高い数値になり、その次のアルカリ金属が低い数値になる。その間はなだらかに見えるが、よく見るとベリリウムBeや窒素N、マグネシウムMgやリンPで少しグラフの山が高くなっている。Beは、K殻がすべて埋まり、L殻は埋まっていない。実は、L殻には一つの2s軌道と3つの2p軌道があり、それぞれの軌道に電子が一対入る。Beでは2s軌道が埋まっていて「閉殻」になっている。この場合、L殻全体が埋まっていなくてもある程度電子配置が安定するためイオン化エネルギーがやや高くなる（同様のことがマグネシウムにも起きる）。また、窒素は3つの2p軌道に1つずつ（つまり半分ずつ）電子が埋まっておりこれを「半閉殻」という。これもやや安定するため、ややイオン化エネルギーが高くなっている。

ローレンシウムのイオン化エネルギー

ローレンシウムは、その実験の難しさのためにほとんど化学的性質が知られておらず、イオン化エネルギーは長らく不明なままだった。しかし、2015年、日本原子力研究開発機構の研究グループは、ドイツ・マインツ大学、スイス・欧州原子核研究機構の研究チーム等との国際共同研究において、103番元素「ローレンシウム」のイオン化エネルギー測定に世界で初めて成功した。ローレンシウムの第一イオン化エネルギーは4.96 ± 0.08eVと測定された。ローレンシウムの最外殻電子が、極めて緩く結合していることが判明。ランタノイドは、その最後のルテチウムが他のランタノイドの元素と比べて低い値を示すが、ローレンシウムも他のアクチノイドの元素と比べて低い値であり、ランタノイドの場合と似た傾向を示している。これによって、アクチノイドが103番元素で終了することが実証された。

> **超重元素**　「超重元素」は英語では、superheavy element、つまり「スーパーヘビー」な元素である。また、ラザホージウムはアクチノイドの後にくる元素なので、超アクチノイド元素 transactinide トランザクティナイドともいう。しかし、超アクチノイド素を「拡張周期表（p.129）において、アクチノイドの下にくる121番元素から153元素のことを指して用いることもある。

アーネスト・ラザフォード
Ernest Rutherford
(1871-1937)
ニュージーランド産まれのイギリスの物理学者。

104 Rf ラザホージウム

語源　イギリスの物理学者 **ラザフォード**
人名 Rutherford「ラザフォード」+ -ium → 英語 rutherfordium

原子は不変で、これ以上分割することもできないと考えられていた時代に、放射性元素変換説、つまり元素が放射線を放出すると別の素に変わることを提唱し、さらには、放射能は原子が崩壊することによって生じるという「原子崩壊説」を唱えた。中世の錬金術師たちの夢が、ある意味で現実に起きることを明らかにしたのだ。ラザフォードは数々の業績ゆえに「原子物理学の父」と称せられている。

発見者
アメリカ：カリフォルニア大学バークレー校のチーム（1969）

名称の由来
104番元素ラザホージウム以降の元素のことを「**超重元素**」という。103番元素の発見まではアメリカ勢の独壇場だったが、1964年、ソ連のドゥブナの研究所のチームがプルトニウム242にネオン22のイオンを照射して質量259の新元素を合成したと報告。1969年、カリフォルニア大学バークレー校の**アルバート・ギオルソ**のチームは、カリホルニウム249に炭素12を当てて104番元素（^{257}Rf）の合成を発表し、ソ連の発見についてはデータ不十分と攻撃した。ソ連側は、元素名に**クルチャトビウム kurchatovium** を提唱し、アメリカ側は**ラザホージウム rutherfordium** を提唱した。クルチャトビウムとは、ソ連の原子爆弾の開発者である物理学者**イーゴリ・クルチャトフ Igor Kurchatov** にもとづく。長く2国で違う呼び名がなされ混乱が続いていたが、ようやく1997年にIUPACによってラザホージウムが承認された。

ラザホージウムはイギリスの物理学者「**アーネスト・ラザフォード**」にちなんで名付けられた。ラザフォードは、α線とβ線の発見、原子核の発見、放射能半減期の発見など重要な発見をいくつも成し遂げ、「原子物理学の父」と呼ばれている。

> **超フェルミウム戦争**
> 米ソが国のプライドと国家的予算を掛けてフェルミウム以降の元素発見競争を繰り広げた様子は「超フェルミウム戦争」と呼ばれる。この競争は物理学の急速な進歩につながった反面、不十分なデータでの早すぎる発表や、時にはデータの改ざんに手を染めてしまったケースも起きた。これは、科学者たちが発表を急がされ、極度のプレッシャーを受けていたことと関係しているといえよう。

105 Db ドブニウム

語源　ロシアの都市名 **ドゥブナ**
ロシア語 Дубна́ (Dubna)「ドゥブナ」+ -ium → 英語 dubnium

発見者
①旧ソ連：合同原子核研究所のチーム（1970）
②アメリカ：カリフォルニア大学バークレー校のチーム（1970）

名称の由来
1970年、カリフォルニア大学の**ギオルソ**らにより発見され、ドイツの物理学者オットー・ハーンにちなんだ**ハーニウム hahnium** を提唱した。ほぼ同時期に、ソ連のドゥブナでも合成され、デンマークの物理学者ニールス・ボーアにちなんだ**ニールスボーリウム nielsbohrium** を提唱した。結局どちらも採用されず、ロシアの合同原子核研究所の所在地である、ロシア・モスクワ州の都市名「**ドゥブナ**」にちなんで名付けられたドブニウムという名前に、IUPACが名称を定めた（1997年）。ちなみに、ドゥブナとは、ロシア語で「オーク（ナラの仲間）」を指す言葉に由来する。

106 Sg シーボーギウム

語源　アメリカの化学者 **シーボーグ**
英語 Seaborg「シーボーグ」+ -ium → 英語 seaborgium

発見者
アメリカ：カリフォルニア大学バークレー校のチーム（1974）

名称の由来
アメリカの化学者・物理学者「**グレン・シーボーグ**」にちなんで名付けられた。シーボーグは超ウラン元素の発見の功績でノーベル化学賞を受賞した。史上初めて存命の人物にちなんで名付けられた元素だった。1997年、IUPACで承認された。

> **Hs 補足** ヘッセン州 Hessen という地名から元素名が作られたなら、ハッシウム hassium ではなく、ヘッシウム hessium になるのでは？と思うかもしれない。実は、現在の地名 Hessen ではなく、ヘッセン州のラテン語 hassia に -ium を付けて命名された。余談だが、ドイツの作家ヘルマン・ヘッセの「ヘッセ」は、ドイツ人によくある姓で「ヘッセン人」という意味である。

107 Bh ボーリウム

発見者 ドイツ：重イオン研究所（GSI）のチーム（1981）

語源 デンマークの物理学者 **ボーア**
人名 Bohr「ボーア」+ -ium
→ 英語 bohrium

名称の由来
1981 年、西ドイツ（現、ドイツ）の**ゴットフリート・ミュンツェンベルク**率いる重イオン研究所によってビスマス 209 にクロム 54 を当てて質量数 263 の 107 番元素を合成した。今まで米ソによる元素発見競争が続いていたが、以降ドイツが第 3 の勢力として参入し、ドイツの独壇場が続くことになる。
西ドイツは、デンマークの物理学者「**ニールス・ボーア**」にちなんで**ニールスボーリウム nielsbohrium** と命名。ボーアは量子力学の確立に貢献し、ノーベル物理学賞を受賞した。1997年に IUPAC ではフルネームの前例がないとして、ボーリウムという名称が承認された。

108 Hs ハッシウム

発見者 ドイツ：重イオン研究所（GSI）のチーム（1984）

語源 ドイツの地名 **ヘッセン**
ドイツ語 Hessen「ヘッセン」のラテン語名 hassia ハッスィア + -ium
→ 英語 hassium「ハッシウム」

名称の由来
ドイツの**重イオン研究所のチーム**が合成。研究所の所在地、ドイツの**「ヘッセン州」**にちなんで名付けられた。1997年に IUPAC で名称が承認された。

ジョリオ・キュリー再び？

ところで、ソ連が 102 番元素に対してキュリー夫人の娘のイレーヌ・ジョリオ＝キュリーの名にちなんだ**ジョリオチウム**という名を提唱していたことを紹介した。しかし、102 番元素がノーベリウムに決まると、今度はソ連のチームは、105 番元素に対してジョリオチウムと名付けるよう提唱した。米ソ間で第一発見者と命名権を巡って対立が続いていたが、IUPAC が調停に乗り出し、長い調査が行われた。1997 年に元素名が確定され、政治的にバランスを取ってアメリカと旧ソ連の双方に発見・命名の名誉が与えられた。中には以前に呼ばれていた名称と名前がずれたものもあった。とはいえ、元素と人名ないしは地名に特に強い関連がないので、まったく問題は生じない。とはいえ、105 番のジョリオチウムが結局なくなってしまった。

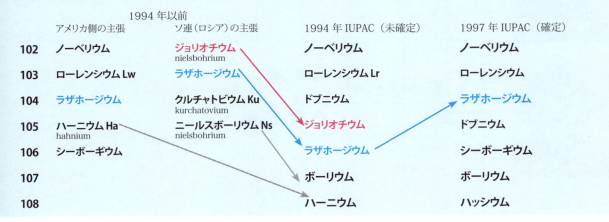

> **Rg 補足** レントゲンの英語は Roentgen だが、ドイツ語では Röntgen とつづられる。o の上についている点２個は「ウムラウト」といい、母音を変音させる記号。ö ウムラウトは、日本語の「オ」を発音する口の形で「エ」を発音と近い音になる。ウムラウト使わない英語などの言語では、代用として oe というスペルが用いられているので、Roentgen の発音は「ロエントゲン」ではない

109 Mt マイトネリウム

語源 オーストリアの物理学者 **マイトナー**
人名 Meitner「マイトナー」
+ -ium → 英語 meitnerium（マイトニリウム）

発見者 ドイツ：重イオン研究所（GSI）のチーム（1982）

名称の由来
ドイツの重イオン科学研究所で、ビスマス 209 に鉄 58 を当ててマイトネリウム 266 を合成した。3 年後にソ連のドゥブナの研究所で追試が行われた。原子核分裂を発見したオーストリアの女性物理学者「リーゼ・マイトナー」にちなんで名付けられた。1997 年に IUPAC で名称が承認された。

110 Ds ダームスタチウム

語源 ドイツの地名 **ダルムシュタット**
ドイツ語 Darmstadt「ダルムシュタット」
+ -ium → 英語 darmstadtium（ダームスタティアム）

発見者 ドイツ：重イオン研究所（GSI）のチーム（1995）

名称の由来
ドイツのヘッセン州・ダルムシュタットにある重イオン研究所のチームが合成。研究所の所在地、「ダルムシュタット市」にちなんで名付けられた。2003 年に IUPAC で名称が承認された。
ダルムシュタット Darmstadt の由来は定かでない。st- の発音が語頭で [ʃt] シュトゥになることからも（p.88 アインスタニウムの項目参照）、この語は Darm と Stadt の合成語に見える。現代ドイツ語では、Darm ダルムは「腸」を、Stadt シュタットは「都市、町」を意味する（最後の -dt は、ドイツ語では [t] と発音する）。しかし、11 世紀には Darmundestat とつづられていたことから、「腸の町」が由来ではなく、実は Darimund という人物の都市とする説や、ケルト語で dar「オーク」+ mont「山」、つまり「オークの山」という意味だとする説もある（他にも諸説あり）。もし、ダルムシュタットが「オークの山」だとすれば、ロシアの原子核研究所のドゥブナが「オーク」という意味をもつことと偶然にも一致する。

111 Rg レントゲニウム

語源 ドイツの物理学者 **レントゲン**
人名 Röntgen「レントゲン」+ -ium
→ ドイツ語 Röntgenium (Roentgenium)
→ 英語 roentgenium（レントゲーニウム）

発見者 ドイツ：重イオン研究所（GSI）のチーム（1995）

名称の由来
ドイツの重イオン研究所が、ダームスタチウム発見のわずか数ヶ月後に合成。X 線を発見したドイツの物理学者「ヴィルヘルム・レントゲン」にちなんで命名。2004 年に IUPAC で名称が承認された。

112 Cn コペルニシウム

語源 ポーランドの天文学者 **コペルニクス**
人名 Copernicus「コペルニクス」
+ -ium → 英語 copernicium（コウパニースィアム）

発見者 ドイツ：重イオン研究所（GSI）のチーム（1996）

名称の由来
地動説を唱えたポーランドの天文学者「ニコラウス・コペルニクス」にちなんで名付けられた。太陽の周りを惑星が回っているコペルニクスの地動説のモデルが、原子核の周りを電子が回っているボーアの原子模型に類似していることからコペルニクスが選ばれたという。2010 年に IUPAC で名称が承認された。

> **Cn 補足** コペルニクスは銅 copper と関係があるのだろうか？ スペルは Copernicus（ポーランド語 Kopernik）で p が一つしかないため、ポーランド語の koper「(ハーブの) ディル」と関連づける見方もある。しかしコペルニクス姓は古くは様々なスペルで書れていたので（Koppernigk もあった）、銅と関係する可能性もある。ポーランド語で -nik（複数形 -niki）は行為者接尾辞「〜する人」。

Cold fusion「冷たい核融合」 × Hot fusion「熱い核融合」

Cold fusion「冷たい核融合」とは、超アクチノイド元素を合成する方法の一つで、重イオンビームの衝突で生じる核融合の際、複合核の励起エネルギーが比較的小さいものを指す。比較的大きさの大きい原子核がビームとして当てられる。複合核からは中性子が 1 個放出され、目的とする新元素の核種を合成する。ドイツの重イオン研究所がこの手法で超重元素を次々と発見した。107 番目から 113 番目までの超アクチノイド元素は、同手法により合成された（日本の合成した 113 番のニホニウムもこの方法で行われた）。

一方、114〜118 番元素の発見に用いられた Hot fusion「熱い核融合」は、複合核の励起エネルギーが比較的大きいものを指す。どちらの方法も、118 番元素の名前の由来となったロシアのオガネソンによって考案された。

女性差別・人種差別を乗り越えて研究に励んだマイトナー

リーゼ・マイトナーは、1878 年、オーストリアの首都ウィーンで、ユダヤ人の弁護士の娘として生まれた。当時、女性には高等教育の機会は開かれておらず、大学に進むのは不可能と思われた。しかし、1901 年、教育の男女平等が実現。フランス語の教師をしていたマイトナーは、23 歳にしてようやくウィーン大学への入学が認められた。大学に入ると数学と物理学に没頭し、ウィーン大学で四人目の博士号を獲得した女性となる。やがてベルリン大学の物理学者マックス・プランクの講義を聞くためベルリンに移る。1907 年、フィッシャー研究所で化学者のオットー・ハーンと共同研究を始める。しかし、女性が同じ職場で働くことを嫌った所長により、研究室の地下の木工作業所で作業をしてそこから出てきてはならないと告げられた。こうした女性差別的な待遇の中でも、共同研究によって放射性トリウムの発見などの業績を生み出した。1912 年、カイザー・ヴィルヘルム研究所に移り、1918 年にはハーンと共に 91 番元素プロトアクチニウムを発見。もっとも、実はハーンは 1914 年に第一次世界大戦が勃発すると戦場に駆り出されたため、実験や論文作成はすべてマイトナーによってなされたが、マイトナーは論文をハーンとの連名で発表した。

1933 年、ナチスがドイツの政権を握ると、ユダヤ人への迫害の波は科学者にも及んでいく。マイトナーは教授の資格を剥奪され、着の身着のままでドイツを離れた。一時期デンマークのニールス・ボーアのもとで匿われ、そしてスウェーデンに亡命した。1938 年、ハーンと共同研究者のシュトラスマンは、減速した中性子を照射したウランの中にバリウムが生成されていることを見出した。何が起きたのかをハーンは手紙でマイトナーに尋ね、マイトナーは世界で初めて「核分裂」という新しい概念を導き出した。そして、核分裂に莫大なエネルギーが放出されることをアインシュタインの $E=mc^2$ の公式から初めて計算した。もっとも、後の核兵器開発に彼女は関わることはなかった。ハーンは、マイトナーの名前抜きで論文を発表（ユダヤ人女性の名を論文で連名にするのは当時のドイツでは不可能だったのだろう）。1944 年、核分裂反応の発見の業績でノーベル化学賞を受賞したのはハーンのみであった。しかし、マイトナーの業績はずっと後になってようやく評価され、冷戦も過ぎ去った 1997 年に元素名のマイトネリウムとしてその名が残された。一方、ハーンの名前も元素名として何度も候補に上がったが（ハーニウム）、結局、彼の名は採用されていない（p.93 の表参照）。

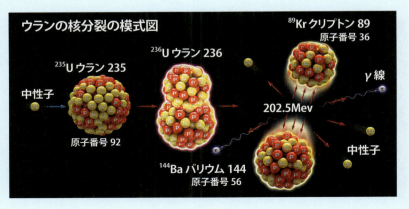

ウランの核分裂の模式図

> **Nh 補足** Nihonium ニホニウムが、hを発音しない言語（ラテン語由来のイタリア語、フランス語、スペイン語）では「ニオニ
> のように読まれる可能性が高いが、ポルトガル語では nionio ニオニウムに加え niponio ニポニウムも用いられている。hを発音しな
> なった現代ギリシャ語では、厳密には同じではないが χ（無声軟口蓋摩擦音）を用いて Νιχόνιο ニホニオと読ませている。

113 Nh ニホニウム

語源 日本

日本語 日本 (Nihon) + -ium
→英語 nihonium

発見者
日本：理化学研究所の森田浩介らのチーム（2004）

名称の由来

113番元素の合成は、ロシアのドゥブナ合同原子核研究所とアメリカのローレンス・リバモア国立研究所の合同チーム、そして森田浩介率いる日本の理化学研究所で進められていた。アメリカ・ロシアの合同チームは、hot fusion法でアメリシウム243にカルシウム48を当てて115番元素を合成し、それがα崩壊で生じた113番元素を観測したと報告した。理研では、cold fusion法でビスマス209に亜鉛70を衝突させて、113番元素の合成を試みた。ビーム照射をはじめて80日目の2004年7月に1個目、2005年4月に2個目、2012年8月に3個目の113番元素の合成に成功した。3個目の113番元素は6回のα崩壊を経て101番元素のメンデレビウム254という既知の核種にたどり着くのを観察できた。ニホニウム ^{165}Nh の半減期は1.4m秒と短時間だった。113番元素は、時間的にはロシア・アメリカの合同チームの方が先に合成していたが、十分なデータという点では日本の方が有利という状況だった。ドイツの重イオン研究所が111番のレントゲニウムの3個目の合成を果たしたのちに命名権を与えられたことから、日本側に希望が出てきたとはいえ、IUPACがどちらに命名権を与えるのか固唾（かたず）を飲んで見守るしかなかった。やがて、2015年に日本に命名権が与えられ、2016年にIUPACで「日本」にちなんだニホニウムの名称が承認された。それまでは、暫定的な名前としてウンウントリウムと呼ばれていた。

和光市のニホニウム通り

埼玉県和光市はニホニウム発見を記念して、和光市駅から理化学研究所までのおよそ1kmの道を**ニホニウム通り**と命名。市のシンボルロードとして元素番号1番から113番までの路面プレートや記念碑・モニュメントを設置した。お子さんを連れて元素について説明しながら歩いてみるのはいかが？

ニホニウム通りを駅から1/3ほど進んだところにあるニホニウムのモニュメント。

ジルコニウムを表示した路面プレート

理化学研究所の西門前の大型プレート

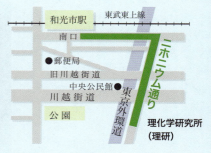

理研の敷地には許可なく立ち入ることはできない。一般への公開は年に一度行われる。

捏造事件 ブルガリア出身の核物理学者ヴィクトル・ニノフは、ドイツの重イオン研究所で110、111、112番元素合成の中心人物だった。後にアメリカのローレンス・バークレー国立研究所に移り、1999年、118、116番元素合成に成功したと発表。しかし2001年にニノフがデータを捏造した痕跡が発見された。キャリアを台無しにしてまで、捏造をすることに何の益があったのか。

114 Fl フレロビウム

発見者 ロシア：合同原子核研究所とアメリカ：ローレンス・リバモア国立研究所の共同チーム（1998）

語源 ロシアの原子核研究所 **フリョーロフ**
ロシア語 Флёров（Flerov）
「フリョーロフ」+-ium
→英語 flerovium

名称の由来
ロシアの合同原子核研究所内のフリョーロフ原子核研究所の名称「フリョーロフ」にちなんで命名された。研究所名はロシアの物理学者ゲオルギー・フリョーロフに由来する。2012年にIUPACで名称が承認された。フリョーロフは、自発核分裂の発見者で、ソ連における原爆開発の指導者。

115 Mc モスコビウム

発見者 ロシア：合同原子核研究所とアメリカ：ローレンス・リバモア国立研究所、オーク・リッジ国立研究所の共同チーム（2010）

語源 ロシアの地名 **モスクワ**
ロシア語 Москва（Moscow）「モスクワ」+-ium
→ 英語 moscovium

名称の由来
ロシアの合同原子核研究所の所在地であるロシアの「モスクワ州」にちなんで名付けられた。2016年にIUPACで名称が承認された。

116 Lv リバモリウム

発見者 ロシア：合同原子核研究所とアメリカ：ローレンス・リバモア国立研究所の共同チーム（2004）

語源 アメリカのローレンス・**リバモア**国立研究所
英語 Livermore「リバモア」+-ium →英語 livermorium

名称の由来
アメリカの「ローレンス・リバモア国立研究所」の名前にちなんで名付けられた。2012年にIUPACで名称が承認された。

117 Ts テネシン

発見者 ロシア：合同原子核研究所とアメリカ：ローレンス・リバモア国立研究所、オークリッジ国立研究所の共同チーム（2010）

語源 アメリカの地名 **テネシー**
英語 Tennessee「テネシー」+-ium →英語 tennessine

名称の由来
オークリッジ国立研究所の所在地アメリカの「テネシー州」にちなんで名付けられた。2016年にIUPACで名称が承認された。

118 Og オガネソン

発見者 ロシア：合同原子核研究所とアメリカ：ローレンス・リバモア国立研究所の共同チーム（2006）

語源 ロシアの物理学者 **オガネシアン**
ロシア語 Оганесян（Oganessian）
「オガネシアン」+-ium
→ 英語 oganesson

名称の由来
ロシア側のチームリーダーの物理学者「ユーリイ・オガネシアン」にちなんで名付けられた。2016年にIUPACで名称が承認された。貴ガスの接尾辞「-on」が付けられている。初期の予測ではオガネソンは常温常圧で沸点-26℃〜-10℃の気体と思われたが、最近の予測では沸点47℃〜107℃で常温では液体の可能性がある。オガネシアンは、グレン・シーボーグに次いで2人目の「存命中に元素名の由来になった人物」である。

ラテン語周期表

ラテン語は**古典式**発音と、後代のローマ・カトリックの**教会式**の発音で異なる（教会式は現代イタリア語に近い）。古典式はヘボン式のローマ字の読みに似ている。

ラテン語は、**古代ローマ人**が用いていた言語。ヨーロッパのみならず、アフリカ北部や中東でも広く公用語として用いられていた。ローマ帝国滅亡後、今度はローマ・カトリック教会の公用語となる。ラテン語が時代と共に変化し「**俗ラテン語**」となる。やがて地方ごとに変化していき、イタリア語、ルーマニア語、フランス語、スペイン語、ポルトガル語などへと分かれていく。中世の時代、教育を受けた者といえば僧職者たちであり、科学者となった者の多くは基本的に宗教教育も受けており、ラテン語を読み書きできた。そのため、**ラテン語は科学界の世界共通語**であり、世界中の学者たちはラテン語で論文を書き、どの国の科学者もラテン語で意思を通わせることができた。やがて宗教改革によってローマ・カトリックの影響力が低下し、国家の力が強くなると、科学者たちは、それぞれの国の言語で科学的な記述を記すようになる。しかし現在でも、ラテン語は**生物の分類名や解剖学用語**において世界共通の名称としてラテン語が使用されている。元素記号も、ラテン語の元素名から1文字ないしは2文字が取られている。

1族	2族	3族	4族	5族	6族	7族	8族	9族
1 H 水素 Hydrogēnium ヒドロゲーニウム								
3 Li リチウム Lithium リティウム	4 Be ベリリウム Bēryllium ベーリッリウム							
11 Na ナトリウム Natrium ナトリウム	12 Mg マグネシウム Magnēsium マグネースィウム	スカンジウム族	チタン族	バナジウム族	クロム族	マンガン族		
19 K カリウム Kalium カリウム	20 Ca カルシウム Calcium カルキウム	21 Sc スカンジウム Scandium スカンディウム	22 Ti チタン Tītānium ティーターニウム	23 V バナジウム Vanadium ウァナディウム	24 Cr クロム Chrōmium クローミウム	25 Mn マンガン Manganum マンガヌム	26 Fe 鉄 Ferrum フェッルム	27 Co コバルト Cobaltum コバルトゥム
37 Rb ルビジウム Rubidium ルビディウム	38 Sr ストロンチウム Strontium ストロンティウム	39 Y イットリウム Yttrium イットリウム	40 Zr ジルコニウム Zircōnium ズィルコーニウム	41 Nb ニオブ Niobium ニオビウム	42 Mo モリブデン Molybdaenum モリブダエヌム	43 Tc テクネチウム Technētium テクネーティウム	44 Ru ルテニウム Ruthenium ルテニウム	45 Rh ロジウム Rhodium ロディウム
55 Cs セシウム Caesium カエスィウム	56 Ba バリウム Barium バリウム	ランタノイド	72 Hf ハフニウム Hafnium ハフニウム	73 Ta タンタル Tantalum タンタルム	74 W タングステン Wolframium ウォフラミウム	75 Re レニウム Rhenium レニウム	76 Os オスミウム Osmium オスミウム	77 Ir イリジウム Īridium イーリディウム
87 Fr フランシウム Francium フランキウム	88 Ra ラジウム Radium ラディウム	アクチノイド	104 Rf ラザホージウム Rutherfordium ルテルフォルディウム（ラザフォーディウム）	105 Db ドブニウム Dubnium ドゥブニウム	106 Sg シーボーギウム Seaborgium セアボルギウム（シーボルギウム）	107 Bh ボーリウム Bohrium ボーリウム	108 Hs ハッシウム Hassium ハッスィウム	109 Mt マイトネリウム Meitnerium メイトネリウム（マイトネリウム）

英語では、「英語語尾周期表」（p.31）で示したように、英語の元素名の語尾は、ハロゲンが -ine、貴ガスが -on のように様々な形が見られるが、ラテン語の元素名はラテン語中性名詞の活用語尾の一つ -ium で終わるケースが多い。

ランタノイド	57 La ランタン Lanthanum ランタヌム	58 Ce セリウム Cerium ケリウム	59 Pr プラセオジム Praseodymium プラセオディミウム	60 Nd ネオジム Neodymium ネオディミウム	61 Pm プロメチウム Promēthium プロメーティウム	62 Sm サマリウム Samarium サマリウム
アクチノイド	89 Ac アクチニウム Actīnium アクティーニウム	90 Th トリウム Thōrium トーリウム	91 Pa プロトアクチニウム Prōtactīnium プロータクティーニウム	92 U ウラン Ūranium ウーラニウム	93 Np ネプツニウム Neptūnium ネプトゥーニウム	94 Pu プルトニウム Plūtōnium プルートーニウム

98

ラテン語の古典式の読み方では、母音には長い短いの違いがあったが、後にその差がなくなった。ロマンス諸語では、アクセントのくる場合に長音で母音を発音しているケースがある。この周期表では Hēlium ヘーリウムの ē エーのように長音記号を付けて短音と区別できるようにしているが、普通は長音記号を付けないケースが多い。

ラテン語の古典式の読み方では、C の文字はカ行の子音を表している。しかし、ヨーロッパのそれぞれの国では自分たちの言語のルールに従って発音していることが多い。

ラテン語では、H の発音は初期の頃に消滅してしまった（古典式では Helium をヘーリウムと読むが、教会式の発音ではエリウムになる）。そのため、フランス語やスペイン語などでも、H は黙字で発音していない。

18族 貴ガス

10族	11族 銅族	12族 亜鉛族	13族 ホウ素族	14族 炭素族	15族 窒素族	16族 酸素族	17族 ハロゲン	2 **He** ヘリウム Hēlium ヘーリウム
			5 **B** ホウ素 Bōrum ボールム	6 **C** 炭素 Carbōneum カルボーネウム	7 **N** 窒素 Nitrogenium ニトロゲニウム	8 **O** 酸素 Oxygenium オクスィゲニウム	9 **F** フッ素 Fluōrium フルオーリウム または Fluōrum	10 **Ne** ネオン Neon ネオン
			13 **Al** アルミニウム Alūminium アルーミニウム	14 **Si** ケイ素 Silicium スィリキウム	15 **P** リン Phōsphorus フォースフォルス	16 **S** 硫黄 Sulphur スルフル	17 **Cl** 塩素 Chlōrium クローリウム または Chlōrum	18 **Ar** アルゴン Ārgon アールゴン
28 **Ni** ニッケル Niccolum ニッコルム	29 **Cu** 銅 Cuprum クプルム	30 **Zn** 亜鉛 Zincum ズィンクム	31 **Ga** ガリウム Gallium ガッリウム	32 **Ge** ゲルマニウム Germānium ゲルマーニウム	33 **As** ヒ素 Arsenicum アルセニクム	34 **Se** セレン Selēnium セレーニウム	35 **Br** 臭素 Brōmium ブローミウム または Brōmum	36 **Kr** クリプトン Krypton クリプトン
46 **Pd** パラジウム Palladium パッラディウム	47 **Ag** 銀 Argentum アルゲントゥム	48 **Cd** カドミウム Cadmium カドミウム	49 **In** インジウム Indium インディウム	50 **Sn** スズ Stannum スタンヌム	51 **Sb** アンチモン Stibium スティビウム	52 **Te** テルル Tellūrium テッルーリウム	53 **I** ヨウ素 Iodium イオディウム または Iodum	54 **Xe** キセノン Xenon クセノン
78 **Pt** 白金 Platīnum プラティーヌム	79 **Au** 金 Aurum アウルム	80 **Hg** 水銀 Hydrargyrum ヒドラルギルム	81 **Tl** タリウム Thallium タッリウム	82 **Pb** 鉛 Plumbum プルンブム	83 **Bi** ビスマス Bismuthum ビスムトゥム	84 **Po** ポロニウム Polōnium ポローニウム	85 **At** アスタチン Astatium アスタティウム または Astatum	86 **Rn** ラドン Radon ラドン
110 **Ds** ダームスタチウム Darmstadtium ダルムスタッティウム（ダームシュタッティウム）	111 **Rg** レントゲニウム Roentgenium ロエントゲニウム（レントゲニウム）	112 **Cn** コペルニシウム Copernicium コペルニキウム	113 **Nh** ニホニウム Nihonium ニホニウム	114 **Fl** フレロビウム Flerovium フレロウィウム	115 **Mc** モスコビウム Moscovium モスコウィウム	116 **Lv** リバモリウム Livermorium リウェルモリウム	117 **Ts** テネシン Tennessium テンネッスィウム	118 **Og** オガネソン Oganesson オガネッソン

63 **Eu** ユウロピウム Eurōpium エウロービウム	64 **Gd** ガドリニウム Gadolinium ガドリニウム	65 **Tb** テルビウム Terbium テルビウム	66 **Dy** ジスプロシウム Dysprosium ディスプロスィウム	67 **Ho** ホルミウム Holmium ホルミウム	68 **Er** エルビウム Erbium エルビウム	69 **Tm** ツリウム Thūlium トゥーリウム	70 **Yb** イッテルビウム Ytterbium イッテルビウム	71 **Lu** ルテチウム Lutetium ルテティウム
95 **Am** アメリシウム Americium アメリキウム	96 **Cm** キュリウム Curium クリウム（キューリウム）	97 **Bk** バークリウム Berkelium ベルケリウム（バークリウム）	98 **Cf** カリホルニウム Californium カリフォルニウム	99 **Es** アインスタイニウム Einsteinium エインステイニウム（アインスタイニウム）	100 **Fm** フェルミウム Fermium フェルミウム	101 **Md** メンデレビウム Mendelevium メンデレウィウム	102 **No** ノーベリウム Nōbēlium ノーベーリウム（ノーベリウム）	103 **Lr** ローレンシウム Lawrencium ラウレンキウム（ローレンシウム）

英語周期表

初期の元素発見の多くはイギリスの科学者によって、超ウラン元素の発見はアメリカの科学者によってなされている。

キャヴェンディッシュ — 発見：水素　実は窒素も

デービー — 電気分解の先駆者　発見：ホウ素、ナトリウム、マグネシウム、カリウム、カルシウム、ストロンチウム、バリウム　塩素も含めれば合計8元素発見

ウォラストン — 発見：ロジウム、パラジウム

テナント — 発見：オスミウム、イリジウム

クルックス — 発見：タリウム

ダニエル・ラザフォード — 発見：窒素

プリーストリー — 発見：酸素

ラムゼー — ヘリウムを単離　ストラットと共に発見：アルゴン　トラバースと共に発見：ネオン、クリプトン、キセノン

トラバース — ラムゼーの助手

ストラット（レイリー卿） — 発見：アルゴン

1族	2族	3族 スカンジウム族	4族 チタン族	5族 バナジウム族	6族 クロム族	7族 マンガン族	8族	9族
1 **H** 水素 Hydrogen ハイドロジェン [háidrədʒən] ←英語／英語発音								
アルカリ金属	アルカリ土類金属							
3 **Li** リチウム Lithium リスィアム [líθiəm]	4 **Be** ベリリウム Beryllium ベリリアム [bəríliəm]							
11 **Na** ナトリウム Sodium ソゥディアム [sóudiəm]	12 **Mg** マグネシウム Magnesium マグニズィアム [mægníziəm]							
19 **K** カリウム Potassium ポタスィアム [pətǽsiəm]	20 **Ca** カルシウム Calcium キャルスィアム [kǽlsiəm]	21 **Sc** スカンジウム Scandium スキャンディアム [skǽndiəm]	22 **Ti** チタン Titanium タイテイニアム [taitéiniəm]	23 **V** バナジウム Vanadium ヴァネイディアム [vənéidiəm]	24 **Cr** クロム Chromium クロウミアム [króumiəm]	25 **Mn** マンガン Manganese マンガニズ [mǽŋgəniz]	26 **Fe** 鉄 Iron アイアン [áiən]	27 **Co** コバルト Cobalt コウバルト [kóubɔlt]
37 **Rb** ルビジウム Rubidium ルービディアム [ru:bídiəm]	38 **Sr** ストロンチウム Strontium ストランティアム [strántiəm]	39 **Y** イットリウム Yttrium イトリアム [ítriəm]	40 **Zr** ジルコニウム Zirconium ザーコウニアム [zə:kóuniəm]	41 **Nb** ニオブ Niobium ナイオウビアム [naióubiəm]	42 **Mo** モリブデン Molybdenum モリブデナン [məlíbdənəm]	43 **Tc** テクネチウム Technetium テクニーシアム [tekní:ʃiəm]	44 **Ru** ルテニウム Ruthenium ルースィーニアム [ru:θí:niəm]	45 **Rh** ロジウム Rhodium ロウディアム [róudiəm]
55 **Cs** セシウム Caesium スィーズィアム [sí:ziəm]	56 **Ba** バリウム Barium ベアリアム [bériəm]	ランタノイド	72 **Hf** ハフニウム Hafnium ハフニアム [hǽfniəm]	73 **Ta** タンタル Tantalum タンタラム [tǽntələm]	74 **W** タングステン Tungsten タングステン [tʌ́ŋstən]	75 **Re** レニウム Rhenium リーニアム [rí:niəm]	76 **Os** オスミウム Osmium アズミアム [ázmiəm]	77 **Ir** イリジウム Iridium (ア)イリディアム [irídiəm, ai-]
87 **Fr** フランシウム Francium フランスィアム [frǽnsiəm]	88 **Ra** ラジウム Radium レイディアム [réidiəm]	アクチノイド	104 **Rf** ラザホージウム Rutherfordium ラザフォーディアム [rʌðərfɔ́:rdiəm]	105 **Db** ドブニウム Dubnium ドゥーブニアム [dú:bniəm]	106 **Sg** シーボーギウム Seaborgium スィーボーギアム [si:bɔ́:rgiəm]	107 **Bh** ボーリウム Bohrium ボーリアム [bɔ́:riəm]	108 **Hs** ハッシウム Hassium ハスィアム [hǽsiəm]	109 **Mt** マイトネリウム Meitnerium マイトニリアム [maitníriəm]

	57 **La** ランタン Lanthanum ランサナム [lǽnθənəm]	58 **Ce** セリウム Cerium スィアリアム [síəriəm]	59 **Pr** プラセオジム Praseodymium プレイズィオウディミアム [prèizioudímiəm]	60 **Nd** ネオジム Neodymium ニーオウディミアム [ni:oudímiəm, ni:ə-]	61 **Pm** プロメチウム Promethium プロミーθアム [prəmí:θiəm]	62 **Sm** サマリウム Samarium サメアリアム [səmériəm]
ランタノイド						
アクチノイド	89 **Ac** アクチニウム Actinium アクティニアム [æktíniəm]	90 **Th** トリウム Thorium ソーリアム [θɔ́:riəm]	91 **Pa** プロトアクチニウム Protactinium プロウタクティニアム [pròutæktíniəm]	92 **U** ウラン Uranium ユアレイニアム [juréiniəm]	93 **Np** ネプツニウム Neptunium ネプトゥーニアム [neptjú:niəm]	94 **Pu** プルトニウム Plutonium プルートウニアム [plu:tóuniəm]

【背景の色】
発見者が、
・イギリス人→緑色
・アメリカ人→青色

ラテン語が科学における共通語の地位を失うと、19世紀には科学の進んでいた英語・フランス語・ドイツ語が科学を記述するための用語として世界的に用いられてきた。冷戦時代はロシア語と英語が並び立ったが、冷戦終結後は、科学論文のほとんど（一説には約96％以上）が英語で書かれるようになる。

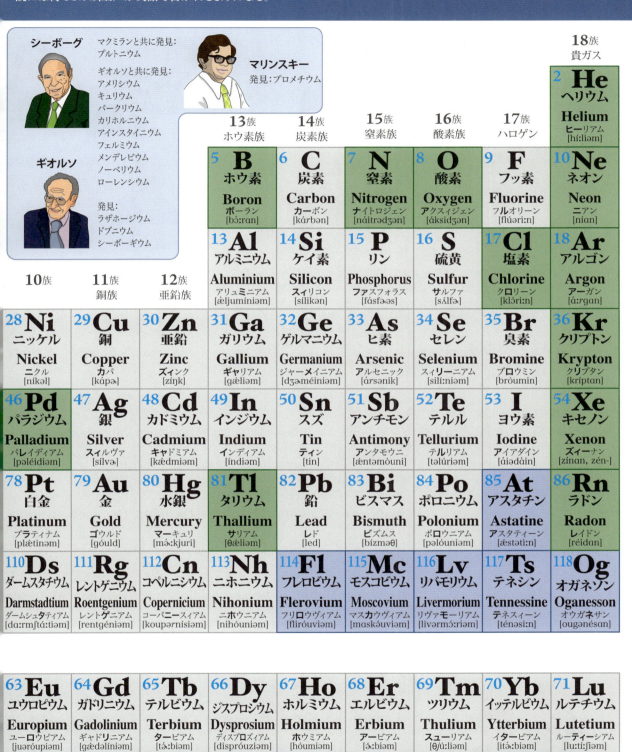

ドイツ語 周期表

ドイツ語のアクセントは、基本的に第1音節に来るが、外来語の場合は違うことがある。

オーストリアの国旗

1族								
1 **H** 水素 Wasserstoff ヴァサシュトフ [váserʃtɔf]								

アルカリ金属

ブンゼン — ルビジウム、セシウムの発見者
キルヒホフ
クラプロート — ジルコニウム、セリウム、ウランの発見者　テルルとチタンの発見の確認者・命名者
ノダック
タッケ — レニウムの発見者
シュトロマイヤ — カドミウムの発見者

3 **Li** リチウム Lithium リーティオム [líːtiom]	4 **Be** ベリリウム Beryllium ベリリオム [bériliom]

2族 アルカリ土類金属

ミュンツェンベルク — ボーリウム、ハッシウム、マイトネリウムの発見者。
アルムブルスター — ミュンツェンベルクとアルムブルスターは、重イオン研究所の共同研究者。

シグルート・ホフマン — 1989年以降重イオン研究所の元素発見の責任者。ダームスタチウム、レントゲニウム、コペルニシウムの発見者。Bh, Hs, Mtの発見にも寄与。

11 **Na** ナトリウム Natrium ナトリオム [nátriom]	12 **Mg** マグネシウム Magnesium マグネーズィオム [magnéːziom]

3族 スカンジウム族	4族 チタン族	5族 バナジウム族	6族 クロム族	7族 マンガン族	8族	9族

19 **K** カリウム Kalium カーリオム [káːliom]	20 **Ca** カルシウム Kalzium カルツィオム [káltsiom] または Calzium	21 **Sc** スカンジウム Scandium スカンディオム [skándiom]	22 **Ti** チタン Titan ティターン [titáːn]	23 **V** バナジウム Vanadium ヴァナーディオム [vanáːdiom] または Vanadin ヴァナーディン	24 **Cr** クロム Chrom クローム [króːm]	25 **Mn** マンガン Mangan マンガーン [maŋgáːn]	26 **Fe** 鉄 Eisen アイゼン [áizn]	27 **Co** コバルト Kobalt コーバルト [kóːbalt]
37 **Rb** ルビジウム Rubidium ルビーディオム [rubíːdiom]	38 **Sr** ストロンチウム Strontium ス(シュ)トロンツィオム [stróntsiom, ʃt-]	39 **Y** イットリウム Yttrium イトリオム [ýtriom]	40 **Zr** ジルコニウム Zirkonium ツィルコーニオム [tsɪrkóːniom] または Zirconium	41 **Nb** ニオブ Niobium ※1 ニオービ(ピ)オム [nióːbiom]	42 **Mo** モリブデン Molybdän モリプデーン [molypdɛ́ːn]	43 **Tc** テクネチウム Technetium テヒネーツィオム [teçnéːtsiom]	44 **Ru** ルテニウム Ruthenium ルテーニオム [rutéːniom]	45 **Rh** ロジウム Rhodium ローディオム [róːdiom]
55 **Cs** セシウム Zäsium ツェーズィオム または [tséːziom] Cäsium, Caesium	56 **Ba** バリウム Barium バーリオム [báːriom]	ランタノイド	72 **Hf** ハフニウム Hafnium ハフニオム [háfniom]	73 **Ta** タンタル Tantal タンタル [tántal]	74 **W** タングステン Wolfram ヴォルフラム [vólfram]	75 **Re** レニウム Rhenium レーニオム [réːniom]	76 **Os** オスミウム Osmium オスミオム [ɔ́smiom]	77 **Ir** イリジウム Iridium イリーディオム [iríːdiom]
87 **Fr** フランシウム Francium フランツィオム [frántsiom]	88 **Ra** ラジウム Radium ラーディオム [ráːdiom]	アクチノイド	104 **Rf** ラザホージウム Rutherfordium ラザフォルディオム [raðerfórdiom]	105 **Db** ドブニウム Dubnium ドゥブニオム [dúbniom]	106 **Sg** シーボーギウム Seaborgium スィーボーギオム [siːbóːrɡiom]	107 **Bh** ボーリウム Bohrium ボーリオム [bóːriom]	108 **Hs** ハッシウム Hassium ハスィオム [hásiom]	109 **Mt** マイトネリウム Meitnerium マイトネーリオム [maitnéːriom]

※1 Niob でも可

ハーン — マイトナーの共同研究者、プロトアクチニウムの発見者

マイトナー — 当時は珍しいユダヤ人の女性物理学者　プロトアクチニウムの発見に寄与　核分裂の概念の確立者

	57 **La** ランタン Lanthan ランターン [lantáːn]	58 **Ce** セリウム Cer ツェーア [tséːer]	59 **Pr** プラセオジム Praseodym プラゼオデューム [prazeodýːm]	60 **Nd** ネオジム Neodym ネオデューム [neodýːm]	61 **Pm** プロメチウム Promethium プロメーティオム [proméːtiom]	62 **Sm** サマリウム Samarium ザマーリオム [zamáːriom]
ランタノイド						
アクチノイド	89 **Ac** アクチニウム Actinium アクティニオム [aktíniom] または Aktinium	90 **Th** トリウム Thorium トーリオム [tóːriom]	91 **Pa** プロトアクチニウム Protaktinium プロタクティーニオム [protaktíːniom] または Protactinium	92 **U** ウラン Uran ウラーン [uráːn]	93 **Np** ネプツニウム Neptunium ネプトゥーニオム [neptúːniom]	94 **Pu** プルトニウム Plutonium プルトーニオム [plutóːniom]

中世の錬金術時代に発見されたヒ素やリンに始まり、18～20世紀には数多くの元素がドイツで発見された。しかし、第二次世界大戦の時期、ナチスによって大学からユダヤ人が追放され、1/5の物理学の教授が解雇され優秀な人材が英米に流出した。戦後、ドイツは核物理学の研究で遅れを取ったが、重イオン研究所の登場により続々と超ウラン元素を発見し、元素発見競争に返り咲いた。

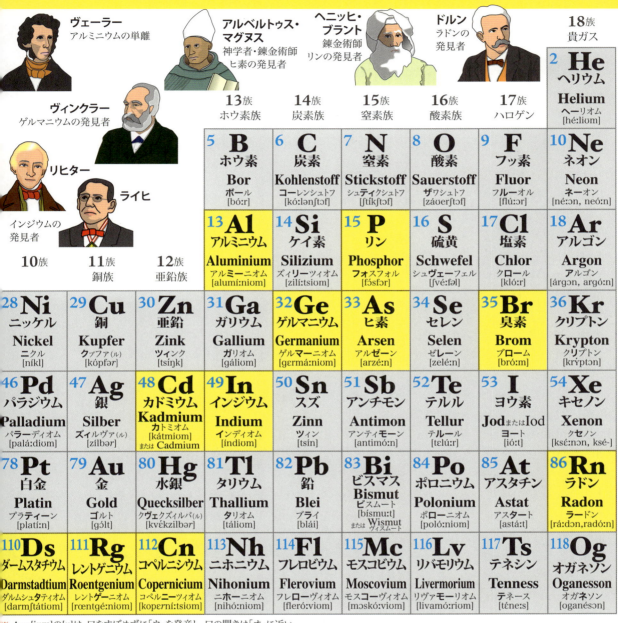

※ -ium[iʊm]の[ʊ]は、口をすぼめずに「ウ」を発音し、口の開きは「オ」に近い。

【背景の色】 ドイツ人が、発見者→黄色

オランダ語 周期表

小国にも関わらずオランダは 17 世紀頃、貿易、産業、軍事、芸術、そして科学の分野において、世界の冠たる存在であった。

オランダの東インド会社は世界中で貿易を展開し、当時世界の最大規模の民間会社となった。18 世紀になると、英仏が勃興し、逆にオランダの国力は衰えた。もし仮に、オランダの産業や科学における繁栄があと 100 年続いていたなら、元素発見を成し遂げた科学者がオランダからも多数出ていたに違いない。

オランダは日本とも出島を通じて鎖国期間中も貿易を行い、ヨーロッパの化学は「蘭学」として、江戸時代にも伝わった。「日本の化学の父」と呼ばれる宇田川榕菴は、イギリスの化学者ウィリアム・ヘンリーが 1799 年に出版した Elements of Experimental Chemistry のオランダ語版を翻訳し、日本初の化学書である『舎密開宗』(せいみかいそう) を出版した (天保 8 年・1837 年から刊行)。多数の科学用語に加え、酸素, 水素, 窒素といった元素名の翻訳は榕菴による。榕菴は、ここに示したオランダ語の元素名に通じていたに違いない。

※1 Titaan か Titanium でも可

※2 Lanthanium でも可

※3 Tantaal でも可

ディルク・コスター
オランダの物理学者。
ハフニウムの発見者。

...ランダはドイツとイギリスの間にある国だが、言語の点でもドイツ語と英語の中間のような存在だ。オランダ語の表記の特色の...つに長母音を、同じ母音２つを並べて表記する点で、これは解りやすい。例えば、ホウ素のボールは Boor、タングステンのヴォ...フラームは、Wolfraam と書く。u の発音がやや i に近い音、ドイツ語の ü の音であることに注意。

オランダ語の元素名は、ラテン語を経由したギリシャ語由来の語の場合は [k] の音を C で表しているが（例：Calcium、Cadmium）、ゲルマン語由来の元素名では、C ではなく K で表している（Kobalt、Nikkel）。「銅」のオランダ語は、Koper となっており、現代英語の Copper よりは古英語の Coper の方が近い。

オランダではコウベルだが、ベルギーでは、コーペル。

u [y:] は唇をウの形にして、イーと発音すると近い。イーとウーの中間のような音。ドイツ語の長音の ü の音。

u [ʏ] は [y] より若干緊張を緩めて発音する音。ドイツ語の短音の ü の音。

13族 ホウ素族	14族 炭素族	15族 窒素族	16族 酸素族	17族 ハロゲン	18族 貴ガス
					2 **He** ヘリウム Helium ヘリウム [heliʏm]
5 **B** ホウ素 Boor ボール [bor]	6 **C** 炭素 Koolstof コルストフ [kolstɔf]	7 **N** 窒素 Stikstof スティクストフ [stikstɔf]	8 **O** 酸素 Zuurstof ズィールストフ [zy:rstɔf]	9 **F** フッ素 Fluor フリオル [flyɔr]	10 **Ne** ネオン Neon ネオン [neɔn]
13 **Al** アルミニウム Aluminium アリミニウム [alyminijʏm]	14 **Si** ケイ素 Silicium スィリツィウム [silitsiʏm]	15 **P** リン Fosfor フォスフォル [fɔsfɔr]	16 **S** 硫黄 Zwavel ズヴァヴェル [zʋaʋəl]	17 **Cl** 塩素 Chloor フロール [xlo:r]	18 **Ar** アルゴン Argon アルゴン [arɣɔn]

10族	11族 銅族	12族 亜鉛族					
28 **Ni** ニッケル Nikkel ニケル [nikəl]	29 **Cu** 銅 Koper コウベル [koʊpər]	30 **Zn** 亜鉛 Zink ズィンク [ziŋk]	31 **Ga** ガリウム Gallium ガリウム [ɣaliʏm]	32 **Ge** ゲルマニウム Germanium ヘルマニウム [xermaniʏm]	33 **As** ヒ素 Arseen アルセーン [arse:n]	34 **Se** セレン Seleen セレーン [sele:n]	35 **Br** 臭素 Broom ブローム [bro:m]
46 **Pd** パラジウム Palladium パラディウム [paladiʏm]	47 **Ag** 銀 Zilver ズィルヴァル [zilʋər]	48 **Cd** カドミウム Cadmium カトミウム [katmiʏm]	49 **In** インジウム Indium インディウム [indiʏm]	50 **Sn** スズ Tin ティン [tin]	51 **Sb** アンチモン Antimoon アンティモーン [antimo:n]	52 **Te** テルル Telluur テルール [tely:r]	53 **I** ヨウ素 Jodium ヨディウム [jodiʏm]
78 **Pt** 白金 Platina プラティナ [platinɑ]	79 **Au** 金 Goud ゴウト [ɣʌʊt]	80 **Hg** 水銀 Kwik クヴィク [kvik]	81 **Tl** タリウム Thallium タリウム [taliʏm]	82 **Pb** 鉛 Lood ロト [lot]	83 **Bi** ビスマス Bismut ビスムト [bismut]	84 **Po** ポロニウム Polonium ポロニウム [poloniʏm]	85 **At** アスタチン Astatium アスタティウム [astatiʏm]
110 **Ds** ダームスタチウム Darmstadtium ダルムスタッティウム [darmstadtiʏm]	111 **Rg** レントゲニウム Roentgenium※4 ロエントヘニウム [roentxeniʏm]	112 **Cn** コペルニシウム Copernicium コペルニシウム [kopernisiʏm]	113 **Nh** ニホニウム Nihonium ニホニウム [nihoniʏm]	114 **Fl** フレロビウム Flerovium フレロヴィウム [fleroviʏm]	115 **Mc** モスコビウム Moscovium モスコヴィウム [moskoviʏm]	116 **Lv** リバモリウム Livermorium リヴェルモリウム [liʋərmoriʏm]	117 **Ts** テネシン Tennessine テネスィネ [tenesine]

						36 **Kr** クリプトン Krypton クリプトン [kriptɔn]
						54 **Xe** キセノン Xenon クセノン [ksenɔn]
						86 **Rn** ラドン Radon ラドン [radɔn]
						118 **Og** オガネソン Oganesson オガネソン [oɣaneson]

※4 **Röntgenium** でも可

Eu [ɵ] は唇を丸くオの形にしてエを発音すると近い。オとエの中間のような音。

63 **Eu** ユウロピウム Europium ウーロピウム [ø:ropiʏm]	64 **Gd** ガドリニウム Gadolinium ガドリニウム [ɣadolinijʏm]	65 **Tb** テルビウム Terbium テルビウム [terbiʏm]	66 **Dy** ジスプロシウム Dysprosium ディスプロスィウム [djsprosiʏm]	67 **Ho** ホルミウム Holmium ホルミウム [holmiʏm]	68 **Er** エルビウム Erbium エルビウム [erbiʏm]	69 **Tm** ツリウム Thulium トゥリウム [tuliʏm]	70 **Yb** イッテルビウム Ytterbium イテルビウム [iterbiʏm]	71 **Lu** ルテチウム Lutetium ルテティウム [lutetiʏm]
95 **Am** アメリシウム Americium アメリスィウム [amerisiʏm]	96 **Cm** キュリウム Curium クリウム [kuriʏm]	97 **Bk** バークリウム Berkelium ベルケリウム [berkeliʏm]	98 **Cf** カリホルニウム Californium カリフォルニウム [kaliforniʏm]	99 **Es** アインスタイニウム Einsteinium エインステイニウム [ɛinstɛiniʏm]	100 **Fm** フェルミウム Fermium フェルミウム [fermiʏm]	101 **Md** メンデレビウム Mendelevium メンデレヴィウム [mɛndeleviʏm]	102 **No** ノーベリウム Nobelium ノベリウム [nobeliʏm]	103 **Lr** ローレンシウム Lawrencium ラヴレンスィウム [lavrensiʏm]

スウェーデン語 周期表

18世紀はスウェーデンにおける科学の黄金時代であった。中でもシェーレは特に多くの元素を発見した。

1族									
1 **H** 水素 Väte [vɛ́:tə] アルカリ金属									

アルフェドソン リチウムの発見者

セフストレーム ベルセリウスの弟子 バナジウムの発見者

ガーン スウェーデンの化学者、鉱物学者、鉱山技師。マンガンの発見者 ベルセリウスと共同で硫酸工場を設立

ガドリン フィンランドの化学者 イットリウムの発見者

2族 アルカリ土類金属

3 **Li** リチウム Litium リーツィウム [lí:tsium]	4 **Be** ベリリウム Beryllium ベリリウム [berýlium]

ニルソン スカンジウムの発見者

エーケベリ タンタルの発見者

イェルム モリブデンの発見者

イェオリ・ブラント Georg Brandt 化学者・鉱物学者 コバルトの発見者

11 **Na** ナトリウム Natrium ナートリウム [ná:trium]	12 **Mg** マグネシウム Magnesium マンニェースィウム [maŋŋé:sium]

3族 スカンジウム族 | 4族 チタン族 | 5族 バナジウム族 | 6族 クロム族 | 7族 マンガン族 | 8族 | 9族

19 **K** カリウム Kalium カーリウム [ká:lium]	20 **Ca** カルシウム Kalcium カルスィウム [kálsium]	21 **Sc** スカンジウム Skandium スカンディウム [skándium]	22 **Ti** チタン Titan ティターン [titá:n]	23 **V** バナジウム Vanadin ヴァナーディン [vaná:din]	24 **Cr** クロム Krom クローム [kró:m]	25 **Mn** マンガン Mangan マンガーン [maŋná:n]	26 **Fe** 鉄 Järn イアーン [jɛ́:n]	27 **Co** コバルト Kobolt クーボルト [kú:bolt]
37 **Rb** ルビジウム Rubidium ルビーディウム [rubí:dium]	38 **Sr** ストロンチウム Strontium ストロンツィウム [stróntsium]	39 **Y** イットリウム Yttrium イトリウム [ýtrium]	40 **Zr** ジルコニウム Zirkonium スィルコーニウム [sirkó:nium]	41 **Nb** ニオブ Niob ニオーブ [nió:b]	42 **Mo** モリブデン Molybden モリブデーン [molybdé:n]	43 **Tc** テクネチウム Teknetium テクネーティウム [tekné:tium]	44 **Ru** ルテニウム Rutenium ルテーニウム [ruté:nium]	45 **Rh** ロジウム Rodium ローディウム [ró:dium]
55 **Cs** セシウム Cesium セースィウム [sé:sium]	56 **Ba** バリウム Barium バリウム [bárium]	ランタノイド	72 **Hf** ハフニウム Hafnium ハフニウム [háfnium]	73 **Ta** タンタル Tantal タンタル [tántal]	74 **W** タングステン Volfram ヴォルフラム [vólfram]	75 **Re** レニウム Rhenium レーニウム [ré:nium]	76 **Os** オスミウム Osmium オスミウム [ósmium]	77 **Ir** イリジウム Iridium イリーディウム [irí:dium]
87 **Fr** フランシウム Francium フランスィウム [fránsium]	88 **Ra** ラジウム Radium ラーディウム [rá:dium]	アクチノイド	104 **Rf** ラザホージウム Rutherfordium リューテルフーディウム [ru:tərfu:dium]	105 **Db** ドブニウム Dubnium ドゥブニウム [dubnium]	106 **Sg** シーボーギウム Seaborgium セーアボルジウム [se:aborjium]	107 **Bh** ボーリウム Bohrium ボーリウム [bo:rium]	108 **Hs** ハッシウム Hassium ハスィウム [hasium]	109 **Mt** マイトネリウム Meitnerium メイトネーリウム [meitne:rium]

モサンデル ランタン、テルビウム、エルビウムの発見者

ペール・クレーベ ホルミウム ツリウムの発見者

ヒージンガー ベルセリウスと共にセリウムを発見

ランタノイド

57 **La** ランタン Lantan ランターン [lantá:n]	58 **Ce** セリウム Cerium セーリウム [sé:rium]	59 **Pr** プラセオジム Praseodym プラセオディーム [praseodý:m]	60 **Nd** ネオジム Neodym ネーオディーム [né:ody:m]	61 **Pm** プロメチウム Prometium プロメーティウム [promé:tium]	62 **Sm** サマリウム Samarium サマーリウム [samá:rium]

アクチノイド

89 **Ac** アクチニウム Aktinium アクティーニウム [aktí:nium]	90 **Th** トリウム Torium トーリウム [tú:rium]	91 **Pa** プロトアクチニウム Protaktinium プロタクティーニウム [protaktí:nium]	92 **U** ウラン Uran ウーラーン [u:rá:n]	93 **Np** ネプツニウム Neptunium ネプトゥーニウム [neptú:nium]	94 **Pu** プルトニウム Plutonium プルトーニウム [plutó:nium]

スウェーデン語は、ゲルマン語派の北ゲルマン語群に属するため、西ゲルマン語群のドイツ語や英語にもよく似ている。ドイツ語同様に最初の音節にアクセントが来る。スウェーデン語の中には、日本人には発音が想像しにくいものが多くある。例えば、化学者のラーシュ・ニルソンの Lars の rs は「シュ」と発音し、ペーター・イェルム Hjelm の hje は、「イェ」と発音する。

ベルセリウス
イ素、セレン、
リウム、トリウム
の発見、
ンタル、
ルコニウムの単離、
チウムの命名者
現在の元素記号
の考案者。

スウェーデンの化学者、薬学者
最初に酸素を発見したのに発表が後れた人
塩素、マンガン、バリウムの発見者
他にも、アンモニア、乳酸、グリセリン、尿酸、
クエン酸、フッ化水素、青酸などを発見

シェーレ

※1 Nitrogenでも可
※2 Oxygenでも可
※3 -ium[ium]の[ɯ]は、口を丸めない「ウ」の音。

18族 貴ガス

						2 **He** ヘリウム Helium ヘーリウム [héːlium] ※3
	13族 ホウ素族	14族 炭素族	15族 窒素族	16族 酸素族	17族 ハロゲン	
	5 **B** ホウ素 Bor ボール [bóːr]	6 **C** 炭素 Kol コール [kóːl]	7 **N** 窒素 Kväve※1 クヴェーヴェ [kvéːvə]	8 **O** 酸素 Syre※2 スィーレ [sýːrə]	9 **F** フッ素 Fluor フルオール [fluóːr]	10 **Ne** ネオン Neon ネオーン [neón]
	13 **Al** アルミニウム Aluminium アルーミーニウム [aluːmíːnium]	14 **Si** ケイ素 Kisel シーセル [çíːsəl]	15 **P** リン Fosfor フォスフォル [fósfor]	16 **S** 硫黄 Svavel スヴァーヴェル [sváːvəl]	17 **Cl** 塩素 Klor クロール [klóːr]	18 **Ar** アルゴン Argon アルゴーン [argóːn]

クルーンステット
ニッケルの発見者
クロンステット、
クルンステット
とも書かれる。

10族	11族 銅族	12族 亜鉛族							
28 **Ni** ニッケル Nickel ニクール [níkəl]	29 **Cu** 銅 Koppar コパ(ル) [kópːar]	30 **Zn** 亜鉛 Zink スィンク [síŋk]	31 **Ga** ガリウム Gallium ガリウム [gálium]	32 **Ge** ゲルマニウム Germanium イェルマーニウム [jɛrmáːnium]	33 **As** ヒ素 Arsenik アルセニーク [aseníːk]	34 **Se** セレン Selen セレーン [seléːn]	35 **Br** 臭素 Brom ブローム [bróːm]	36 **Kr** クリプトン Krypton クリプトーン [kryptóːn]
46 **Pd** パラジウム Palladium パラーディウム [palaːdium]	47 **Ag** 銀 Silver スィルヴァ(ル) [sílver]	48 **Cd** カドミウム Kadmium カドミウム [kadmium]	49 **In** インジウム Indium インディウム [indium]	50 **Sn** スズ Tenn テン [ten]	51 **Sb** アンチモン Antimon アンティムーン [antimuːn]	52 **Te** テルル Tellur テル(ル) [telər]	53 **I** ヨウ素 Jod ヨド [jod]	54 **Xe** キセノン Xenon クセノーン [kseno:n]
78 **Pt** 白金 Platina プラーティナ [plaːtina]	79 **Au** 金 Guld グルド [guld]	80 **Hg** 水銀 Kvicksilver クヴィクスィルヴァ(ル) [kviksílver]	81 **Tl** タリウム Tallium タリウム [talium]	82 **Pb** 鉛 Bly ブリー [bly:]	83 **Bi** ビスマス Vismut ヴィスマト [vismuːt]	84 **Po** ポロニウム Polonium ポローニウム [poloːnium]	85 **At** アスタチン Astat アスタート [astaːt]	86 **Rn** ラドン Radon ラドーン [radoːn]
110 **Ds** ダームスタチウム Darmstadtium ダルムスターティウム [darmstaːtium]	111 **Rg** レントゲニウム Röntgenium レントゲニウム [roentgəniun]	112 **Cn** コペルニシウム Copernicium コペーニスィウム [kopenisium]	113 **Nh** ニホニウム Nihonium ニホニウム [nihonium]	114 **Fl** フレロビウム Flerovium フレーロヴィウム [fleːrovium]	115 **Mc** モスコビウム Moskovium モスクーヴィウム [moskuːvium]	116 **Lv** リバモリウム Livermorium リヴェルムー(モー)リウム [livermuː(moː)rium]	117 **Ts** テネシン Tenness テネース [teneːs]	118 **Og** オガネソン Oganesson オガネソーン [oganesoːn]

【背景の色】 発見者が、スウェーデン人→水色、フィンランド人→薄い水色

63 **Eu** ユウロピウム Europium エルーピウム [erúːpium]	64 **Gd** ガドリニウム Gadolinium ガドリーニウム [gadolíːnium]	65 **Tb** テルビウム Terbium テルビウム [térbium]	66 **Dy** ジスプロシウム Dysprosium ディスプロースィウム [dispróːsium]	67 **Ho** ホルミウム Holmium ホルミウム [hólmium]	68 **Er** エルビウム Erbium エルビウム [érbium]	69 **Tm** ツリウム Tulium トゥリウム [túːlium]	70 **Yb** イッテルビウム Ytterbium イテルビウム [ytérbium]	71 **Lu** ルテチウム Lutetium ルテーティウム [lutéːtium]
95 **Am** アメリシウム Americium アメリースィウム [ameríːsium]	96 **Cm** キュリウム Curium クーリウム [kúːrium]	97 **Bk** バークリウム Berkelium ベルケーリウム [berkéːlium]	98 **Cf** カリホルニウム Californium カリフォールニウム [califóːrnium]	99 **Es** アインスタイニウム Einsteinium アインスタイニウム [ajnstájnium]	100 **Fm** フェルミウム Fermium フェルミウム [férmium]	101 **Md** メンデレビウム Mendelevium メンデレーヴィウム [mendeléːvium]	102 **No** ノーベリウム Nobelium ノベーリウム [nobéːlium]	103 **Lr** ローレンシウム Lawrencium ラヴレンスィウム [lavrénsium]

107

フランス語 周期表

フランスでは、1789年のフランス革命、ナポレオン戦争、二月革命と激動の時代が続いたが、その間に多くの元素が発見された。

ラボアジェ
近代化学の創立者
水素の命名者、
また酸素の発見者
とも言われる

ピエール・キュリーとマリ・キュリー
ラジウム・ポロニウムの発見者
マリ・キュリーの祖国ポーランドから
ポロニウムが命名された

【背景の色】
フランス人が、
・発見者→ピンク色
・命名者→薄いピンク色

ヴォークラン
ベリリウム、クロムの発見者

ドマルセー
ユウロピウムの発見者
キュリーたちの発見したラジウム・ポロニウムを分光器で確認した

1族								
1 **H** 水素 Hydrogène イドロジェヌ [idrɔʒɛn]								
アルカリ金属	2族 アルカリ土類金属							
3 **Li** リチウム Lithium リティヨム [litjɔm]	4 **Be** ベリリウム 別名: Glucinium グルスィニヨム [glysinjɔm] Béryllium ベリリョム [belilijɔm]							
11 **Na** ナトリウム Sodium ソディヨム [sɔdjɔm]	12 **Mg** マグネシウム Magnésium マニェズィヨム [maɲezjɔm]	3族 スカンジウム族	4族 チタン族	5族 バナジウム族	6族 クロム族	7族 マンガン族	8族	9族
19 **K** カリウム Potassium ポタスィヨム [pɔtasjɔm]	20 **Ca** カルシウム Calcium カルスィヨム [kalsjɔm]	21 **Sc** スカンジウム Scandium スカ〜ディヨム [skɑ̃djɔm]	22 **Ti** チタン Titane ティタン [titan]	23 **V** バナジウム Vanadium ヴァナディヨム [vanadjɔm]	24 **Cr** クロム Chrome クロム [krom]	25 **Mn** マンガン Manganèse マ〜ガニーズ [mɑ̃ɡəniːz]	26 **Fe** 鉄 Fer フェル [fer]	27 **Co** コバルト Cobalt コバルト [kɔbalt]
37 **Rb** ルビジウム Rubidium リュビディヨム [rybidjɔm]	38 **Sr** ストロンチウム Strontium ストロ〜スィヨム [strɔ̃sjɔm]	39 **Y** イットリウム Yttrium イトリョム [itrijɔm]	40 **Zr** ジルコニウム Zirkonium ズィルコニヨム [zirkɔnjɔm]	41 **Nb** ニオブ Niobium ニョビヨム [njɔbjɔm]	42 **Mo** モリブデン Molybdéne モリブデン [mɔlibdɛn]	43 **Tc** テクネチウム Technétium テクネティヨム [teknetjɔm]	44 **Ru** ルテニウム Ruthénium リュテニヨム [rytenjɔm]	45 **Rh** ロジウム Rhodium ロディヨム [rɔdjɔm]
55 **Cs** セシウム Cæsium セズィヨム※1 [sezjɔm]	56 **Ba** バリウム Baryum バリョム [barjɔm]	ランタノイド	72 **Hf** ハフニウム Hafnium アフニヨム [afnjɔm]	73 **Ta** タンタル Tantale タ〜タル [tɑ̃tal]	74 **W** タングステン Tungstène ト〜クステン [tɔ̃kstɛn]	75 **Re** レニウム Rhénium レニヨム [renjɔm]	76 **Os** オスミウム Osmium オスミヨム [ɔsmjɔm]	77 **Ir** イリジウム Iridium イリディヨム [iridjɔm]
87 **Fr** フランシウム Francium フラ〜スィヨム [frɑ̃sjɔm]	88 **Ra** ラジウム Radium ラディヨム [radjɔm]	アクチノイド	104 **Rf** ラザホージウム Rutherfordium リュテルフォルディヨム [ryterfɔrdjɔm]	105 **Db** ドブニウム Dubnium ディブニョム [dybnjɔm]	106 **Sg** シーボーギウム Seaborgium スィボルギヨム [sibɔrgjɔm]	107 **Bh** ボーリウム Bohrium ボリョム [bɔrjɔm]	108 **Hs** ハッシウム Hassium アスィヨム [asjɔm]	109 **Mt** マイトネリウム Meitnérium メトネリヨム [metnerjɔm]

※1 Césiumでも可

ペレー
マリ・キュリーの助手
フランシウムの発見者
国名のフランスからフランシウムを命名した

ドビエルヌ
アクチニウムの発見者

ランタノイド	57 **La** ランタン Lanthane ラ〜タン [lɑ̃tan]	58 **Ce** セリウム Cérium セリョム [serjɔm]	59 **Pr** プラセオジム Praséodyme プラゼオディム [prazeɔdim]	60 **Nd** ネオジム Néodyme ネオディム [neɔdim]	61 **Pm** プロメチウム Prométhéum プロメテオム [prɔmeteɔm]	62 **Sm** サマリウム Samarium サマリョム [samarjɔm]
アクチノイド	89 **Ac** アクチニウム Actinium アクティニョム [aktinjɔm]	90 **Th** トリウム Thorium トリョム [tɔrjɔm]	91 **Pa** プロトアクチニウム Protactinium プロタクティニョム [prɔtaktinjɔm]	92 **U** ウラン Uranium ユラニョム [yranjɔm]	93 **Np** ネプツニウム Neptunium ネプテュニョム [nɛptynjɔm]	94 **Pu** プルトニウム Plutonium プリュトニョム [plytɔnjɔm]

「近代化学の父」と呼ばれるラボアジェは、1789年に化学の始まりと言える『化学原論』を書いたが、この同じ年にバスティーユ襲撃によりフランス革命が勃発した（ラボアジェ自身も1794年にギロチン刑となった）。以降、フランスは産業の発展に伴い化学の分野でも長足の進歩を遂げ、ハロゲン元素や希土類、放射性元素の発見において大きな働きを残している。

ボアボードラン
ガリウム、サマリウム、ジスプロシウムの発見者
アルゴン発見時に貴ガスというグループを提唱した

バラール
臭素の発見者

クールトア
ヨウ素の発見者

モアッサン
フッ素の単離者

ユルバン
ルテチウムの発見者

ゲーリュサック
ホウ素の発見者

族	13族 ホウ素族	14族 炭素族	15族 窒素族	16族 酸素族	17族 ハロゲン	18族 貴ガス
						2 **He** ヘリウム / Hélium / エリョム / [eljɔm]
	5 **B** ホウ素 / Bore / ボール / [bɔʁ]	6 **C** 炭素 / Carbone / カルボン / [kaʁbɔn]	7 **N** 窒素 / Azote / アゾト / [azɔt]	8 **O** 酸素 / Oxygène / オクスィジェン / [ɔksiʒɛn]	9 **F** フッ素 / Fluor / フリョル / [flyɔʁ]	10 **Ne** ネオン / Neon / ネオ〜 / [neɔ̃]
	13 **Al** アルミニウム / Aluminium / アリュミニョム / [alyminjɔm]	14 **Si** ケイ素 / Silicium / スィリスィヨム / [silisjɔm]	15 **P** リン / Phosphore / フォスフォール / [fɔsfɔːʁ]	16 **S** 硫黄 / Soufre / スフル / [sufʁ]	17 **Cl** 塩素 / Chlore / クロル / [klɔʁ]	18 **Ar** アルゴン / Argon / アルゴ〜 / [aʁgɔ̃]
10族	11族 銅族	12族 亜鉛族				
28 **Ni** ニッケル / Nickel / ニケル / [nikɛl]	29 **Cu** 銅 / Cuivre / キュイーヴル / [kɥiːvʁ]	30 **Zn** 亜鉛 / Zinc / ゼ〜グ / [zɛ̃g]	31 **Ga** ガリウム / Gallium / ガリョム / [galjɔm]	32 **Ge** ゲルマニウム / Germanium / ジェルマニョム / [ʒɛʁmanjɔm]	33 **As** ヒ素 / Arsenic / アルセニク / [aʁsənik]	34 **Se** セレン / Sélénium / セレニョム / [selenjɔm]	35 **Br** 臭素 / Brome / ブローム / [bʁoːm]	36 **Kr** クリプトン / Krypton / クリプト〜 / [kʁiptɔ̃]
46 **Pd** パラジウム / Palladium / パラディヨム / [paladjɔm]	47 **Ag** 銀 / Argent / アルジャ〜 / [aʁʒɑ̃]	48 **Cd** カドミウム / Cadmium / カドミヨム / [kadmjɔm]	49 **In** インジウム / Indium / エ〜ディヨム / [ɛ̃djɔm]	50 **Sn** スズ / Étain / エテ〜 / [etɛ̃]	51 **Sb** アンチモン / Antimoine / ア〜ティモワン / [ɑ̃timwan]	52 **Te** テルル / Tellure / テリュル / [tɛlyʁ]	53 **I** ヨウ素 / Iode / ヨド / [jɔd]	54 **Xe** キセノン / Xénon / クセノ〜 / [ksenɔ̃]
78 **Pt** 白金 / Platine / プラティン / [platin]	79 **Au** 金 / Or / オル / [ɔʁ]	80 **Hg** 水銀 / Mercure / メルキュール / [mɛʁkyːʁ]	81 **Tl** タリウム / Thallium / タリョム / [taljɔm]	82 **Pb** 鉛 / Plomb / プロ〜 / [plɔ̃]	83 **Bi** ビスマス / Bismuth / ビスミュト / [bismyt]	84 **Po** ポロニウム / Polonium / ポロニョム / [pɔlɔnjɔm]	85 **At** アスタチン / Astate / アスタト / [astat]	86 **Rn** ラドン / Radon / ラド〜 / [ʁadɔ̃]
110 **Ds** ダームスタチウム / Darmstadtium / ダルムシュタティヨム / [daʁmʃtatjɔm]	111 **Rg** レントゲニウム / Roentgenium / レントゲニョム / [ʁœntgɛnjɔm]	112 **Cn** コペルニシウム / Copernicium / コペルニスィヨム / [kɔpɛʁnisjɔm]	113 **Nh** ニホニウム / Nihonium / ニオニョム / [niɔnjɔm]	114 **Fl** フレロビウム / Flérovium / フレロヴィヨム / [fleʁɔvjɔm]	115 **Mc** モスコビウム / Moscovium / モスコヴィヨム / [mɔskɔvjɔm]	116 **Lv** リバモリウム / Livermorium / リヴェルモリョム / [livɛʁmɔʁjɔm]	117 **Ts** テネシン / Tennesse / テネス / [tɛnɛs]	118 **Og** オガネソン / Oganesson / オガネソ〜 / [ɔganɛsɔ̃]

| 63 **Eu** ユウロピウム / Europium / ユロピョム / [øʁɔpjɔm] | 64 **Gd** ガドリニウム / Gadolinium / ガドリニョム / [gadɔlinjɔm] | 65 **Tb** テルビウム / Terbium / テルビョム / [tɛʁbjɔm] | 66 **Dy** ジスプロシウム / Dysprosium / ディスプロズィヨム / [dispʁɔzjɔm] | 67 **Ho** ホルミウム / Holmium / オルミョム / [ɔlmjɔm] | 68 **Er** エルビウム / Erbium / エルビョム / [ɛʁbjɔm] | 69 **Tm** ツリウム / Thulium / テュリョム / [tyljɔm] | 70 **Yb** イッテルビウム / Ytterbium / イテルビョム / [itɛʁbjɔm] | 71 **Lu** ルテチウム / Lutécium / リュテスィヨム / [lytesjɔm] |
| 95 **Am** アメリシウム / Américium / アメリスィヨム / [ameʁisjɔm] | 96 **Cm** キュリウム / Curium / キュリョム / [kyʁjɔm] | 97 **Bk** バークリウム / Berkelium / バルケリョム / [bɛʁkeljɔm] | 98 **Cf** カリホルニウム / Californium / カリフォルニョム / [kalifɔʁnjɔm] | 99 **Es** アインスタイニウム / Einsteinium / エンステニョム / [ɛnstɛnjɔm] | 100 **Fm** フェルミウム / Fermium / フェルミョム / [fɛʁmjɔm] | 101 **Md** メンデレビウム / Mendelevium / メ〜デレヴィヨム / [mɛ̃delevjɔm] | 102 **No** ノーベリウム / Nobélium / ノベリョム / [nɔbeljɔm] | 103 **Lr** ローレンシウム / Lawrencium / ロラ〜スィヨム / [lɔʁɑ̃sjɔm] |

109

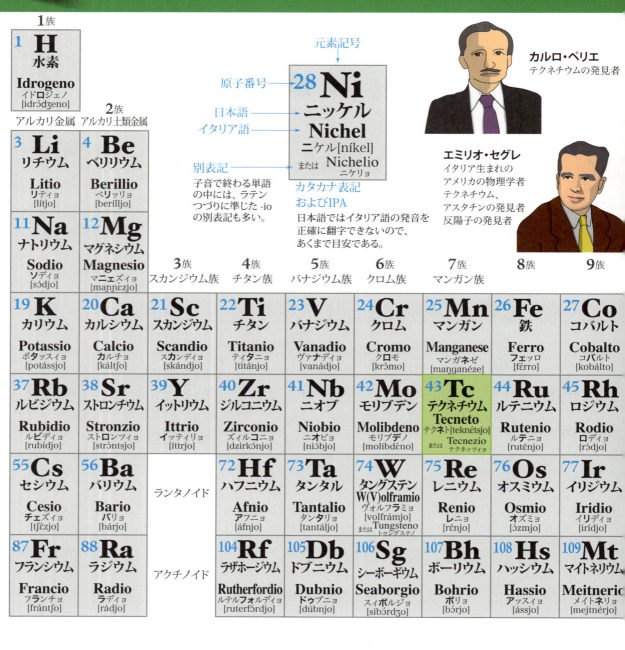

タリア語は、ラテン語から派生した言語の一つでありよく似ている。ラテン語とイタリア語では単語の語尾は規則的に変化してい
。例えば、ラテン語で元素名に使われている中性名詞の語尾の形の一つである -ium は、すべて -io になっている（ラテン語の
性名詞は、イタリア語では男性名詞となり、イタリア語には中性名詞がなくなってしまった）。

ネサンスの時期には、イタリアはガリレオ・ガリレイをはじめとして優れた物理学者・科学者を多数輩出
た。しかし、錬金術から近代化学へと移行していく時代になると、当時は後進国だったイギリスやフランス、
イツ、そしてスウェーデンが発展を遂げ、それらの国の化学者たちが元素を発見していった。

イタリア語の元素名は、ほとんどがラテン語の語尾を変えただけだが、銅だけが Rame（ラメ）でラテン語 cuprum（クプルム）と全く違う。この語は、古典ラテン語の aes（アエス）ないしは aeris（アーエリス）「銅、青銅、真鍮、金属」に由来し、後期ラテン語になると第3曲用の中性名詞の語尾を作る -men がついて aerāmen（アエラーメン）になり、やがて前半部分が略されて arame → rame になった。

10族　　11族 銅族　　12族 亜鉛族

18族 貴ガス	2 He ヘリウム / Elio エリョ [éljo]

13族 ホウ素族
- 5 B ホウ素 / Boro ボロ [bóro]
- 13 Al アルミニウム / Alluminio アッルミニョ [allumínjo]
- 31 Ga ガリウム / Gallio ガッリョ [gálljo]
- 49 In インジウム / Indio インディョ [índjo]
- 81 Tl タリウム / Tallio タッリョ [tálljo]
- 113 Nh ニホニウム / Nihonio ニオニョ [niónjo]

14族 炭素族
- 6 C 炭素 / Carbonio カルボニョ [karbónjo]
- 14 Si ケイ素 / Silicio スィリチョ [silítʃo]
- 32 Ge ゲルマニウム / Germanio ジェルマニョ [dʒermánjo]
- 50 Sn スズ / Stagno スタンニョ [stáɲɲo]
- 82 Pb 鉛 / Piombo ピョンボ [pjómbo]
- 114 Fl フレロビウム / Flerovio フレロビョ [fleróvjo]

15族 窒素族
- 7 N 窒素 / Azoto アゾト [adzóto]
- 15 P リン / Fosforo フォスフォロ [fósforo]
- 33 As ヒ素 / Arsenico アルセニコ [arséniko]
- 51 Sb アンチモン / Antimonio アンティモニョ [antimónjo]
- 83 Bi ビスマス / Bismuto ビズムト [bizmúto]
- 115 Mc モスコビウム / Moscovio モスコビョ [moskóvjo]

16族 酸素族
- 8 O 酸素 / Ossigeno オッスィージェノ [ossídʒeno]
- 16 S 硫黄 / Zolfo ツォ(ゾ)ルフォ [tsólfo,dzo-] または Solfo ソルフォ
- 34 Se セレン / Selenio セレニョ [selénjo]
- 52 Te テルル / Tellurio テッルリョ [tellúrjo]
- 84 Po ポロニウム / Polonio ポロニョ [polónjo]
- 116 Lv リバモリウム / Livermorio リヴェルモリョ [livermórjo]

17族 ハロゲン
- 9 F フッ素 / Fluoro フルオロ [fluóro]
- 17 Cl 塩素 / Cloro クロロ [klóro]
- 35 Br 臭素 / Bromo ブロモ [brómo]
- 53 I ヨウ素 / Iodio ヨディオ [jódjo] または Jodio
- 85 At アスタチン / Astato アスタト [astáto]
- 117 Ts テネシン / Tennesso テネッソ [tenésso]

18族 貴ガス
- 10 Ne ネオン / Neo ネオ [néo] または Neon ネオン
- 18 Ar アルゴン / Argo アルゴ [árgo] または Argon アルゴン
- 36 Kr クリプトン / Cripto クリプト [krípto] または Kripto / Kripton クリプトン
- 54 Xe キセノン / Xeno クセノ [kséno] または Xenon クセノン
- 86 Rn ラドン / Radon ラド [rádon] または Radon ラドン
- 118 Og オガネソン / Oganesson オガネッソン [oganésson]

10族
- 28 Ni ニッケル / Nichel ニケル [níkel] または Nichelio ニケリョ
- 46 Pd パラジウム / Palladio パッラディョ [palládjo]
- 78 Pt 白金 / Platino プラティノ [plátino]
- 110 Ds ダームスタチウム / Darmstadtio ダルムスタティオ [darmstátjo]

11族 銅族
- 29 Cu 銅 / Rame ラメ [ráme]
- 47 Ag 銀 / Argento アルジェント [ardʒénto]
- 79 Au 金 / Oro オーロ [ó:ro]
- 111 Rg レントゲニウム / Roentgenio ロエントゲニョ [roentgénjo]

12族 亜鉛族
- 30 Zn 亜鉛 / Zinco ズィンコ [dzínko]
- 48 Cd カドミウム / Cadmio カドミョ [kádmjo]
- 80 Hg 水銀 / Mercurio メルクリョ [merkúrjo]
- 112 Cn コペルニシウム / Copernicio コペルニーチョ [kopernítjo]

- 63 Eu ユウロピウム / Europio エウロピョ [európjo]
- 64 Gd ガドリニウム / Gadolinio ガドリニョ [gadolínjo]
- 65 Tb テルビウム / Terbio テルビョ [térbjo]
- 66 Dy ジスプロシウム / Disprosio ディスプロズィョ [disprózjo]
- 67 Ho ホルミウム / Olmio オルミョ [ólmjo]
- 68 Er エルビウム / Erbio エルビョ [érbjo]
- 69 Tm ツリウム / Tulio トゥリョ [túljo]
- 70 Yb イッテルビウム / Itterbio イッテルビョ [ittérbjo]
- 71 Lu ルテチウム / Lutezio ルテツィョ [lutétsjo]

- 95 Am アメリシウム / Americio アメリチョ [amérítʃo]
- 96 Cm キュリウム / Curio クリョ [kúrjo]
- 97 Bk バークリウム / Berkelio ベルケリョ [berkéljo]
- 98 Cf カリホルニウム / Californio カリフォルニョ [kalifórnjo]
- 99 Es アインスタイニウム / Einsteinio アインスタニョ [ainstánjo] または Einstenio アインスタイニョ
- 100 Fm フェルミウム / Fermio フェルミョ [férmjo]
- 101 Md メンデレビウム / Mendelevio メンデレヴィョ [mendelévjo]
- 102 No ノーベリウム / Nobelio ノベリョ [nobéljo]
- 103 Lr ローレンシウム / Laurenzio ラウレンツィョ [lauréntsjo] または Laurencio

ポルトガル語 周期表

15〜17世紀の「大航海時代」には、スペインとポルトガルの二大強国が新大陸やアジアに進出し世界を二分していた。

ポルトガル語を公用語としている国は、ヨーロッパのポルトガル本国に加え、ブラジル、アンゴラ、カーボベルデ、ギニアビサウ、サントメ・プリンシペ、モザンビーク、赤道ギニア、そしてアジアのマカオと東ティモールの10ヶ国である。

緑色がポルトガル語の公用語の国
ベージュ色の国がスペイン語の公用語の国

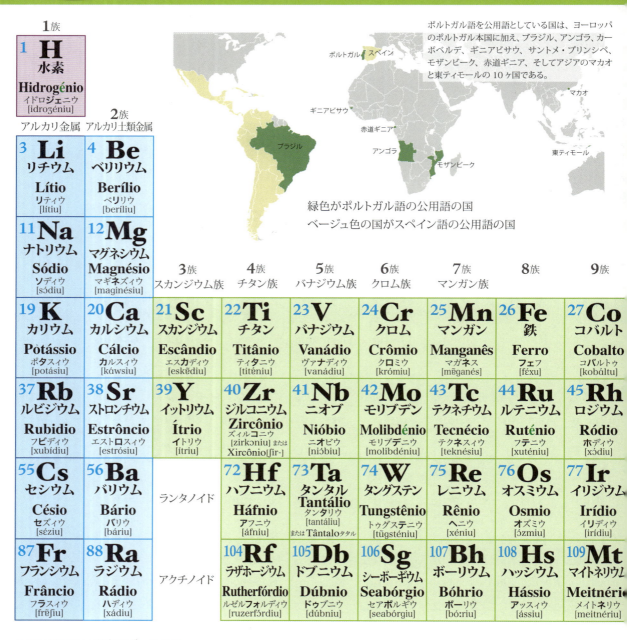

ラテン語でHは発音せず、その子孫に相当する言語も発音しない。例えば、ポルトガル語で水素はHidrogénio イドロジェニウ、スペイン語ではHidrógeno イドロヘノ。ヘリウムはポルトガル語でHelio エリウ、スペイン語ではHelio エリオになる。一方、イタリア語の場合、ヘリウムはElio エリオのようにHのスペルを省いている。

ポルトガル語は、スペイン語同様にラテン語から派生した言語。ポルトガル語は、２億人の話者がいるため、世界第７位の人口をもつ言語（順位は統計によって異なる）。ポルトガル語は、中世の日本に最初に入ってきたヨーロッパの言語であり、「ボタン（botão）」や「カッパ（capa）」、「パン（pão）」、「てんぷら（tempero）」、「金平糖（confeito）」などの言葉が日本に入った。

ポルトガル語には e や o に２通りの発音がある。é [ɛ]（口をやや大きく開くエ）、ê [e]（口の形はイに近いエ）と ó [ɔ]（口をやや大きく開くオ）, ô [o]（口の形はウに近い「オ」）がある。ポルトガルやブラジル以外のポルトガル語圏では é, ó が、ブラジルでは ê, ô, が使われる。例えば、水素はポルトガルでは hidrogénio に、ブラジルでは hidrogênio になる。この表はポルトガル本国のスペルであり、緑の文字の é は、ブラジルでは ê になる。

元素名の語尾に多いラテン語中性名詞の語尾 -ium イウムは、ポルトガル語では、男性名詞の -io になっている。イタリア語やスペイン語もやはり -io「ヨ」だが、ポルトガル語では「イウ」になる。

			13族 ホウ素族	14族 炭素族	15族 窒素族	16族 酸素族	17族 ハロゲン	18族 貴ガス
								2 **He** ヘリウム Hélio エリウ [éliu]
			5 **B** ホウ素 Boro ボル [bóru]	6 **C** 炭素 Carbono カルボヌ [karbónu]	7 **N** 窒素 Nitrogénio ニトロジェニウ [nitroʒéniu]	8 **O** 酸素 Oxigénio オクスィジェニウ [oksiʒéniu]	9 **F** フッ素 Flúor フルオア [flúor]	10 **Ne** ネオン ※1 Neónio ネオニウ [neóniu]
			13 **Al** アルミニウム Alumínio アルミニウ [alumíniu]	14 **Si** ケイ素 Silício スィリスィウ [silísiu]	15 **P** リン Fósforo フォスフォル [fósforu]	16 **S** 硫黄 Enxofre エショフリ [eʃófri]	17 **Cl** 塩素 Cloro クロル [klóru]	18 **Ar** アルゴン ※2 Argónio アルゴニウ [argóniu]

10族	11族 銅族	12族 亜鉛族						
28 **Ni** ニッケル Níquel ニケル [níkel]	29 **Cu** 銅 Cobre コブリ [kóbri]	30 **Zn** 亜鉛 Zinco ズィク [zíku]	31 **Ga** ガリウム Gálio ガリウ [gáliu]	32 **Ge** ゲルマニウム Germânio ジェルマニウ [ʒerméniu]	33 **As** ヒ素 Arsénio アルセニウ [arséniu]	34 **Se** セレン Selénio セレニウ [seléniu]	35 **Br** 臭素 Bromo ブロム [brómu]	36 **Kr** クリプトン Criptónio クリプトニウ [kriptóniu]
46 **Pd** パラジウム Paládio パラディウ [paládiu]	47 **Ag** 銀 Prata プラタ [práta]	48 **Cd** カドミウム Cádmio カドミウ [kádmiu]	49 **In** インジウム Índio イディウ [ídiu]	50 **Sn** スズ Estanho エスタニュ [estéɲu]	51 **Sb** アンチモン Actimónio アティモニウ [ētimóniu]	52 **Te** テルル Telúrio テルル [telúriu]	53 **I** ヨウ素 Iodo イオドゥ [iódu]	54 **Xe** キセノン Xenónio シェノニウ [ʃenóniu]
78 **Pt** 白金 Platina プラティナ [plátina]	79 **Au** 金 Ouro オル [orú]	80 **Hg** 水銀 Mercúrio メルクリウ [merkúriu]	81 **Tl** タリウム Tálio タリウ [táliu]	82 **Pb** 鉛 Chumbo シュブ [ʃūbu]	83 **Bi** ビスマス Bismuto ビズムトゥ [bizmútu]	84 **Po** ポロニウム Polónio ポロニウ [polóniu]	85 **At** アスタチン Astato アスタト [astáto]	86 **Rn** ラドン ※3 Radónio ハドニウ [xadóniu]
110 **Ds** ダームスタチウム Darmstádtio ダルムスタッティウ [darmstádtiu]	111 **Rg** レントゲニウム Roentgénio ホエントヘニウ [xoentxéniu]	112 **Cn** コペルニシウム Copernício コペルニスィウ [kopernísiu]	113 **Nh** ニホニウム Nipónio ニポニウ [nipóniu]	114 **Fl** フレロビウム Fleróvio フレロヴィウ [fleróviu]	115 **Mc** モスコビウム Moscóvio モスコヴィウ [moskóviu]	116 **Lv** リバモリウム Livermório リヴェルモリウ [livermóriu]	117 **Ts** テネシン Tenesso テネソ [téneso]	118 **Og** オガネソン Oganessónio オガネソニウ [oganesóniu]

※1 ポルトガルでは**Néon**でも可　※2 ポルトガルでは**Árgon**でも可　※3 ポルトガルでは**Radão**でも可

63 **Eu** ユウロピウム Európio ユウロピウ [európiu]	64 **Gd** ガドリニウム Gadolínio ガドリニウ [gadolíniu]	65 **Tb** テルビウム Térbio テルビウ [térbiu]	66 **Dy** ジスプロシウム Disprósio ディスプロズィウ [dispróziu]	67 **Ho** ホルミウム Hólmio オルミウ [ɔ́lmiu]	68 **Er** エルビウム Érbio エルビウ [érbiu]	69 **Tm** ツリウム Túlio トゥリウ [túliu]	70 **Yb** イッテルビウム Itérbio イテルビウ [itérbiu]	71 **Lu** ルテチウム Lutécio ルテスィウ [lutésiu]
95 **Am** アメリシウム Américio アメリスィウ [amerísiu]	96 **Cm** キュリウム Cúrio クリウ [kúriu]	97 **Bk** バークリウム Berquélio ベルケリウ [berkéliu]	98 **Cf** カリホルニウム Califórnio カリフォルニウ [kalifórniu]	99 **Es** アインスタイニウム Einstênio エインステニウ [einstêniu]	100 **Fm** フェルミウム Férmio フェルミウ [férmiu]	101 **Md** メンデレビウム Mendelévio メンデレヴィウ [mendeléviu]	102 **No** ノーベリウム Nobélio ノベリウ [nobéliu]	103 **Lr** ローレンシウム Laurêncio ラウレンスィウ [laurénsiu]

113

スペイン語 周期表

スペイン語は、スペイン本国およびブラジル以外の中南米で主に話され、中国語、英語に次ぐ世界第3位（話者3億3200万人）の言語である。

デル・リオ Andrés Manuel Del Río（1764-1849）
スペイン出身で、メキシコ在住の化学者、鉱物学者、バナジウムの発見者

ファウスト・デ・エルヤル Fausto de Elhuyar y de Suvisa（1754-1796）
化学者、鉱物学者、メキシコの王立鉱山院長官

ファン・ホセ・デ・エルヤル Juan José（1754-1796）
弟のファウストと共にタングステンの単離に成功した

【背景の色】 発見者が、スペイン人→オレンジ色

族	1	2	3	4	5	6	7	8	9
	1 H 水素 Hidrógeno イドロヘノ [idróxeno]	アルカリ金属 / アルカリ土類金属	スカンジウム族	チタン族	バナジウム族	クロム族	マンガン族		
	3 Li リチウム Litio リティョ [lítjo]	4 Be ベリリウム Berilio ベリリョ [beríljo]							
	11 Na ナトリウム Sodio ソディョ [sóðjo]	12 Mg マグネシウム Magnesio マグネスィョ [maɣnésjo]							
	19 K カリウム Potasio ポタスィョ [potásjo]	20 Ca カルシウム Calcio カルスィョ [kálsjo/kálθjo]	21 Sc スカンジウム Escandio エスカンディョ [eskándjo]	22 Ti チタン Titanio ティタニョ [titánjo]	23 V バナジウム Vanadio バナディョ [banáðjo]	24 Cr クロム Cromo クロモ [krómo]	25 Mn マンガン Manganeso マンガネソ [maŋganéso]	26 Fe 鉄 Hierro イエロ [jɛró]	27 Co コバルト Cobalto コバルト [kobálto]
	37 Rb ルビジウム Rubidio ルビディョ [rubíðjo]	38 Sr ストロンチウム Estroncio エストロンスィョ [estrónθjo]	39 Y イットリウム Itrio イトリョ [ítrjo]	40 Zr ジルコニウム Circonio シルコニョ [θirkónjo]	41 Nb ニオブ Niobio ニオビョ [njóbjo]	42 Mo モリブデン Molibdeno モリブデノ [molibdéno]	43 Tc テクネチウム Tecnecio テクネスィョ [teknéθjo]	44 Ru ルテニウム Rutenio ルテニョ [ruténjo]	45 Rh ロジウム Rodio ロディョ [roðjo]
	55 Cs セシウム Cesio セスィョ [sésjo/θésjo]	56 Ba バリウム Bario バリョ [bárjo]	ランタノイド	72 Hf ハフニウム Hafnio アフニョ [áfnjo]	73 Ta タンタル Tantalio タンタリョ [tantáljo]	74 W タングステン Wolframio ウォルフラミョ [bolfrámjo]	75 Re レニウム Renio レニョ [renjo]	76 Os オスミウム Osmio オスミョ [ɔsmjo]	77 Ir イリジウム Iridio イリディョ [iríðjo]
	87 Fr フランシウム Francio フランスィョ [fránθjo]	88 Ra ラジウム Radio ラディョ [ráðjo] ※4	アクチノイド	104 Rf ラザホージウム Rutherfordio ルテルフォルディョ [ruterfórdjo]	105 Db ドブニウム Dubnio ドゥブニョ [dúbnjo]	106 Sg シーボーギウム Seaborgio セアボルヒョ [seabórxjo]	107 Bh ボーリウム Bohrio ボーリョ [bo:rjo]	108 Hs ハッシウム Hasio アスィョ [ásjo]	109 Mt マイトネリウム Meitnerio メイトネリョ [meitnérjo]

※4 電波のラジオと同じつづり！

アントニョ・デ・ウリョーア（アントニオ・デ・リョーワ）
スペインの軍人にして、探検家、天文学者、最初のルイジアナの行政長官であり、プラチナの発見者とも言われる

	57 La ランタン Lantano ランタノ [lantáno]	58 Ce セリウム Cerio セリョ [θérjo/sérjo]	59 Pr プラセオジム Praseodimio プラセオディミョ [praseodímjo]	60 Nd ネオジム Neodimio ネオディミョ [neodímjo]	61 Pm プロメチウム Prometio プロメティョ ※3 [prométjo]	62 Sm サマリウム Samario サマリョ [samárjo]
ランタノイド						
アクチノイド	89 Ac アクチニウム Actinio アクティニョ [aktínjo]	90 Th トリウム Torio トリョ [tórjo]	91 Pa プロトアクチニウム Protactinio プロタクティニョ [protactínjo]	92 U ウラン Uranio ウラニョ [uránjo]	93 Np ネプツニウム Neptunio ネプトゥニョ [neptúnjo]	94 Pu プルトニウム Plutonio プルトニョ [plutónjo]

※3 余談だが、末尾のoにアクセント記号がつくと動詞prometerの点過去形「約束した」になる

スペイン語では、iやeの前のgの文字は、口の奥で発音される強い摩擦音 [x]（ハ行に似ている）となる。そのため Nitrógeno ニトロヘノ、Oxígeno オクスィヘノとなる。スペイン語の x の発音にはいくつかあり、語頭では xenón セノン「キセノン」や、xilófono スィロフォノ「木琴」、語中では、英語の x と同じように [ks] となることが多い（oxígeno オクスィヘノ）が例外もある。

スペイン語の LL（ドブレ・エレ）の発音は元々 [ʎ]（「リャ」に近い音）だったが、中南米で 17 世紀から [j]「ヤ」に近い音）に変化。後に [ʒ]（「ジャ」に近い音）とも発音されるようになった。さらに、LL の発音が [ʃ]（「シャ」の音）に変化した地域もある（ラ・プラタ川流域）。やがてこの変化は 18 世紀にスペイン本国でも生じた。しかし現在でも、[ʎ]「リャ」に近い音で発音する地域も多く、この元の発音の仕方のことを yeísmo「ジェイスモ」と呼んでいる。

興味深いことに、元のラテン語で LL だった Beryllium、Gallium、Palladium、Tellurium、Thallium はスペイン語では、Berilio、Galio、Paladio、Telurio、Thalio のように L 一つに変えられている。

18族 貴ガス
2 **He** ヘリウム Helio エリョ [éljo]

※1 Fósforo は、「マッチ」も意味する。

13族 ホウ素族	14族 炭素族	15族 窒素族	16族 酸素族	17族 ハロゲン	
5 **B** ホウ素 Boro ボロ [bóro]	6 **C** 炭素 Carbono カルボノ [karbóno]	7 **N** 窒素 Nitrógeno ニトロヘノ [nitróxeno]	8 **O** 酸素 Oxígeno オクスィヘノ [oksíxeno]	9 **F** フッ素 Flúor フルオル [flúor]	10 **Ne** ネオン Neón ネオン [neón]
13 **Al** アルミニウム Aluminio アルミニョ [alumínjo]	14 **Si** ケイ素 Silicio スィリスィョ [silíðjo/silísjo]	15 **P** リン ※1 Fósforo フォスフォロ [fósforo]	16 **S** 硫黄 Azufre アスフレ [aθúfre]	17 **Cl** 塩素 Cloro クロロ [klóro]	18 **Ar** アルゴン Argón アルゴン [argón]

10族	11族 銅族	12族 亜鉛族							
28 **Ni** ニッケル Níquel ニケル [níkɛl]	29 **Cu** 銅 Cobre コブレ [kóbre]	30 **Zn** 亜鉛 Zinc スィンク [θíŋk/síŋk/síŋ]	31 **Ga** ガリウム Galio ガリョ [gáljo]	32 **Ge** ゲルマニウム Germanio ヘルマニョ [xermánjo]	33 **As** ヒ素 Arsénico アルセニコ [arséniko]	34 **Se** セレン Selenio セレニョ [selénjo]	35 **Br** 臭素 Bromo ブロモ [brómo]	36 **Kr** クリプトン Kriptón クリプトン [kriptón]
46 **Pd** パラジウム Paladio パラディョ [paládjo]	47 **Ag** 銀 Plata プラタ [pláta]	48 **Cd** カドミウム Cadmio カドミョ [kádmjo]	49 **In** インジウム Indio ※2 インディョ [índjo]	50 **Sn** スズ Estaño エスタニョ [estáno]	51 **Sb** アンチモン Antimonio アンティモニョ [antimónjo]	52 **Te** テルル Telurio テルリョ [telúrjo]	53 **I** ヨウ素 Yodo ヨド（ジョド）[jódo]	54 **Xe** キセノン Xenón セノン [senón]
78 **Pt** 白金 Platino プラティノ [platíno]	79 **Au** 金 Oro オロ [óro]	80 **Hg** 水銀 Mercurio メルクリョ [mɛrkúrjo]	81 **Tl** タリウム Talio タリョ [táljo]	82 **Pb** 鉛 Plomo プロモ [plómo]	83 **Bi** ビスマス Bismuto ビスムト [bismúto]	84 **Po** ポロニウム Polonio ポロニョ [polónjo]	85 **At** アスタチン Astato アスタト [ástato]	86 **Rn** ラドン Radón ラドン [r̄dón]
110 **Ds** ダームスタチウム Darmstatio ダルムスタティョ [darmstátjo]	111 **Rg** レントゲニウム Roentgenio ロエントヘニョ [r̄oentxénjo]	112 **Cn** コペルニシウム Copernicio コペルニスィョ [kopernísjo]	113 **Nh** ニホニウム Nihonio ニオニョ [niónjo]	114 **Fl** フレロビウム Flerovio フレロビョ [fleróbjo]	115 **Mc** モスコビウム Moscovio モスコビョ [moskóbjo]	116 **Lv** リバモリウム Livermorio リベルモリョ [libermórjo]	117 **Ts** テネシン Teneso テネソ [tenéso]	118 **Og** オガネソン Oganesón オガネソン [oganesón]

※2 Indio は南米の 「インディオ」と同じである。

63 **Eu** ユウロピウム Europio エウロピョ [ɛurópjo]	64 **Gd** ガドリニウム Gadolinio ガドリニョ [gadolínjo]	65 **Tb** テルビウム Terbio テルビョ [tɛrbjó]	66 **Dy** ジスプロシウム Disprosio ディスプロスィョ [disprósjo]	67 **Ho** ホルミウム Holmio オルミョ [ɔlmjo]	68 **Er** エルビウム Erbio エルビョ [érbjo]	69 **Tm** ツリウム Tulio トゥリョ [túljo]	70 **Yb** イッテルビウム Iterbio イテルビョ [iterbjó]	71 **Lu** ルテチウム Lutecio ルテスィョ [lutéθjo]
95 **Am** アメリシウム Americio アメリスィョ [ameríθjo]	96 **Cm** キュリウム Curio ※4 クリョ [kúrjo]	97 **Bk** バークリウム Berkelio ベルケリョ [bɛrkéljo]	98 **Cf** カリホルニウム Californio カリフォルニョ [kalifórnjo]	99 **Es** アインスタイニウム Einstenio エインステニョ [ɛinsténjo]	100 **Fm** フェルミウム Fermio フェルミョ [fɛrmjo]	101 **Md** メンデレビウム Mendelevio メンデレビョ [mendelébjo]	102 **No** ノーベリウム Nobelio ノベリョ [nobéljo]	103 **Lr** ローレンシウム Lawrencio ラウレンスィョ [laurénθjo]

※4 ちなみに、英語でcurioは「骨董品」という意味になる。

現代ギリシャ語 周期表

語彙が豊富な古代ギリシャの用語が、時を超えて現代の元素名に広く用いられているのは感慨深い。

ギリシャ語では、**ローマ神話**の神に由来する元素名が、相当する**ギリシャ神話**の神に由来する語に置き換えられた（周期表の緑色の枠）。

ローマ神話の海神 = 海王星
Neptune
ネプチューン
↓
Neptunium
ネプツニウム

そこで……

ギリシャ神話の海神
Ποσειδῶν
ポセイドーン
↓
ネプツニウムのギリシャ語名
Ποσειδώνιο
ポシィゾニオ

ローマ神話の神ネプチューンは、ギリシャ神話のポセイドーンと同一視されていた。

ローマ神話の女神ケレス（セレス）は、ギリシャ神話の女神デメテルと同一視された。

セリウム→ズィミトリオ

1族									
1 **H** 水素 Υδρογόνο イズロゴノ [iðroɣóno]									

アルカリ金属　アルカリ土類金属

2族
3 **Li** リチウム Λίθιο リスィオ [líθio]	4 **Be** ベリリウム Βηρύλλιο ヴィリリオ [virílio]

| 11 **Na** ナトリウム Νάτριο ナトリオ [nátrio] | 12 **Mg** マグネシウム Μαγνήσιο マグニスィオ [maɣnísio] |

3族 スカンジウム族　4族 チタン族　5族 バナジウム族　6族 クロム族　7族 マンガン族　8族　9族

19 **K** カリウム Κάλιο カリオ [káʎo]	20 **Ca** カルシウム Ασβέστιο アスヴェスティオ [asvéstio]	21 **Sc** スカンジウム Σκάνδιο スカンズィオ [skándio]	22 **Ti** チタン Τιτάνιο ティタニオ [titánio]	23 **V** バナジウム Βανάδιο バナズィオ [vanáðio]	24 **Cr** クロム Χρώμιο フロミオ [xrómio]	25 **Mn** マンガン Μαγγάνιο マガニオ [maŋánio]	26 **Fe** 鉄 Σίδηρος スィズィロス [síðiros]	27 **Co** コバルト Κοβάλτιο コヴァルティオ [kováltio]
37 **Rb** ルビジウム Ρουβίδιο ルヴィズィオ [ruvíðio]	38 **Sr** ストロンチウム Στρόντιο ストロンディオ [stróndio]	39 **Y** イットリウム Ύττριο イトリオ [ítrio]	40 **Zr** ジルコニウム Ζιρκόνιο ズィルコニオ [zirkónio]	41 **Nb** ニオブ Νιόβιο ニオヴィオ [nióvio]	42 **Mo** モリブデン Μολυβδαίνιο モリヴゼニオ [molívðenio]	43 **Tc** テクネチウム Τεχνήτιο テフニティオ [texnítio]	44 **Ru** ルテニウム Ρουθήνιο ルスィニオ [ruθínio]	45 **Rh** ロジウム Ρόδιο ロズィオ [róðio]
55 **Cs** セシウム Καίσιο カイスィオ [kaísio]	56 **Ba** バリウム Βάριο ヴァリオ [vário]	ランタノイド	72 **Hf** ハフニウム Άφνιο アフニオ [áfnio]	73 **Ta** タンタル Ταντάλιο タンダリオ [tandálio]	74 **W** タングステン Βολφράμιο ヴォルフラミオ [volfrámio]	75 **Re** レニウム Ρήνιο リニオ [rínio]	76 **Os** オスミウム Όσμιο オズミオ [ózmio]	77 **Ir** イリジウム Ιρίδιο イリズィオ [irídio]
87 **Fr** フランシウム Φράγκιο フランギオ [fráŋɡio]	88 **Ra** ラジウム Ράδιο ラズィオ [ráðio]	アクチノイド	104 **Rf** ラザホージウム Ραδερφόρδιο ラゼルフォルディオ [raðerfórðio]	105 **Db** ドブニウム Ντούμπνιο ドゥブニオ [dúbnio]	106 **Sg** シーボーギウム Σιμπόργκιο スィボルギオ [sibórŋɡio]	107 **Bh** ボーリウム Μπόριο ボリオ [bório]	108 **Hs** ハッシウム Χάσιο ハスィオ [xásio]	109 **Mt** マイトネリウム Μαϊτνέριο マイトネリオ [maitnério]

炭素の Άνθρακας アンスラカスは、ギリシャ語のアンスラクス「木炭，石炭」に由来し、**亜鉛**の Ψευδάργυρος プセヴザリイロスは、ギリシャ語で「偽の銀」に由来。

カルシウムの Ασβέστιο アスヴェスティオは、「生石灰」に由来し、Asbestos アスベスト「石綿」とも同じ語源である。

※2 Πρασεοδύμιο でも可

ランタノイド	57 **La** ランタン Λανθάνιο ランサニオ [lanθánio]	58 **Ce** セリウム Δημήτριο ズィミトリオ [ðimítrjo]	59 **Pr** プラセオジム Πρασινοδύμιο※2 プラスィノズィミオ [prasinoðímio]	60 **Nd** ネオジム Νεοδύμιο ネオズィミオ [neoðímio]	61 **Pm** プロメチウム Προμήθειο プロミスィオ [promíθio]	62 **Sm** サマリウム Σαμάριο サマリオ [samário]
アクチノイド	89 **Ac** アクチニウム Ακτίνιο アクティニオ [aktínio]	90 **Th** トリウム Θόριο ソリオ [θório]	91 **Pa** プロトアクチニウム Πρωτακτίνιο プロタクティニオ [protaktínio]	92 **U** ウラン Ουράνιο ウラニオ [uránio]	93 **Np** ネプツニウム Ποσειδώνιο ポシィゾニオ [posiðómio]	94 **Pu** プルトニウム Πλουτώνιο プルトニオ [pʎutónio]

116

古代ギリシャ語でδ（デルタ）の文字は [d] の発音だったが、現代ギリシャ語では、英語の that や these の th の音 [ð] に変化した（例：Ραδόνιο[raðónio] ラゾニオ「ラドン」）。古代のγ（ガンマ）は [g] だったが、現代では、ア、オ、ウの前では柔らかい g の音 [ɣ] に、イ、エの前では [j] 変化した(例：ἄργυρος 古代：アルギュロス [árgyros] →現代：アリイロス [árjiros] アリイロス「銀」)。

周期表の水色の枠は、ギリシャ語独自の元素名がつけられている。例えば、白金 Λευκόχρυσος レフコクリソスは、現代ギリシャ語で「白い」λευκός レフコス ＋ 金 Χρυσός クリソスに由来する。ちなみに、χρυσός（古代クリュソス、現代クリソス）「金」から、英語 chrysalis クリサリス「蛹（さなぎ）」という言葉が派生している。

フッ素の Φθόριο フソリオは、ギリシャ語の φθορα フトラー「滅び、滅亡」に由来しており、フッ素の激しい性質をよく描写している。

18族 貴ガス

2 He ヘリウム / Ήλιο イリオ [iálio]

13族 ホウ素族	14族 炭素族	15族 窒素族	16族 酸素族	17族 ハロゲン	
5 B ホウ素 Βόριο ヴォリオ [vório]	6 C 炭素 Άνθρακας アンスラカス [ánθrakas]	7 N 窒素 Άζωτο アゾト [ázoto]	8 O 酸素 Οξυγόνο オクシゴノ [oksiγóno]	9 F フッ素 Φθόριο フソリオ [fθório]	10 Ne ネオン Νέον ネオン [néon]
13 Al アルミニウム Αργίλιο アリイリオ [arjílio]	14 Si ケイ素 Πυρίτιο ピリティオ [pirítio]	15 P リン Φωσφόρος フォスフォロス [fosforos]	16 S 硫黄 Θείο セイオ [θéio]	17 Cl 塩素 Χλώριο フロリオ [xlório]	18 Ar アルゴン Αργό アルゴ [arγó]

（10族 / 11族 銅族 / 12族 亜鉛族）

28 Ni ニッケル Νικέλιο ニケリオ [nikélio]	29 Cu 銅 Χαλκός ハルコス [xalkós]	30 Zn 亜鉛 Ψευδάργυρος プセヴザリイロス [psevðárjiros]	31 Ga ガリウム Γάλλιο ガリオ [γálio]	32 Ge ゲルマニウム Γερμάνιο イエルマニオ [jermánio]	33 As ヒ素 Αρσενικό アルセニコ [arsenikó]	34 Se セレン Σελήνιο セリニオ [selínio]	35 Br 臭素 ※1 Βρώμιο ヴロミオ [vrómio]	36 Kr クリプトン Κρυπτό クリプト [kriptó]
46 Pd パラジウム Παλλάδιο パラジオ [palládio]	47 Ag 銀 Άργυρος アリイロス [árjiros]	48 Cd カドミウム Κάδμιο カズミオ [kádmio]	49 In インジウム Ίνδιο インディオ [índio]	50 Sn スズ Κασσίτερος カスィテロス [kasíteros]	51 Sb アンチモン Αντιμόνιο アンティモニオ [antimónio]	52 Te テルル Τελλούριο テルリオ [teúrio]	53 I ヨウ素 Ιώδιο ヨズィオ [iódio]	54 Xe キセノン Ξένο クセノ [kséno]
78 Pt 白金 Λευκόχρυσος レフコフリソス [ʎefkóxrisos]	79 Au 金 Χρυσός フリソス [xrisós]	80 Hg 水銀 Υδράργυρος イズラリイロス [iðrárjiros]	81 Tl タリウム Θάλλιο サロ [θálio]	82 Pb 鉛 Μόλυβδος モリヴゾス [mólivðos]	83 Bi ビスマス Βισμούθιο ヴィズムスィオ [vizmúθio]	84 Po ポロニウム Πολώνιο ポロニオ [polónio]	85 At アスタチン Άστατο アスタト [ástato]	86 Rn ラドン Ραδόνιο ラゾニオ [raðónio]
110 Ds ダームスタチウム Νταρμστάντιο ダルムスタディオ [darmstádio]	111 Rg レントゲニウム Ρεντγκένιο レンドゲニオ [rendnyénio]	112 Cn コペルニシウム Κοπερνίκιο コペルニキオ [koperníkio]	113 Nh ニホニウム Νιχόνιο ニホニオ [nixónio]	114 Fl フレロビウム Φλερόβιο フレロビオ [fleróbio]	115 Mc モスコビウム Μοσκόβιο モスコビオ [moskóbio]	116 Lv リバモリウム Λιβερμόριο リヴェルモリオ [livermório]	117 Ts テネシン Τενέσιο テネスィオ [tenésio]	118 Og オガネソン Ογκανέσσιο オガネスィオ [oganésio]

※1 Βρώμιο でも可

※3 ï の上の二つの点は、「ディアエレシス（分離記号）」といい、二重母音ではなく、二つの単母音として扱う

63 Eu ユウロピウム Ευρώπιο エイロピオ [eirópio]	64 Gd ガドリニウム Γαδολίνιο ガゾリニオ [γaðolínio]	65 Tb テルビウム Τέρβιο テルヴィオ [térvio]	66 Dy ジスプロシウム Δυσπρόσιο ズィスプロスィオ [ðisprósio]	67 Ho ホルミウム Όλμιο オルミオ [ólmio]	68 Er エルビウム Έρβιο エルヴィオ [érvio]	69 Tm ツリウム Θούλιο スリオ [θúlio]	70 Yb イッテルビウム Υττέρβιο イテルヴィオ [itérvio]	71 Lu ルテチウム Λουτήτιο ルティティオ [lutítio]
95 Am アメリシウム Αμερίκιο アメリキオ [ameríkio]	96 Cm キュリウム Κιούριο キウリオ [kiúrio]	97 Bk バークリウム Μπερκέλιο ベルケリオ [berkélio]	98 Cf カリホルニウム Καλιφόρνιο カリフォルニオ [kalifórnio]	99 Es アインスタイニウム ※3 Αϊνστάινιο アインスタイニオ [ainstáinio]	100 Fm フェルミウム Φέρμιο フェルミオ [férmio]	101 Md メンデレビウム Μεντελέβιο メンデレヴィオ [mendelévio]	102 No ノーベリウム Νομπέλιο ノベリオ [nobélio]	103 Lr ローレンシウム Λωρένσιο ロレンスィオ [lorénsio]

ロシア語 周期表

ロシア語は、話者が1億7000万人ほどで世界第7位の人口をもつ言語である。第二次世界大戦以後、旧ソ連および冷戦後のロシアで数多くの元素が発見された。

カール・クラウス
（1796-1864）
ロシアのタルトゥ（現エストニア）生まれ。1844年、ルテニウムを発見

ゲオルギー・フリョーロフ
（1913–1990）
ソビエト連邦による原子爆弾開発の責任者。
ノーベリウム他の元素発見者

ユーリイ・オガネシアン
（1933-）
ドゥブナ合同原子核研究所の核反応研究室のリーダー。114から118番元素の発見に寄与。118番元素は彼にちなみ「オガネソン」と命名された

1族									
1 **H** 水素 Водород ヴァダロト [vədarót]									
	2族								
3 **Li** リチウム Литий リティー [lítʲij]	4 **Be** ベリリウム Бериллий ビリリー [bʲirʲílʲij]	アルカリ金属 / アルカリ土類金属							
11 **Na** ナトリウム Натрий ナトリー [nátrʲij]	12 **Mg** マグネシウム Магний マグニー [mágnʲij]	3族 スカンジウム族	4族 チタン族	5族 バナジウム族	6族 クロム族	7族 マンガン族	8族	9族	
19 **K** カリウム Калий カリー [kálij]	20 **Ca** カルシウム Кальций カリツィー [kálʲtsij]	21 **Sc** スカンジウム Скандий スカンディー [skándʲij]	22 **Ti** チタン Титан ツィタン [tsitán]	23 **V** バナジウム Ванадий ヴァナディー [vanádʲij]	24 **Cr** クロム Хром フロム [xróm]	25 **Mn** マンガン Марганец マルガニェツ [márɡənʲits]	26 **Fe** 鉄 Железо ズィリェザ [zɨlʲézə]	27 **Co** コバルト Кобальт コバリト [kóbəlʲt]	
37 **Rb** ルビジウム Рубидий ルビディー [rʊbʲídʲij]	38 **Sr** ストロンチウム Стронций ストロンツィー [stróntsij]	39 **Y** イットリウム Иттрий イットリー [ítrʲij]	40 **Zr** ジルコニウム Цирконий ツィルコニー [tsirkónij]	41 **Nb** ニオブ Ниобий ニオビー [nʲióbij]	42 **Mo** モリブデン Молибден モリブデン [məlʲɪbdén]	43 **Tc** テクネチウム Технеций ティフニェツィー [tʲɪxnʲétsij]	44 **Ru** ルテニウム Рутений ルツィエニー [rʊtsjénij]	45 **Rh** ロジウム Родий ロディー [ródʲij]	
55 **Cs** セシウム Цезий ツィエズィー [tsjézij]	56 **Ba** バリウム Барий バリー [bárij]	ランタノイド	72 **Hf** ハフニウム Гафний ガフニー [gáfnij]	73 **Ta** タンタル Тантал タンタル [tantál]	74 **W** タングステン Вольфрам ヴァリフラム [vʌlʲfrám]	75 **Re** レニウム Рений リェニー [rʲénʲij]	76 **Os** オスミウム Осмий オスミー [ósmij]	77 **Ir** イリジウム Иридий イリディー [irʲídʲij]	
87 **Fr** フランシウム Франций フランツィー [frántsij]	88 **Ra** ラジウム Радий ラディー [rádʲij]	アクチノイド	104 **Rf** ラザホージウム Резерфордий リジルフォルディー [rʲizʲɪrfórdʲij]	105 **Db** ドブニウム Дубний ドゥブニー [dúbnʲij]	106 **Sg** シーボーギウム Сиборгий シボルギー [sʲibórɡʲij]	107 **Bh** ボーリウム Борий ボリー [bórʲij]	108 **Hs** ハッシウム Хассий ハシィー [xásʲij]	109 **Mt** マイトネリウム Мейтнерий ミトニェリー [mʲijtnʲérʲij]	

ドミトリ・メンデレーエフ
（1834-1907）
元素周期表の提唱者
101番元素は彼の名にちなみ「メンデレビウム」と命名された

	57 **La** ランタン Лантан ランタン [lantán]	58 **Ce** セリウム Церий ツェリー [tsɛrʲij]	59 **Pr** プラセオジム Празеодим プラズィアヂム [prazʲiadʲím]	60 **Nd** ネオジム Неодим ニアヂム [nʲiadʲím]	61 **Pm** プロメチウム Прометий プラミェツィー [prʌmʲétsij]	62 **Sm** サマリウム Самарий サマリー [samárij]
ランタノイド						
アクチノイド	89 **Ac** アクチニウム Актиний アクチニー [aktʲínʲij]	90 **Th** トリウム Торий トリー [tórij]	91 **Pa** プロトアクチニウム Протактиний プラタクチニー [prətaktʲínʲij]	92 **U** ウラン Уран ウラン [urán]	93 **Np** ネプツニウム Нептуний ニプトゥニー [nʲiptúnʲij]	94 **Pu** プルトニウム Плутоний プルトニー [plutónij]

ロシア語は印欧祖語に由来するスラヴ語派のひとつ。ロシア語の元素名の多くはラテン語に準じているが、下の黄色い枠の元素は、ロシア固有の語に由来している。**炭素**の **углерод** ウグリロトや**酸素**の **Кислород** キスラロトの **род** ロトはロシア語で「生む」という意味であり、英語の -gen に相当する。ちなみに、キスラロトの前半は、**кисел** キセル「酸っぱい」に由来する。

水素 Водород ヴァダロトはロシア語の **вода** ヴァダ「水」に前述の **род** ロ「生む」を足したもの。ちなみに、お酒の **водка** ヴォトカ「ウォッカ」は、ヴァダ「水」に「指小辞」（小さなものや、愛称を表現する）を付けたもの。かつて、ウォッカが「命の水」と呼ばれていたが、命が略されて単に水になったと言われている。

水銀 Ртуть ルトゥチは、スラヴ祖語で「転がす、転がる」を意味する言葉から派生している。これは、水銀の粒がよく転がることを表現している。

ヒ素の **Мышьяк** ミシャクは、ロシア語で「ネズミ」を意味する **мышь** ミシュに由来する。これは、ヒ素が殺鼠剤として用いられていたことに由来する。ミシュと英語の mouse マウスとは同根語である。

18族 貴ガス
2 **He** ヘリウム Гелий ギェリー [gʲélʲij]

13族 ホウ素族	14族 炭素族	15族 窒素族	16族 酸素族	17族 ハロゲン	
5 **B** ホウ素 Бор ボル [bór]	6 **C** 炭素 Углерод ウグリロト [ugʲirót]	7 **N** 窒素 Азот アゾト [azót]	8 **O** 酸素 Кислород キスラロト [kʲislarót]	9 **F** フッ素 Фтор フトル [ftór]	10 **Ne** ネオン Неон ニオン [nʲión]
13 **Al** アルミニウム Алюминий アリュミニー [əlʲumʲinʲij]	14 **Si** ケイ素 Кремний クリェムニー [krʲémnʲij]	15 **P** リン Фосфор フォスフォル [fósfər]	16 **S** 硫黄 Сера スィエラ [sʲéra]	17 **Cl** 塩素 Хлор フロル [xlór]	18 **Ar** アルゴン Аргон アルゴン [argón]

10族	11族 銅族	12族 亜鉛族						
28 **Ni** ニッケル Никель ニキェリ [nʲíkʲilʲ]	29 **Cu** 銅 Медь ミェーチ [mʲétʲ]	30 **Zn** 亜鉛 Цинк ツィンク [tsínk]	31 **Ga** ガリウム Галлий ガッリー [gállij]	32 **Ge** ゲルマニウム Германий ギルマニー [gʲirmánʲij]	33 **As** ヒ素 Мышьяк ミシャク [miʂják]	34 **Se** セレン Селен スィリェン [sʲilʲén]	35 **Br** 臭素 Бром ブロム [bróm]	36 **Kr** クリプトン Криптон クリプトン [kriptón]
46 **Pd** パラジウム Палладий パッラーディー [palládʲij]	47 **Ag** 銀 Серебро スィリブロ [sʲirʲibró]	48 **Cd** カドミウム Кадмий カドミー [kádmij]	49 **In** インジウム Индий インヂー [ínʲdʲij]	50 **Sn** スズ Олово オラヴァ [óləvə]	51 **Sb** アンチモン Сурьма スリマ [sorʲmá]	52 **Te** テルル Теллур テッルル [tʲillúr]	53 **I** ヨウ素 Иод ヨト [jót]	54 **Xe** キセノン Ксенон クスィノン [ksʲinón]
78 **Pt** 白金 Платина プラチナ [plátʲinə]	79 **Au** 金 Золото ゾラタ [zólətə]	80 **Hg** 水銀 Ртуть ルトゥチ [rtútʲ]	81 **Tl** タリウム Таллий タッリー [tálʲij]	82 **Pb** 鉛 Свинец スヴィニェツ [svʲinʲéts]	83 **Bi** ビスマス Висмут ヴィスムト [vʲísmut]	84 **Po** ポロニウム Полоний パロニー [pʌlónʲij]	85 **At** アスタチン Астат アスタト [astát]	86 **Rn** ラドン Радон ラドン [radón]
110 **Ds** ダームスタチウム Дармштадтий ダルムシュタティー [darmʂtátʲij]	111 **Rg** レントゲニウム Рентгений リンギェニー [rʲingʲénʲij]	112 **Cn** コペルニシウム Коперниций カピルニツィー [kəpʲirnʲítsij]	113 **Nh** ニホニウム Нихоний ニホニー [nʲixónʲij]	114 **Fl** フレロビウム Флеровий フリロヴィー [flʲiróvʲij]	115 **Mc** モスコビウム Московий マスコヴィー [maskóvʲij]	116 **Lv** リバモリウム Ливерморий リヴィルモリー [lʲivʲirmórʲij]	117 **Ts** テネシン Теннессин チニシン [tʲinʲisʲin]	118 **Og** オガネソン Оганесон アガニソン [agənʲisón]

【背景の色】 発見者がロシア人→ピンク色、名前がロシアに関連→薄いピンク色

63 **Eu** ユウロピウム Европий イヴロピー [ivrópij]	64 **Gd** ガドリニウム Гадолиний ガダリニー [gədalʲínʲij]	65 **Tb** テルビウム Тербий テルビー [térbʲij]	66 **Dy** ジスプロシウム Диспрозий ヂスプロズィー [dʲisprózʲij]	67 **Ho** ホルミウム Гольмий ゴルミー [gólmij]	68 **Er** エルビウム Эрбий エルビー [érbij]	69 **Tm** ツリウム Тулий トゥリー [túlij]	70 **Yb** イッテルビウム Иттербий イテルビー [itérbʲij]	71 **Lu** ルテチウム Лютеций リョテツィー [lʲotétsij]
95 **Am** アメリシウム Америций アミリツィー [amʲirʲítsij]	96 **Cm** キュリウム Кюрий キュリー [kʲúrʲij]	97 **Bk** バークリウム Берклий ビェルクリー [bʲérklʲij]	98 **Cf** カリホルニウム Калифорний カリフォルニー [kəlʲifórnʲij]	99 **Es** アインスタイニウム Эйнштейний エンシュテイニー [enʂtʲejnʲij]	100 **Fm** フェルミウム Фермий フィエルミー [fʲérmʲij]	101 **Md** メンデレビウム Менделевий ミンヂリェヴィー [mʲinʲdʲilʲévʲij]	102 **No** ノーベリウム Нобелий ナビェリー [nabʲélʲij]	103 **Lr** ローレンシウム Лоуренсий ラウリェンシィー [ləurʲénsʲij]

※[s̺]は、反り舌で「シャ行」の音を発音する。

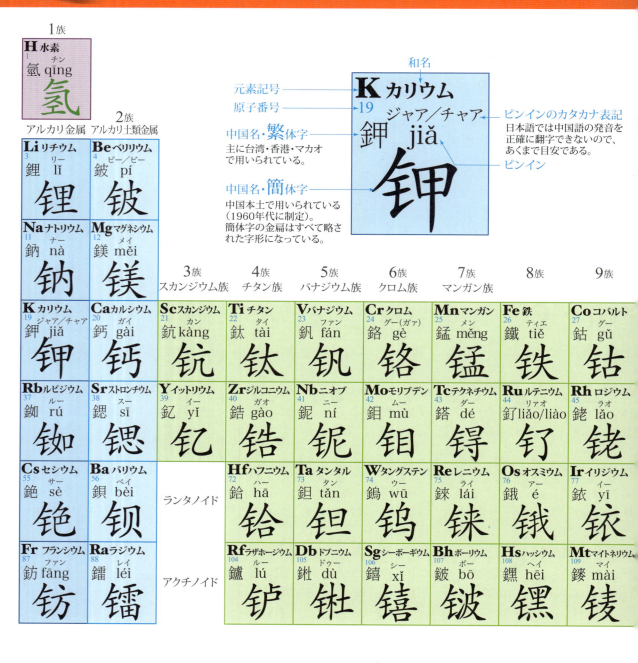

中国語 周期表

中国語の元素名は漢字一文字で表現され、常温で気体か液体か、また金属か非金属かが、漢字の偏によって表現されており、とても組織的である。

イギリスの宣教師・医師ベンジャミン・ホブソン Benjamin Hobson（1816-1873）は、中国に近代化学を紹介。その訳本の中で、50以上の元素を記し、酸素を養氣ないし生氣、水素は軽氣ないし水母氣、窒素は淡氣と訳した。清朝末の数学者・化学者徐寿（1818-1884）は、訳本の『化学鑑原』の中で、**性質を示す部首（石偏や金偏）** ＋**ラテン語の第1ないし第2音節**を組み合わせた一文字元素名を定め、現在の名称の基礎となった。

徐寿は、炭（炭素）、燐、養氣（酸素）などの元素名は、一般に既に呼びならわされたものを変更しなかったが、後の統一化の際、性質を示す偏が付いた碳、硫、硅、氧といった新しい漢字が造られた（炭の字は今も木炭や石炭としての材料名として使われている）。もっとも、分子名、また気体としての酸素は、今も養氣の字が使われている。

凡例

鎳 硅 溴 汞 氮

金偏…常温で固体 金属元素
石偏…常温で固体 非金属元素
さんずい…常温で液体
きがまえ…常温で気体

18族 貴ガス

He ヘリウム 2 ハイ hài 氦

13族 ホウ素族 / 14族 炭素族 / 15族 窒素族 / 16族 酸素族 / 17族 ハロゲン

13族 ホウ素族	14族 炭素族	15族 窒素族	16族 酸素族	17族 ハロゲン	18族 貴ガス
B ホウ素 5 ポン péng 硼	**C** 炭素 6 タン tàn 碳	**N** 窒素 7 ダン/タン dàn 氮	**O** 酸素 8 イェン/ヤン yǎng 氧	**F** フッ素 9 フー fú 氟	**Ne** ネオン 10 ナイ nǎi 氖
Al アルミニウム 13 リュー lǚ 鋁	**Si** ケイ素 14 グイ guī 硅	**P** リン 15 リン lín 磷	**S** 硫黄 16 リュウ liú 硫	**Cl** 塩素 17 リュー lǜ 氯	**Ar** アルゴン 18 ヤー yà 氬

10族 / 11族 銅族 / 12族 亜鉛族

Ni ニッケル 28 ニィエ niè 鎳	**Cu** 銅 29 トン tóng 銅	**Zn** 亜鉛 30 シン xīn 鋅	**Ga** ガリウム 31 ジア/チア jiā 鎵	**Ge** ゲルマニウム 32 ジャー zhě 鍺	**As** ヒ素 33 シェン shēn 砷	**Se** セレン 34 シー xī 硒	**Br** 臭素 35 シゥ xiù 溴	**Kr** クリプトン 36 カー kè 氪
Pd パラジウム 46 パー/パー pá, bǎ 鈀	**Ag** 銀 47 イン yín 銀	**Cd** カドミウム 48 グー（ガァ） gé 鎘	**In** インジウム 49 イン yīn 銦	**Sn** スズ 50 シー xī 錫	**Sb** アンチモン 51 ティー tī 銻	**Te** テルル 52 ディー dì 碲	**I** ヨウ素 53 ディエン diǎn 碘	**Xe** キセノン 54 シエン xiān 氙
Pt 白金 78 ボー bó 鉑	**Au** 金 79 ジン jīn 金	**Hg** 水銀 80 ゴン gǒng 汞	**Tl** タリウム 81 シャー shé 鉈	**Pb** 鉛 82 チェン qiān 鉛	**Bi** ビスマス 83 ビー/ピー bì, pí 鉍	**Po** ポロニウム 84 ポー pō 釙	**At** アスタチン 85 アイ ài 砹	**Rn** ラドン 86 ドン dōng 氡
Os オスミウム 108 ダー dá 鏍	**Rg** レントゲニウム 111 ルン lún 錀	**Cn** コペルニシウム 112 グー（ガァ） gē 鎶	**Nh** ニホニウム 113 ニィー nǐ 鉨	**Fl** フレロビウム 114 フゥー fū 鈇	**Mc** モスコビウム 115 モォー mò 鏌	**Lv** リバモリウム 116 リィー lì 鉝	**Ts** テネシン 117 ティエン tián 硱	**Og** オガネソン 118 アオ ào 鿫

Eu ユウロビウム 63 イオウ（ヨウ） yǒu 銪	**Gd** ガドリニウム 64 ガー gá 釓	**Tb** テルビウム 65 ター tè 鋱	**Dy** ジスプロシウム 66 ディー dí/dī 鏑	**Ho** ホルミウム 67 フゥオ huǒ 鈥	**Er** エルビウム 68 アール ěr 鉺	**Tm** ツリウム 69 ディゥ diū 銩	**Yb** イッテルビウム 70 イー yì 鐿	**Lu** ルテチウム 71 ルー lǔ 鑥
Am アメリシウム 95 メイ méi / メン néng 鎇	**Cm** キュリウム 96 ジュー jú 鋦	**Bk** バークリウム 97 ペイ péi / ベイ běi 錇	**Cf** カリホルニウム 98 カイ kāi 鐦	**Es** アインスタイニウム 99 アイ āi / アイ ài 鎄	**Fm** フェルミウム 100 フェイ fèi 鐨	**Md** メンデレビウム 101 メン mén 鍆	**No** ノーベリウム 102 ノゥオ nuò 鍩	**Lr** ローレンシウム 103 ラオ láo 鐒

ハングル 周期表

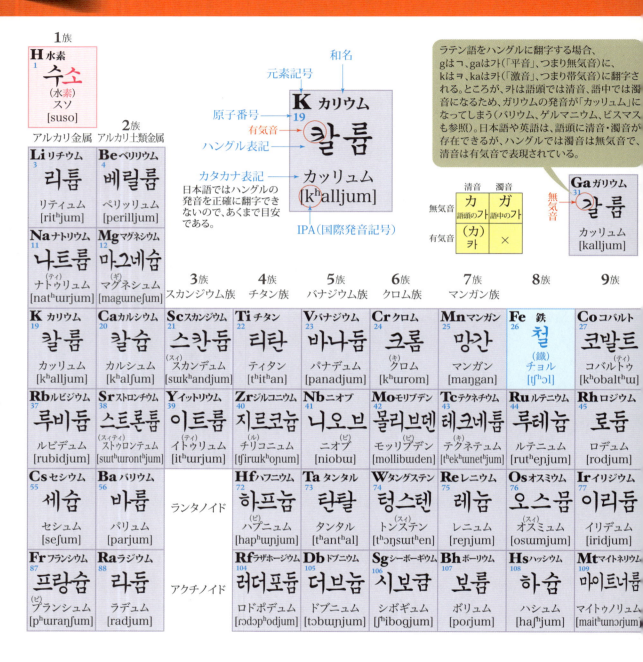

ハングルの元素名は、ラテン語由来のものが大半を占め、古来からある名称は中国語由来のものが多い。ごくわずかに朝鮮語／韓国語古来の語がある。ただし、「〜素」と名の付く元素は、中国語の系統の漢字が使われておらず、明治期に日本語の訳語を字したものが多い。フッ素や臭素に関しては、ラテン語を翻字したものが用いられている。

凡例

- **Cd** カドミウム／카드뮴（ディ）カドゥミュム [khadimjum]：ラテン語に由来する元素名
- **Fe** 鉄／철（鐵）チョル [tʃʰol]：中国語に由来する ないしは 朝鮮語／韓国語に固有の元素名
- **N** 窒素／질소（窒素）チルソ [tʃilso]：〜素（소）の付く元素名

18族 貴ガス

| He ヘリウム 2 | 헬륨 / ヘッリュム [helljum] |

13族 ホウ素族 / 14族 炭素族 / 15族 窒素族 / 16族 酸素族 / 17族 ハロゲン

- **B** ホウ素 5 ／ 붕소（硼素）プンソ [puŋso]
- **C** 炭素 6 ／ 탄소（炭素）ターンソ [tʰaːnso]
- **N** 窒素 7 ／ 질소（窒素）チルソ [tʃilso]
- **O** 酸素 8 ／ 산소（酸素）サンソ [saːnso]
- **F** フッ素 9 ／ 플루오르 プッルオル [pʰulluoru]
- **Ne** ネオン 10 ／ 네온 ネオン [neon]

- **Al** アルミニウム 13 ／ 알루미늄 アッルミニュム [alluminjum]
- **Si** ケイ素 14 ／ 규소（珪素/硅素）キュソ [kjuso]
- **P** リン 15 ／ 인（燐）イン [in]
- **S** 硫黄 16 ／ 황（黃）ファン [hwaŋ]
- **Cl** 塩素 17 ／ 염소（鹽素）※鹽＝塩 ヨムソ [jɔmso]
- **Ar** アルゴン 18 ／ 아르곤 アルゴン [arugon]

10族 / 11族 銅族 / 12族 亜鉛族

- **Ni** ニッケル 28 ／ 니켈 ニケル [nikʰel]
- **Cu** 銅 29 ／ 구리 クリ [kuri]
- **Zn** 亜鉛 30 ／ 아연（亞鉛）アヨン [ajon]
- **Ga** ガリウム 31 ／ 갈륨 カッリュム [kalljum]
- **Ge** ゲルマニウム 32 ／ 게르마늄 ケルマニュム [kerumaɲjum]
- **As** ヒ素 33 ／ 비소（砒素）ピーソ [piːso]
- **Se** セレン 34 ／ 셀렌 セッレン [sellen]
- **Br** 臭素 35 ／ 브롬 プロム [purom]
- **Kr** クリプトン 36 ／ 크립톤 クルプトン [kʰuriptʰon]

- **Pd** パラジウム 46 ／ 팔라듐 パッラデュム [pʰalladjum]
- **Ag** 銀 47 ／ 은（銀）ウン [un]
- **Cd** カドミウム 48 ／ 카드뮴 カドゥミュム [kʰadumjum]
- **In** インジウム 49 ／ 인듐 インデュム [indjum]
- **Sn** スズ 50 ／ 주석（朱錫）チュソク [tʃusɔk]
- **Sb** アンチモン 51 ／ 안티몬 アンティモン [antʰimon]
- **Te** テルル 52 ／ 텔루르 テッルル [tʰelluru]
- **I** ヨウ素 53 ／ 요오드 ヨオドゥ [joodu]
- **Xe** キセノン 54 ／ 크세논 クセノン [kʰusenon]

- **Pt** 白金 78 ／ 백금（白金）ペックム [pekkum]
- **Au** 金 79 ／ 금（金）クム [kum]
- **Hg** 水銀 80 ／ 수은（水銀）スウン [suun]
- **Tl** タリウム 81 ／ 탈륨 タッリュム [tʰalljum]
- **Pb** 鉛 82 ／ 납（鉛）ナプ [nap]
- **Bi** ビスマス 83 ／ 비스무트（ビスィムティ）ピスムトゥ [pisumutʰu]
- **Po** ポロニウム 84 ／ 폴로늄 ポッロニュム [pʰollonjum]
- **At** アスタチン 85 ／ 아스타틴（スィ）アスタティン [asutʰatʰin]
- **Rn** ラドン 86 ／ 라돈 ラドン [radon]

- **Ds** ダームスタチウム 110 ／ 다름슈타튬 ダルムシュタティュム [tarumʃʰjutʰatʰjum]
- **Rg** レントゲニウム 111 ／ 뢴트게늄 ルェントゥゲニュム [røntʰɯgenjum]
- **Cn** コペルニシウム 112 ／ 코페르니슘 コペルニシュム [kʰopʰerumiɲʃjum]
- **Nh** ニホニウム 113 ／ 니호늄 ニホニュム [nihonjum]
- **Fl** フレロビウム 114 ／ 플레로븀 プルレロビュム [pʰullerobjum]
- **Mc** モスコビウム 115 ／ 모스코븀 モスコビュム [mosʰukʰobjum]
- **Lv** リバモリウム 116 ／ 리버모륨 リボモリュム [ribomorjum]
- **Ts** テネシン 117 ／ 테네신 テネシン [tʰeneʃʰin]
- **Og** オガネソン 118 ／ 오가네손 オガネソン [oganeʃʰon]

- **Eu** ユウロピウム 63 ／ 유로퓸 ユロピュム [juropʰjum]
- **Gd** ガドリニウム 64 ／ 가돌리늄 カドッリニュム [kadollinjum]
- **Tb** テルビウム 65 ／ 테르븀 テルビュム [tʰerubjum]
- **Dy** ジスプロシウム 66 ／ 디스프로슘（スィビ）ティスプロシュム [tisupʰuroʃum]
- **Ho** ホルミウム 67 ／ 홀뮴 ホルミュム [holmjum]
- **Er** エルビウム 68 ／ 에르븀 エルビュム [erubjum]
- **Tm** ツリウム 69 ／ 툴륨 トゥッリュム [tʰulljum]
- **Yb** イッテルビウム 70 ／ 이테르뷰（リ）イテルビュム [itʰerubjum]
- **Lu** ルテチウム 71 ／ 루테튬 ルテテュム [rutʰetʰjum]

- **Am** アメリシウム 95 ／ 아메리슘 アメリシュム [ameriʃum]
- **Cm** キュリウム 96 ／ 퀴륨（ク）キュリュム [kʰyrjum]
- **Bk** バークリウム 97 ／ 버클륨（キ）ポクッリュム [pɔkʰulljum]
- **Cf** カリホルニウム 98 ／ 칼리포늄 カッリポニュム [kʰallipʰorunjum]
- **Es** アインスタイニウム 99 ／ 아인슈타이늄 アインシュタイニュム [ainʃʰutʰainjum]
- **Fm** フェルミウム 100 ／ 페르뮴（リ）ペルミュム [pʰerumjum]
- **Md** メンデレビウム 101 ／ 멘델레븀 メンデッレビュム [mendellebjum]
- **No** ノーベリウム 102 ／ 노벨륨 ノベッリュム [nobelljum]
- **Lr** ローレンシウム 103 ／ 로렌슘 ロレンシュム [rorenʃum]

原子半径・共有結合半径・イオン半径

単位はピコメートル（pm）
オングストローム（Å）とも
いえる。

原子半径

イオン半径

11 **Na** ナトリウム	
原子半径	2.23
共有結合半径	1.54
イオン半径	1.02

17 **Cl** 塩素	
原子半径	0.97
共有結合半径	0.99
イオン半径	1.81

イオン半径

原子半径

1族

1 **H** 水素	
原子半径	0.79
共有結合半径	0.32
イオン半径	0.012

2族
アルカリ金属　アルカリ土類金属

Na　→　Na⁺

原子半径 **2.23**　　イオン半径 **1.02**

Cl　→　Cl⁻

原子半径 **0.97**　　イオン半径 **1.81**

Na では最外殻が M 殻から L 殻に変わり小さくなる。Cl と Cl⁻ では、最外殻そのものは M 殻で変わりはないが、電子を得たために電子同士が反発する力（斥力）が働き、イオン半径が大きくなる。

イオン半径とは、陽イオンや陰イオンを球形とみなしたときの半径。陽イオンのイオン半径は電子を失い原子半径よりも小さくなるが、陰イオンのイオン半径は電子を得て原子半径よりも大きくなる。

3 **Li** リチウム	
原子半径	2.05
共有結合半径	1.23
イオン半径	0.76

4 **Be** ベリリウム	
原子半径	1.4
共有結合半径	0.9
イオン半径	0.35

11 **Na** ナトリウム	
原子半径	2.23
共有結合半径	1.54
イオン半径	1.02

12 **Mg** マグネシウム	
原子半径	1.72
共有結合半径	1.36
イオン半径	0.72

3族 スカンジウム族　**4族** チタン族　**5族** バナジウム族　**6族** クロム族　**7族** マンガン族　**8族**　**9族**

19 **K** カリウム	
原子半径	2.77
共有結合半径	2.03
イオン半径	1.38

20 **Ca** カルシウム	
原子半径	2.23
共有結合半径	1.74
イオン半径	0.99

21 **Sc** スカンジウム	
原子半径	2.09
共有結合半径	1.44
イオン半径	0.745

22 **Ti** チタン	
原子半径	2
共有結合半径	1.32
イオン半径	0.605

23 **V** バナジウム	
原子半径	1.92
共有結合半径	1.22
イオン半径	0.59

24 **Cr** クロム	
原子半径	1.85
共有結合半径	1.18
イオン半径	0.52

25 **Mn** マンガン	
原子半径	1.79
共有結合半径	1.17
イオン半径	0.46

26 **Fe** 鉄	
原子半径	1.72
共有結合半径	1.17
イオン半径	0.645

27 **Co** コバルト	
原子半径	1.67
共有結合半径	1.16
イオン半径	0.745

37 **Rb** ルビジウム	
原子半径	2.98
共有結合半径	2.16
イオン半径	1.52

38 **Sr** ストロンチウム	
原子半径	2.45
共有結合半径	1.91
イオン半径	1.12

39 **Y** イットリウム	
原子半径	2.27
共有結合半径	1.62
イオン半径	0.9

40 **Zr** ジルコニウム	
原子半径	2.16
共有結合半径	1.45
イオン半径	0.72

41 **Nb** ニオブ	
原子半径	2.08
共有結合半径	1.34
イオン半径	0.69

42 **Mo** モリブデン	
原子半径	2.01
共有結合半径	1.3
イオン半径	0.65

43 **Tc** テクネチウム	
原子半径	1.95
共有結合半径	1.27
イオン半径	0.56

44 **Ru** ルテニウム	
原子半径	1.89
共有結合半径	1.25
イオン半径	0.68

45 **Rh** ロジウム	
原子半径	1.83
共有結合半径	1.25
イオン半径	0.68

55 **Cs** セシウム	
原子半径	3.34
共有結合半径	2.35
イオン半径	1.67

56 **Ba** バリウム	
原子半径	2.78
共有結合半径	1.98
イオン半径	1.35

ランタノイド　アクチノイド

72 **Hf** ハフニウム	
原子半径	2.16
共有結合半径	1.44
イオン半径	0.71

73 **Ta** タンタル	
原子半径	2.09
共有結合半径	1.34
イオン半径	0.64

74 **W** タングステン	
原子半径	2.02
共有結合半径	1.3
イオン半径	0.62

75 **Re** レニウム	
原子半径	1.97
共有結合半径	1.28
イオン半径	0.56

76 **Os** オスミウム	
原子半径	1.92
共有結合半径	1.26
イオン半径	0.63

77 **Ir** イリジウム	
原子半径	1.87
共有結合半径	1.27
イオン半径	0.625

87 **Fr** フランシウム	
原子半径	0
共有結合半径	0
イオン半径	1.8

88 **Ra** ラジウム	
原子半径	0
共有結合半径	0
イオン半径	1.43

ランタノイド

57 **La** ランタン	
原子半径	2.74
共有結合半径	1.69
イオン半径	1.061

58 **Ce** セリウム	
原子半径	2.7
共有結合半径	1.65
イオン半径	1.034

59 **Pr** プラセオジム	
原子半径	2.67
共有結合半径	1.65
イオン半径	1.013

60 **Nd** ネオジム	
原子半径	2.64
共有結合半径	1.64
イオン半径	0.995

61 **Pm** プロメチウム	
原子半径	2.62
共有結合半径	1.63
イオン半径	0.979

62 **Sm** サマリウム	
原子半径	2.59
共有結合半径	1.62
イオン半径	0.964

アクチノイド

89 **Ac** アクチニウム	
原子半径	1.88
共有結合半径	0
イオン半径	1.119

90 **Th** トリウム	
原子半径	0
共有結合半径	1.65
イオン半径	0.972

91 **Pa** プロトアクチニウム	
原子半径	0
共有結合半径	0
イオン半径	0.78

92 **U** ウラン	
原子半径	0
共有結合半径	1.42
イオン半径	0.52

93 **Np** ネプツニウム	
原子半径	0
共有結合半径	0
イオン半径	0.75

94 **Pu** プルトニウム	
原子半径	0
共有結合半径	0
イオン半径	0.887

原子半径とは、原子を球形とみなしたときの半径のこと（図では黄色い球で相対的な大きさを示した）。原則的には、周期表の右側の方が原子番号が大きく、陽子数が多いため、電子を引き付ける強さが強くなり、右側の方が原子半径が小さくなる。また同一の族では、大抵は下にいくほど大きくなる。それで、周期表上の原子半径は右上がより小さく、左下がより大きくなる。

ランタノイドでは原子番号が大きくなるにつれて 4f 軌道が電子で満たされていく。4f 軌道で増加する電子は核電荷を十分に遮蔽できないため、最外殻電子が強く核に引き付けられるようになり、原子番号が大きいほど原子・イオン半径が収縮する。これを**ランタノイド収縮**という。

57 La ランタン	64 Gd ガドリニウム	71 Lu ルテチウム
原子半径 2.74	原子半径 2.54	原子半径 2.25
共有結合半径 1.69	共有結合半径 1.61	共有結合半径 1.56
イオン半径 1.061	イオン半径 0.938	イオン半径 0.848

ランタノイド収縮には、アインシュタインの相対論的な効果もわずかに影響している。s 軌道やp 軌道の電子が原子核に近づくと大きく加速し、質量が増加する。核と電子がより強く引き合い軌道半径が収縮する。

同一の族では、大抵は下にいくほど大きくなるが、ジルコニウムとハフニウムでは、原子半径もイオン半径もほぼ等しいため、化学的性質が極めて似ており、それがハフニウム発見を困難にした。

ジルコニウム — 原子半径 2.16、共有結合半径 1.45、イオン半径 0.72
ハフニウム — 原子半径 2.16、共有結合半径 1.44、イオン半径 0.71

	13族 ホウ素族	14族 炭素族	15族 窒素族	16族 酸素族	17族 ハロゲン	18族 希ガス
						2 He ヘリウム 原子半径 0.49 共有結合半径 0.93 イオン半径 0
	5 B ホウ素 1.17 / 0.82 / 0.23	6 C 炭素 0.91 / 0.77 / 0	7 N 窒素 0.75 / 0.75 / 0.13	8 O 酸素 0.65 / 0.73 / 1.4	9 F フッ素 0.57 / 0.72 / 1.33	10 Ne ネオン 0.51 / 0.71 / 0
	13 Al アルミニウム 1.82 / 1.18 / 0.535	14 Si ケイ素 1.46 / 1.11 / 0.4	15 P リン 1.23 / 1.06 / 0.38	16 S 硫黄 1.09 / 1.02 / 0.37	17 Cl 塩素 0.97 / 0.99 / 1.81	18 Ar アルゴン 0.88 / 0.98 / 0

10族	11族 銅族	12族 亜鉛族							
28 Ni ニッケル 1.62 / 1.15 / 0.69	29 Cu 銅 1.57 / 1.17 / 0.73	30 Zn 亜鉛 1.53 / 1.25 / 0.74	31 Ga ガリウム 1.81 / 1.26 / 0.62	32 Ge ゲルマニウム 1.52 / 1.22 / 0.53	33 As ヒ素 1.33 / 1.2 / 0.58	34 Se セレン 1.22 / 1.16 / 0.5	35 Br 臭素 1.12 / 1.14 / 1.96	36 Kr クリプトン 1.03 / 1.12 / 0
46 Pd パラジウム 1.79 / 1.28 / 0.86	47 Ag 銀 1.75 / 1.34 / 1.26	48 Cd カドミウム 1.71 / 1.48 / 0.97	49 In インジウム 2 / 1.44 / 0.8	50 Sn スズ 1.72 / 1.41 / 0.69	51 Sb アンチモン 1.53 / 1.41 / 0.76	52 Te テルル 1.42 / 1.36 / 0.97	53 I ヨウ素 1.32 / 1.33 / 2.2	54 Xe キセノン 1.24 / 1.31 / 0
78 Pt 白金 1.83 / 1.3 / 0.625	79 Au 金 1.79 / 1.34 / 0.85	80 Hg 水銀 1.76 / 1.49 / 1.02	81 Tl タリウム 2.08 / 1.48 / 1.5	82 Pb 鉛 1.81 / 1.47 / 1.19	83 Bi ビスマス 1.63 / 1.46 / 1.03	84 Po ポロニウム 1.53 / 1.46 / 2.3	85 At アスタチン 1.43 / 1.45 / 0	86 Rn ラドン 1.34 / 0 / 0

63 Eu ユウロピウム	64 Gd ガドリニウム	65 Tb テルビウム	66 Dy ジスプロシウム	67 Ho ホルミウム	68 Er エルビウム	69 Tm ツリウム	70 Yb イッテルビウム	71 Lu ルテチウム
2.56 / 1.85 / 0.947	2.54 / 1.61 / 0.938	2.51 / 1.59 / 0.923	2.49 / 1.59 / 0.912	2.47 / 1.58 / 0.901	2.45 / 1.57 / 0.881	2.42 / 1.56 / 0.869	2.4 / 1.74 / 0.858	2.25 / 1.56 / 0.848

95 Am アメリシウム	96 Cm キュリウム	97 Bk バークリウム	98 Cf カリホルニウム	99 Es アインスタイニウム	100 Fm フェルミウム	101 Md メンデレビウム	102 No ノーベリウム	103 Lr ローレンシウム
0 / 0 / 0.982	0 / 0 / 0.97	0 / 0 / 0.949	0 / 0 / 0.934	0 / 0 / 0.925			0 / 0 / 1.1	

変わり種周期表

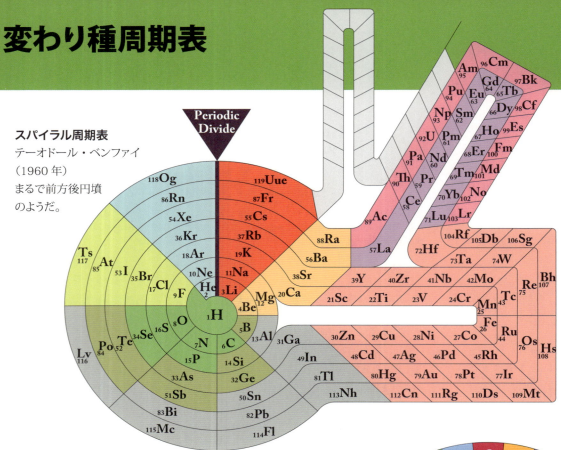

スパイラル周期表
テーオドール・ベンファイ
（1960年）
まるで前方後円墳のようだ。

現在広まっている周期表以外にも数十という周期表の形が提案されてきた。現在の周期表は、貴ガスのすぐ左隣がハロゲンで、アルカリ金属がずっと離れた位置にある。本来ならばアルカリ金属に隣接しても良いはずなので、その連続性を表現するために、このページで示したような様々な円形の周期表も提案されてきた。

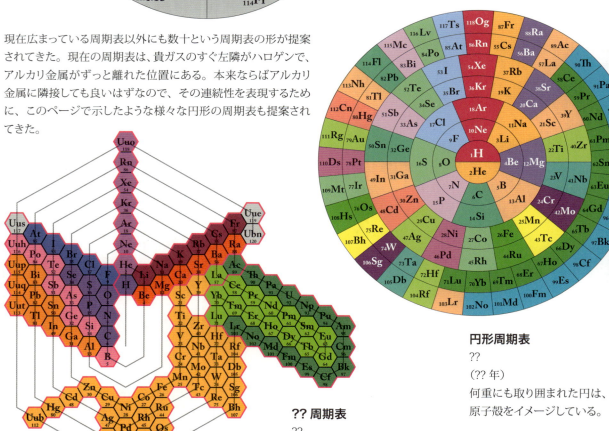

?? 周期表
??
（?? 年）

円形周期表
??
（?? 年）
何重にも取り囲まれた円は、原子殻をイメージしている。

元素記号 言葉あそび

欧米では、元素記号を使ったクイズや、言葉あそびがよく見られる。よく広まっているものに加え、私が作ったクイズや言葉遊びをここで紹介する。

問1 コバルトとニッケル、ラドンとウランでできている空想上の生き物は何？

答1 ユニコーン

問2 酸素とマグネシウムが結婚した。それを聞いてみんなは何と叫んだか？

答2 **O My God!** オーマイガー（何てこった！）。
OMG は O My God の省略形。

問3 ケイ素にたずねた。「君の元素記号は英語で Si だね。ではスペイン語でも元素記号は Si かな？」ケイ素は何と答えたか？

答3 **Si！**（スィー！）。スペイン語で Yes は Si という。

問4 朝食に最適の元素は何？

答4 バリウムとコバルトと窒素。
ベーコン（BaCoN）

問5 未確認飛行物体は、どの元素を燃料に使っているでしょう？

答5 ウランとフッ素と酸素

問6 父と母と兄が体重を比べました。一番軽いのはだれ？

答6 父（Father）

 F, At, H, Er の質量の合計は
19 + 210 + 1 + 167 = **397**

 Mo, Th, Er の質量の合計は
96 + 210 + 167 = **473**

 Br, O, Th, Er の質量の合計は
80 + 16 + 210 + 167 = **473**

一番質量が軽いのは、「父」。

ちなみに、元素記号を並べて地名や単語を表現した T シャツやシールが、外国でよく販売されている。例えば、バルセロナの略号 BCN を用いてこのような図柄が造られている。

I Love
BCN（BarCeloNa）
アイ・ラヴ バースィロウナ

※ BCN の並びが周期表の順番通りだ。

こうした元素記号の組み合わせを作るのに役立つサイトが、ネット上にはいくつもある。Google などの検索サイトで、"Periodic Table speller" で検索すれば、文字列を入れるとそのスペルを元素記号を使って表示してくれる役立ちサイトがいくつも見つかるはず。

ちなみに、私の名前「ひろし」は、水素・イリジウム・オスミウム・水素・ヨウ素でできていることが、すぐに見つかった。

ブロック立体周期表（イオン半径版）

2次元の周期表を各々の元素のもつ性質の値に応じて、高さを変えた3DCG周期表は、周期表上の元素の類似性を検討するのに最適である（p.73で示した比重周期表も参照）。3DCGアプリを使えば3DCG周期表を作れるが、実はオモチャのブロックを利用すれば簡単に立体周期表を作ることができる。

レゴやダイヤブロックでは、出来上がりがかなり大きくなるため、ナノブロックで作成した。この模型は「姫路城 スペシャルデラックスエディション」のパーツを利用した。

パロディー周期表

周期表をまねたデザインで、さまざまなテーマの「パロディー周期表」が造られている。
Web検索で、「periodic table parody」などのワードで調べてみれば、「ビール周期表」「お肉周期表」「ハンバーガー周期表」「野菜周期表」「フルーツ周期表」「スポーツカー周期表」「フォント周期表」「アプリ周期表」「アドビ製品周期表」「ガンダム周期表」「トランスフォーマー周期表」「アメリカ大統領周期表」「合衆国の州周期表」「犬周期表」「猫周期表」「馬周期表」など、ありとあらゆるものが見つかる。私も「ホネホネ周期表」を造ってみた。みんなも好きなテーマで周期表を造ってみよう。

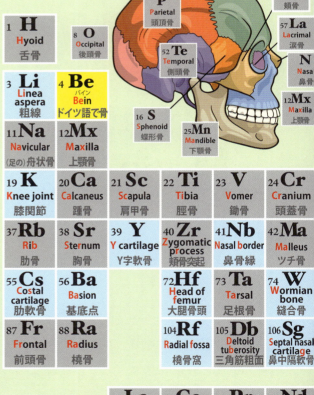

ビジネスエレメント周期表

Mk … Markettig, Tc … Tactic, Fc …Forecast
Sl … Sales, Pl … Plan, Lg … Logistics 等。

画像：shutterstock.com

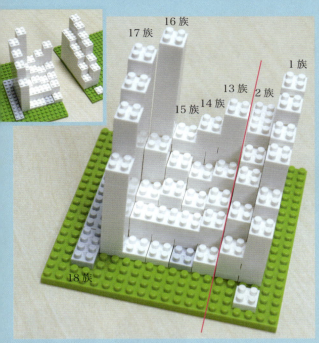
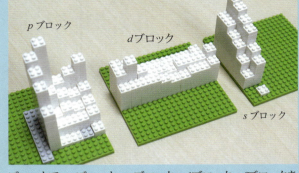
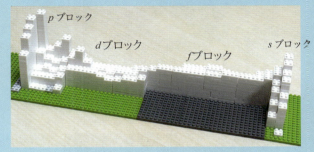

ブロックで、sブロック、pブロック、dブロック、fブロックを分けてみた。下の写真は、fブロック（ランタノイド・アクチノイド）をsブロックとdブロックに置いた（32列周期表）。

遷移金属を取り外し、2族のアルカリ土類金属と13族のホウ素族を隣り合わせた。短周期表タイプのこの立体周期表の方が、よりスムーズな「山」と「谷」の形になる。

ホネホネ周期表

Calcium カルシウム Ca と Calcaneus 踵骨、またラジウム Ra と Radius 橈骨は、語源的にも共通している。

凡例		
各国語の骨（黄）	骨名（灰）	骨の部分や骨の関連語の名称（青）

1	2	13	14	15	16	17	18
							2 Hi / Hip bone / 寛骨
		5 B / Bone / 英語で骨	6 C / Capitate / 有頭骨	7 N / Nasal / 鼻骨	8 O / Occipital / 後頭骨	9 F / Fibula / 腓骨	10 Ne / Neck bone / 頸の骨
		13 Al / Ala of ilium / 腸骨翼	14 Si / Isciam 坐骨 / Sciatic 坐骨の	15 P / Parietal / 頭頂骨	16 S / Sphenoid / 蝶形骨	17 Cl / Clavicle / 鎖骨	18 Ar / Articular / 関節の〜
25 Mn / Mandible / 下顎骨	26 Fe / Femur / 大腿骨	27 Co / Coccyx / 尾骨	28 Ni / Nasion / 鼻根点	29 Cu / Cuboid / 立方骨	30 Zn / Zygomaticofacial foramen / 頬骨顔面孔	31 Ga / Crista Galli / 鶏冠	32 Ge / Groove / 溝	33 As / Axis / 軸椎	34 Se / Sesamoid / 種子骨	35 Br / Bregma / ブレグマ	36 Ko / Кость / ロシア語で骨
43 Tq / Triquetrum / 三角骨	44 Ru / Ramus of mandible / 下顎枝	45 Rh / Ramus of ischium / 坐骨枝	46 Pd / Pedicle / 椎弓根	47 Ag / Angle of rib / 肋骨角	48 Cd / Coronoid process / 筋突起	49 In / Incus / キヌタ骨	50 Sp / Scaphoid / (手の)舟状骨	51 St / Stapes / アブミ骨	52 Te / Temporal / 側頭骨	53 I / Ilium / 腸骨	54 Xe / Xiphoid process / 剣状突起
75 Re / Red bone marrow / 赤色骨髄	76 Os / Os / ラテン語で骨	77 Ir / Inferior nasal concha / 下鼻甲介	78 Pt / Patella / 膝蓋骨	79 Au / Auditory ossicles / 耳小骨	80 Ha / Hamate / 有鈎骨	81 Tl / Talus / 距骨	82 Pb / Pubis / 恥骨	83 Bi / Body of incus / キヌタ骨体	84 Po / Porus / 孔	85 At / Atlas / 環椎	86 Rn / Radial notch / 橈骨切痕
107 Bh / Body of hyoid / 舌骨体	108 Hs / Humerus / 上腕骨	109 Mt / Metatarsal / 中足骨	110 Ds / Distal phalanx / 末節骨	111 Rg / Ring apophysis / 輪状骨端	112 Cn / Canalis incisivus / 切歯管	113 Nh / Nasal notch / 鼻切痕	114 Fl / Floating ribs / 浮遊肋	115 Mc / Metacarpal / 中手骨	116 Lv / Clivus / 斜台	117 Ts / Turkish saddle / トルコ鞍	118 Og / Orbital margin / 眼窩縁
61 Pm / Pisiform / 豆状骨	62 Sm / Sacrum / 仙骨	63 Eu / External acoustic meatus / 外耳道	64 Gd / Groove for Sigmoid sinus / S状洞溝	65 Td / Trapezoid / 小菱形骨	66 Zy / Zygomatic / 頬骨	67 Ho / Hone / 日本語で骨	68 Et / Ethmoid / 篩骨	69 Tm / Trapezium / 大菱形骨	70 Yb / Yellow bone marrow / 黄色骨髄	71 Lu / Lunate / 月状骨
93 Np / Nasopharyngeal meatus / 鼻咽道	94 Pu / Pubic arch / 恥骨弓	95 Am / Angle of mandible / 下顎角	96 Cm / Cuneiform / 楔状骨	97 Bk / Base of skull / 頭蓋底	98 Cp / Carpal / 手根骨	99 Es / Epiphysis / 骨端	100 Fm / Foramen magnum / 大後頭孔	101 Md / Middle phalanx / 中節骨	102 No / Nasolacrimal canal / 鼻涙管	103 Lr / Lumbar vertebra / 腰椎

129

元素コレクション（コイン & 気体編）

元素コレクターのために、コイン形をした元素標本が販売されている。コインの表に元素記号その他の情報が書かれている（まだコンプリートしていない）。

下の写真は、貴ガスが周期表の順番通りに封入されたガス放電管。実際には上から順番に発光している（イギリスからの輸入品）。それぞれ独特の色を発しているのがよく分かる。同じ電圧でも、ネオンが最も明るく輝いている。これを分光器でみると、それぞれに特徴的なスペクトルを観察できる。

著者はランタノイドの金属の単体や酸化物・鉱物のコレクションを前から集めていた。10年くらい前に買った標本は購入当初は美しい金属光沢があったが、空気に触れないようにオイルに浸けられていたにも関わらず、今ではどれも見事に黒ずんでしまった。一方、貴ガスに封入されていた標本（左の写真）は今も輝きを保っている。元素を収集する際には、保管方法にも注意を払うことをおススメする。

チタン Ti 239g（比重 4.54）
マグネシウム Mg 92g（比重 1.74）
銅 Cu 470g（比重 8.96）
炭素 C 97g（比重 2.26）
タングステン W 1048g（比重 19.4）
ジルコニウム Zr 350g（比重 6.51）

直径 35.3mm、高さ 55.0mm（体積 52.89 cm³）の元素の単体標本。手のひらに載るサイズにも関わらずタングステンは約1kgもあるので、軽い元素を持ってもらった後に、タングステンを手渡すと、誰しもがとても驚く。中には協力な磁石で机にくっついているのかと思う人もいる。他の人の反応がみるのが楽しい逸品である。

元素コレクション（毒々しい色のウラン鉱石）

● 燐灰ウラン鉱 autunite $Ca(UO_2)_2(PO_4)_2$ は、別名「ウラン雲母」。紫外線を照射すると、黄緑色の蛍光を強く発する。酸素と結合した六価のウランイオン $(UO_2)^{2+}$ は紫外線を受けると、最外殻の電子が「基底状態」からエネルギー的に高い「励起状態」になる。やがて自然に基底状態に戻るが、その時に差分のエネルギーを黄緑色の波長の光として放出する。

● キュリー石 Curite $Pb_3(UO_2)_8O_8(OH)_6$
キュリー夫妻にちなんで名付けられた鉱物。極めて放射性は高い。鮮やかなオレンジ色（ウランの鉱石には派手な色のものが多い）。しかし、キュリー石には蛍光性はない。ウランの鉱石すべてが蛍光性を示すわけではない。この標本はガイガーカウンターを1cm近づけてα線・γ線を計測すると、$100\mu Sv/h$ を超すため普段は厳重に金属で遮蔽して金庫に入れて保管している。

● 硝酸ウラニル uranyl nitrate $UO_2(NO_3)_2$
黄色結晶で、緑色の強い蛍光を発する。着色剤として、また分析用試薬としても用いられる。

● ウランガラスは、微量のウランを着色材として加えたガラス。紫外線を照射すると右のように鮮やかな蛍光グリーンを発する。紫外線を発するランプが作られる以前からウランガラスが製造されていた。ウランガラスからグラスや器が作られたが、現在ではウランを着色剤に使用することが難しいため、アンティークとして流通している。ウランガラスの中のウランの含有量は微量なため、人体への影響はわずかと考えられている。

驚きの子供用実験セット

写真は、1950年代のアメリカで米ギルバート社が販売していた **教育用原子力実験セット「Atomic Energy Lab」**。中には放射線源となる4種類のウラン鉱石や、ベータ・アルファ線源（^{210}Pb）、ガンマ線源（^{65}Zn）、ベータ線源（^{106}Ru）、短寿命のα線源（^{210}Po）が入っていた本格的なもの。スピンサリスコープ、検電器、ガイガーカウンター、ウィルソン霧箱も入っていて150以上の実験が可能。さらに漫画で描かれた入門書もついていた。しかし、子供が放射線源を食べてしまったら危険だという理由で、市場からはすぐに消えた。当時の金額で50ドルだが、現在では、コレクターの間で100倍以上の高値で取引されている。

北アイルランドのベルファストにあるアルスター博物館に展示されているもの。
画像：shutterstock.com

索引

日本語元素名

あ

アインスタイニウム 99 **Es** ··· *88*
亜鉛 30 **Zn** ············ *44*
アクチニウム 89 **Ac** ····· *82*
アスタチン 85 **At** ········ *80*
アメリシウム 95 **Am** ····· *86*
アルゴン 18 **Ar** ········· *31*
アルミニウム 13 **Al** ····· *27*
アンチモン 51 **Sb** ······· *60*
硫黄 16 **S** ············ *30*
イッテルビウム 70 **Yb** ··· *69*
イットリウム 39 **Y** ······ *47*
イリジウム 77 **Ir** ······· *72*
インジウム 49 **In** ······· *59*
ウラン 92 **U** ··········· *84*
エルビウム 68 **Tm** ······ *69*
塩素 17 **Cl** ············ *30*
オガネソン 118 **Og** ····· *97*
オスミウム 76 **Os** ······· *72*

か

カドミウム 48 **Cd** ······· *59*
カドリニウム 64 **Gd** ···· *67*
カリウム 19 **K** ·········· *34*
ガリウム 31 **Ga** ········· *44*
カリホルニウム 98 **Cf** ··· *88*
カルシウム 20 **Ca** ······· *35*
キセノン 54 **Xe** ········· *62*
キュリウム 96 **Cm** ······ *87*
金 79 **Au** ············· *74*
銀 47 **Ag** ············· *58*
クリプトン 36 **Kr** ······· *46*
クロム 24 **Cr** ·········· *39*
ケイ素 14 **Si** ·········· *28*

ゲルマニウム 32 **Ge** ····· *44*
コバルト 27 **Co** ········· *42*
コペルニシウム 112 **Cn** ·· *94*

さ

サマリウム 62 **Sm** ······· *66*
酸素 8 **O** ············· *23*
シーボーギウム 106 **Sg** ·· *92*
ジスプロシウム 66 **Dy** ··· *69*
臭素 35 **Br** ············ *46*
ジルコニウム 40 **Zr** ····· *47*
水銀 80 **Hg** ··········· *76*
水素 1 **H** ············· *20*
スカンジウム 21 **Sc** ····· *36*
スズ 50 **Sn** ············ *59*
ストロンチウム 38 **Sr** ··· *46*
セシウム 55 **Cs** ········· *62*
セリウム 58 **Ce** ········· *64*
セレン 34 **Se** ··········· *45*
ダームスタチウム 110 **Ds**·· *94*

た

タリウム 81 **Pb** ········· *78*
タングステン 74 **W** ······· *71*
炭素 6 **C** ············· *21*
タンタル 73 **Ta** ········· *70*
チタン 22 **Ti** ··········· *36*
窒素 7 **N** ············· *22*
ツリウム 69 **Tm** ········ *69*
テクネチウム 43 **Tc** ····· *52*
鉄 26 **Fe** ············· *40*
テネシン 117 **Ts** ········ *97*
テルビウム 65 **Tb** ······· *68*
テルル 52 **Te** ··········· *61*
銅 29 **Cu** ············· *43*
ドブニウム 105 **Db** ······ *92*
トリウム 90 **Th** ········· *82*

な

ナトリウム 11 **Na** ········ *25*
鉛 82 **Pb** ············· *78*
ニオブ 41 **Nb** ·········· *50*
ニッケル 28 **Ni** ········· *42*
ニホニウム 113 **Nh** ······ *96*
ネオジム 60 **Nd** ········· *64*
ネオン 10 **Ne** ·········· *25*
ネプツニウム 93 **Np** ····· *84*
ノーベリウム 102 **No** ···· *89*

は

バークリウム 97 **Bk** ····· *88*
白金 78 **Pt** ············ *74*
ハッシウム 108 **Hs** ······ *93*
バナジウム 23 **V** ········ *38*
ハフニウム 72 **Hf** ······· *70*
パラジウム 46 **Pd** ······· *58*
バリウム 56 **Ba** ········· *63*
ビスマス 83 **Bi** ········· *80*
ヒ素 33 **As** ············ *45*
フェルミウム 100 **Fm** ····· *88*
フッ素 9 **F** ············· *24*
プラセオジム 59 **Pr** ····· *64*
フランシウム 87 **Fr** ····· *81*
プルトニウム 94 **Pu** ····· *84*
フレロビウム 114 **Fl** ····· *97*
プロトアクチニウム 91 **Pa** ··· *83*
プロメチウム 61 **Pm** ····· *65*
ヘリウム 2 **He** ·········· *20*
ベリリウム 4 **Be** ········ *21*
ホウ素 5 **B** ············ *21*
ボーリウム 107 **Bh** ······ *93*
ホルミウム 67 **Ho** ······· *69*
ポロニウム 84 **Po** ········ *80*

ま

マイトネリウム 109 **Mt** … 94
マグネシウム 12 **Mg** …… 26
マンガン 25 **Mn** …… 39
メンデレビウム 101 **Md** … 89
モスコビウム 115 **Mc** … 97
モリブデン 42 **Mo** ……… 50

や

ユウロピウム 63 **Eu** …… 66
ヨウ素 53 **I** …………… 61

ら

ラザホージウム 104 **Rf** … 92
ラジウム 88 **Ra** ………… 81
ラドン 86 **Rn** …………… 81
ランタン 57 **La** ………… 64

リチウム 3 **Li** …………… 21
リバモリウム 116 **Lv** … 97
リン 15 **P** ……………… 28
ルテチウム 71 **Lu** ……… 70
ルテニウム 44 **Ru** …… 56
ルビジウム 37 **Rb** …… 46
レニウム 75 **Re** ………… 71
レントゲニウム 111 **Rg** … 94
ローレンシウム 103 **Lr** … 90
ロジウム 45 **Rh** ………… 56

英語元素名

A

Actinium, 89 アクチニウム ………82
Aluminium, 13 アルミニウム ………27
Americium, 95 アメリシウム ………86
Antimony, 51 アンチモン…………60
Argon, 18 アルゴン ……………31
Arsenic, 33 ヒ素……………………45
Astatine, 85 アスタチン…………80

B

Barium, 56 バリウム ……………63
Berkelium, 97 バークリウム ………88
Beryllium, 4 ベリリウム …………21
Bismuth, 83 ビスマス ……………80
Bohrium, 107 ボーリウム ………93
Boron, 5 ホウ素 …………………21
Bromine, 35 臭素…………………46

C

Cadmium, 48 カドミウム ………59
Caesium, 55 セシウム ……………62
Calcium, 20 カルシウム …………35
Californium, 98 カリホルニウム ……88
Carbon, 6 炭素…………………22
Cerium, 58 セリウム ………… 64
Chlorine, 17 塩素…………………30
Chromium, 24 クロム ……………39
Cobalt, 27 コバルト………………42
Copernicium, 112 コペルニシウム …94
Copper, 29 銅……………………43
Curium, 96 キュリウム……………87

D

Darmstadtium, 110 ダームスタチウム …94
Dubnium, 105 ドブニウム ………92
Dysprosium, 66 ジスプロシウム………69

E

Einsteinium, 99 アインスタイニウム …88
Erbium, 68 エルビウム …………69
Europium, 63 ユウロピウム ………66

F

Fermium, 100 フェルミウム …………88
Flerovium, 114 フレロビウム ………97
Fluorine, 9 フッ素………………24
Francium, 87 フランシウム ………81

G

Gadolinium, 64 ガドリニウム ………67
Gallium, 31 ガリウム ……………44
Germanium, 32 ゲルマニウム ……44
Gold, 79 金………………………74

H

Hafnium, 72 ハフニウム ……………70
Hassium, 108 ハッシウム …………93
Helium, 2 ヘリウム………………20
Holmium, 67 ホルミウム …………69
Hydrogen, 1 水素………………20

I

Indium, 49 インジウム ……………59
Iodine, 53 ヨウ素 …………………61
Iridium, 77 イリジウム ……………72
Iron, 26 鉄 ……………………… 40

K

Krypton, 36 クリプトン………………46

L

Lanthanum, 57 ランタン ………… 64
Lawrencium, 103 ローレンシウム … 90
Lead, 82 鉛………………………78
Lithium, 3 リチウム………………21
Livermorium, 116 リバモリウム………97
Lutetium, 71 ルテチウム……………70

M

Magnesium, 12 マグネシウム………26
Manganese, 25 マンガン …………39
Meitnerium, 109 マイトネリウム ……94
Mendelevium, 101 メンデレビウム …89
Mercury, 80 水銀…………………76
Molybdenum, 42 モリブデン………50
Moscovium, 115 モスコビウム………97

N

Neodymium, 60 ネオジム …………64
Neon, 10 ネオン…………………25
Neptunium, 93 ネプツニウム ……… 84
Nickel, 28 ニッケル ………………42
Nihonium, 113 ニホニウム…………96
Niobium, 41 ニオブ ………………50
Nitrogen, 7 窒素…………………22
Nobelium, 102 ノーベリウム…………89

O

Oganesson, 118 オガネソン ………97
Osmium, 76 オスミウム …………72
Oxygen, 8 酸素…………………23

P

Palladium, 46 パラジウム …………58
Phosphorus, 15 リン………………28
Platinum, 78 白金 ………………74
Plutonium, 94 プルトニウム…………84
Polonium, 84 ポロニウム …………80
Potassium, 19 カリウム ……………34
Praseodymium, 59 プラセオジム ……64
Promethium, 61 プロメチウム …………65
Protactinium, 91 プロトアクチニウム ·83

R

Radium, 88 ラジウム ………………81
Radon, 86 ラドン …………………81
Rhenium, 75 レニウム ……………71
Rhodium, 45 ロジウム ……………56
Roentgenium, 111 レントゲニウム …94
Rubidium, 37 ルビジウム……………46
Ruthenium, 44 ルテニウム …………56
Rutherfordium, 104 ラザホージウム ·92

S

Samarium, 62 サマリウム …………66
Scandium, 21 スカンジウム ………36
Seaborgium, 106 シーボーギウム ……92
Selenium, 34 セレン………………45
Silicon, 14 ケイ素…………………28
Silver, 47 銀 ……………………58
Sodium, 11 ナトリウム ……………25
Strontium, 38 ストロンチウム………46
Sulfur, 16 硫黄……………………30

T

Tantalum, 73 タンタル 70
Technetium, 43 テクネチウム 52
Tellurium, 52 テルル.................61
Tennessine, 117 テネシン 97
Terbium, 65 テルビウム.................68
Thallium, 81 タリウム.................78
Thorium, 90 トリウム.................82
Thulium, 69 ツリウム.................69

U

Uranium, 92 ウラン 84

V

Vanadium, 23 バナジウム 38

T (right)

Tin, 50 スズ 59
Titanium, 22 チタン 36
Tungsten, 74 タングステン 71

X

Xenon, 54 キセノン 62

Y

Ytterbium, 70 イッテルビウム 69
Yttrium, 39 イットリウム 47

Z

Zinc, 30 亜鉛 44
Zirconium, 40 ジルコニウム 47

発見者名

あ

アーサー・ワール...................84
アーネスト・ラザフォード 81
アクセル・クルーンステット 42
アルバート・ギオルソ 87, 88, 89, 90
アルベルトゥス・マグヌス 45
アルモン・ラーシュ 90
アンデシュ・エーケベリ 70
アンドレ＝ルイ・ドビエルヌ 82
アンドレス・マヌエル・デル・リオ 38
アントワーヌ・バラール 46
アントワーヌ・ラヴォアジエ
...............20, 22, 23
アンリ・モアッサン 24
イーダ・タッケ 71
イェオリ・ブラント 42
イェンス・ベルセリウス
...............21, 28, 45, 47, 64, 82
ウィリアム・ウォラストン 56, 58
ウィリアム・クルックス 78
ウィリアム・グレゴール.................36
ウィリアム・ラムゼー
.... 20, 25, 31, 46, 62
ウィルヘルム・ヒージンガー 64
ウジェーヌ・ドマルセー 66
エドウィン・マクミラン 84
エドワード・フランクランド 20
エミリオ・セグレ.................52, 80
オットー・ベルク 71

か

カール・ヴェルスバッハ 64
カール・クラウス 56
カール・シェーレ 23, 30, 39, 63
カール・ヘルマン 59
カール・モサンデル.................64, 68, 69
カール・レーヴィヒ 46
カジミェシュ・ファヤンス 83
カルロ・ペリエ.................52

（さ above）

ギオルソ 92
グスタフ・キルヒホフ 46, 62
グレゴリー・ショパン 89
クレメンス・ヴィンクラー 45
グレン・シーボーグ
...............84, 86, 87, 88, 89
ゲオルク・ヘヴェシー 70
ケネス・ストリート・ジュニア 88
ケネス・マッケンジー 80
ゴットフリート・ミュンツェンベルク
...............93

さ

ジェイコブ・マリンスキー 65
ジャン・マリニャック 67, 69
ジャン＝アントワーヌ・シャプタル.....22
ジョセフ・ゲーリュサック 21
ジョゼフ・ケネディー.................84
ジョゼフ・プリーストリー 23
ジョルジュ・ユルバン 70
ジョン・ストラット 31
スタンリー・トンプソン 88, 89
スミソン・テナント 72

た

ダニエル・ラザフォード 22
チャールズ・コリエル 65
チャールズ・ハチェット 50
デイル・コールソン 80
ディルク・コスター 70
テオドール・リヒター 59
トールビョルン・シッケランド.........90

な

ニルス・セフストレーム 38
ノーマン・ロッキャー 20

は

バーナード・ハーベイ 89
ハンス・エルステッド 27
ハンフリー・デービー
..... 21, 24, 25, 26, 30, 34, 35, 46, 63
ピエール・キュリー....................80

（ま above）

ファウスト・デ・エルヤル 71
ファン・ホセ・デ・エルヤル 71
フィリップ・アベルソン 84
フェルディナント・ライヒ 59
フリードリヒ・ヴェーラー...............27
フリードリヒ・シュトロマイヤー 59
フリードリヒ・ドルン 81
フレデリック・ソディ 81
ペーター・イェルム 50
ペール・クレーベ.................69
ヘニッヒ・ブラント 28
ベルナール・クールトア 61
ヘンリー・キャヴェンディッシュ
...............20, 22
ポール・ボアボードラン 44, 66, 69

ま

マリ・キュリー 80
マルグリット・ペレー 81
マルティン・クラプロート
...............21, 36, 47, 64, 84
ミュラー・ライヒェンシュタイン 61
モーリス・トラバース 25, 62, 46
森田浩介.................96

や

ヨアン・アルフェドソン 21
ヨハン・ガーン 39
ヨハン・ガドリン 47

ら

ラース・ニルソン 36
ラルフ・ジェイムズ 86, 87
ルイ・テナール 21
ルイ＝ニコラ・ヴォークラン 21, 39
レオン・モーガン 86
ローレンス・グレンデニン 65
ロバート・ラティマー 90
ロベルト・ブンゼン 46, 62

わ

ワルター・ノダック 71

参考文献

リヴァー・サックス：タングステンおじさん―化学と過ごした私の少年時代、早川書房（2003）

中靖三：マグネシウムは宇宙の旅人、幻冬舎（2012）

ーターアトキンス：元素の王国、草思社（1996）

田たかよし：元素周期表で世界は読み解ける、光文社（2012）

源聰：新鉱物発見物語、岩波書店（2006）

団法人日本化学会：嫌われ元素は働き者、大日本図書（1992）

田進一：銅のおはなし、日本規格協会（1985）

木敏之、森口康夫：チタンのおはなし、日本規格協会（1995）

田俊雄：ちょっとマニアな鉱物図鑑、水山産業出版部（2011）

澤直：最新銅の基本と仕組み、秀和システム（2010）

辺正顕敏彦：トコトンやさしいフッ素の本、日刊工業新聞社（2012）

垣道夫：カーボン古くて新しい材料、森北出版（2011）

立吟也監修：希土類とアクチノイドの化学、丸善（2008）

田暢司：高校教師が教える化学実験室、工学社（2012）

澤直：よくわかるアルミニウムの基本と仕組み、秀和システム（2010）

ル・ヘルマン：竹内敬人監修金の物語、大月書店（2006）

レン・フィッツジェラルド：竹内敬人監修窒素の物語、大月書店（2006）

オドア・グレイ：世界で一番美しい元素図鑑、創元社（2010）

田稔、野田春彦、上村洸、山口嘉夫：理化学英和辞典、研究社（1998）

藤勝裕：マンガでわかる元素118、サイエンス・アイ新書 ソフトバンククリエイティブ（2011）

藤文平：元素生活 Wonderful Life With The ELEMENTS、化学同人（2009）

レン・フィッツジェラルド：酸素の物語（化学の物語）、大月書店（2006）

極一樹：ちょっとわかればこんなに役に立つ 中学・高校化学のほんとうの使い道、実業之日本社（2012）

川倫央：蛍光鉱物 & 光る宝石ビジュアルガイド、誠文堂新光社（2009）

木正博：鉱物図鑑―美しい石のサイエンス、誠文堂新光社（2008）

川倫央：光る宝石ガイドブック―蛍光鉱物の不思議な世界、誠文堂新光社（2008）

水晴雄、青木義和：宝石のはなし、技報堂出版（1989）

機合成化学協会：化学者たちの感動の瞬間―興奮に満ちた51の発見物語、化学同人（2006）

本吉郎、川本正良：化学ドイツ語の解釈研究、三共出版（1966）

田滋、井上尚英：科学英語語源小辞典、松柏社（1999）

山隆造、安楽豊満：はじめての化学実験、オーム社（2000）

藤勝裕：絶対わかる化学の基礎知識、講談社（2004）

保内賢、妹尾学、篠塚則子：身の回りの化学実用品ノート 豊かな生活のために、工業調査会（1985）

崎昶：化学の常識なるほどゼミナール、日本実業出版社（1984）

アシモフ：科学の語源250、共立出版（1972）

研出版編集部：視覚でとらえるフォトサイエンス化学図録、数研出版（1999）

省堂編修所：三省堂化学小事典、三省堂（1993）

Stenesh：生理・生化学用語辞典、化学同人（1985）

木正博：鉱物分類図鑑―見分けるポイントがわかる、誠文堂新光社（2011）

ョージ・フレデリック・クンツ：図説宝石と鉱物の文化誌、原書房（2011）

津剛吉：家庭内化学薬品と安全、南山堂（1990）

崎幹夫：化合物ものしり事典、講談社（1984）

学同人編集部：新版 実験を安全に行うために、化学同人（1993）

久俊博、長田洋子、宮澤三雄、浅田泰男、小池一男、西尾俊幸、石塚盛雄、神野英毅：生体分子化学、共立出版（2005）

テファン・ゴールドバーグ：臨床に役立つ生化学、総合医学社（1997）

本吉郎：英和・和英新化学用語辞典、三共出版（1970）

アーズ・ピゾーニ：ATOM―原子の正体に迫った伝説の科学者たち、近代化学社（2010）

尾永康：中国化学史、朝倉書店（1995）

正爀：朝鮮科学技術史、皓星社（2001）

屋政彦、冨田軍二：英語科学論文用語辞典、朝倉書店（1960）

本生化学会：代謝マップ―経路と調節―、東京化学同人（1980）

水藤太郎：薬学ラテン語、南山堂（1949）

田恒夫、ATR 人間情報科学研究所：英語リスニング科学的上達法英語上達への第一歩、講談社（2005）

刊 理科の探検（RikaTan）2012年 夏号、文理（2012）

槻真一郎：科学用語語源辞典 ラテン語篇―独―日―英、同学社（1979）

ジェレミー・バーンシュタイン：プルトニウム―この世で最も危険な元素の物語、産業図書（2008）

梶雅範：メンデレーエフの周期律発見、北海道大学図書刊行会（1997）

ラボアジエ：化学命名法（1976年）（古典化学シリーズ〈6〉）、内田老鶴圃新社

三吉克彦：はじめて学ぶ大学の無機化学、化学同人（1998）

B. カレーリン：化学元素のはなし、東京図書（1987）

化学同人編集部：別冊化学 ケミストを魅了した元素周期表～よりマニアックな楽しみ方～ 2013年05月号、化学同人（2013）

桜井弘監修：ニュートン式超図解 最強に面白い!! 周期表、ニュートンプレス（2019）

桜井弘：生命元素事典（OHM BIO SCIENCE BOOKS）、オーム社（2006）

増田秀樹、福住俊一、穐田宗隆、伊東忍、小夫家芳明、榊茂好、実川浩一郎、鈴木正樹、舩橋靖博、引地史郎、山内脩、渡辺芳人：生物無機化学―金属元素と生命の関わり（錯体化学会選書）、三共出版（2005）

新井和孝：切手の元素周期表を作りました!、月刊化学 Vol. 74, No.10、化学同人（2019）p.53-55

化学工業日報社：特集「国際周期表年」、"元素の切手 大集合"、日刊化学工業日報 2019年7月16日（火曜日）号

Michael Gaft, Renata Reisfeld, Gerard Panczer：Modern Luminescence Spectroscopy of Minerals and Materials、Springer（2005）

Donald M. Ayers：Bioscientific Terminology: Words from Latin and Greek Stems、University of Arizona Press（1972）

Hugh Aldersey-Williams：Periodic Tales: A Cultural History of the Elements, from Arsenic to Zinc、Viking（2011）

William Smith, John Lockwood：Chambers Murray Latin-English Dictionary、Chambers; Reissue, Subsequent 版（1994）

Robert Maltby：A Lexicon of Ancient Latin Etymologies、Francis Cairns（1993）

Charlton Thomas Lewis：An Elementary Latin Dictionary、Oxford University Press（1930）

Charles Storrs Halsey：An etymology of Latin and Greek、HardPress Publishing（2013）

Charlton T. Lewis, Charles Short：A Latin Dictionary、Oxford（1969）

Richard E. Stoiber, Richard E. Stoiber Stearns Anthony Morse：Crystal Identification With The Polarizing Microscope、Springer（1994）

John Scarborough：Medical and Biological Terminologies、University of Oklahoma Press（1992）

Bill Casselman, Ronald Casselman, Judith Dingwall：A Dictionary of Medical Derivations: The Real Meaning of Medical Terms、Parthenon Publishing（1998）

David R.：LangslowMedical Latin in the Roman Empire、Oxford University Press（2000）

Brian Knapp：Potassium to Zirconium (P to Z) (Elements)、Atlantic Europe Publishing（2002）

Richard Hart：Chemistry Matters、Oxford University Press（1987）

Dr Eric Trimmer：SELENIUM、ERIC TRIMMER（1988）

Brian Knapp：Lead and Tin (Elements)、Atlantic Europe Publishing（1996）

Brian Knapp：Francium to Polonium (F to P) (Elements)、Atlantic Europe Publishing（2001）

Brian Knapp：Hydrogen and the Noble Gases (Elements)、Atlantic Europe Publishing（1996）

Brian Knapp：Calcium and Magnesium (Elements)、Atlantic Europe Publishing（1996）

David Acaster：Transition Elements (Cambridge Advanced Sciences)、Cambridge University Press（2001）

Mark Ellse：Mechanics & Radioactivity (Nelson Advanced Science)、Nelson Thornes; Ill 版（2003）

Rex A.Ewing：Hydrogen-Hot Stuff Cool Science、Pixyjack Pr Llc（2004）

Brian Knapp：Iron Chromium and Manganese (Elements)、Atlantic Europe Publishing Co Ltd.（1996）

C.H.Langford：Inorganic Chemistry (Second Edition)、OXFORD（1994）

13ヵ国語の周期表から解き明かす **元素単**

発 行 日	2019 年 11 月 18 日 初版 第 1 刷発行
監　　　修	岩村 秀
著　　　者	原島 広至
発 行 者	吉田 隆
発 行 所	株式会社エヌ・ティー・エス
	東京都千代田区北の丸公園 2-1 科学技術館 2 階
	〒 102-0091
	TEL　03(5224)5430
	http://www.nts-book.co.jp/
装丁・ページデザイン	原島 広至
Ｄ　Ｔ　Ｐ	堀場 正彦，田中 李奈
印刷・製本	藤原印刷株式会社

©2019　原島 広至

ISBN978-4-86043-626-1 C0043

乱丁・落丁本はお取り替えいたします。無断複写・転載を禁じます。

定価はカバーに表示してあります。

本書の内容に関し追加・訂正情報が生じた場合は、当社ホームページにて掲載いたします。

※ホームページを閲覧する環境のない方は当社営業部(03-5224-5430)へお問い合わせ下さい。